职业院校"十三五"创新教材

物理学实验

葛宇宏　郝 杰　主编

第三版

毛全宁　曾安平　副主编

徐建中　主审

U0231508

化学工业出版社

·北京·

内 容 简 介

本书是和徐建中主编的《物理学》（第三版）配套发行的物理学实验教材。本书在简要介绍测量误差和数据处理、物理实验基本设备的使用的基础上，选编了几十个有关力学、热学、电磁学、光学和近代物理学等方面的实验，分为基础性实验、综合性实验、设计性实验和网络仿真实验。每个实验包括实验目的、预习思考题、实验原理、实验仪器、实验步骤、注意事项、数据记录与处理、思考题等内容。本书可作为高职高专、应用型本科院校的工科类专业物理学实验教材，也可作为自学参考书。

图书在版编目（CIP）数据

物理学实验/葛宇宏，郝杰主编. —3 版. —北京：化学工业
出版社，2021.2（2024.8 重印）
ISBN 978-7-122-38121-7

Ⅰ.①物… Ⅱ.①葛… ②郝… Ⅲ.①物理学-实验-高等职
业教育-教材 Ⅳ.①O4-33

中国版本图书馆 CIP 数据核字（2020）第 243539 号

责任编辑：潘新文　　　　　　　　装帧设计：韩　飞
责任校对：刘　颖

出版发行：化学工业出版社（北京市东城区青年湖南街 13 号　邮政编码 100011）
印　　装：北京机工印刷厂有限公司
787mm×1092mm　1/16　印张 13　字数 320 千字　2024 年 8 月北京第 3 版第 3 次印刷

购书咨询：010-64518888　　售后服务：010-64518899
网　　址：http://www.cip.com.cn
凡购买本书，如有缺损质量问题，本社销售中心负责调换。

定　　价：35.00 元

前　言

　　本教材第一版于 2007 年出版发行，2011 年再版，多所院校连续使用十多年，对教材在实验操作方面的规范性、方法选择的合理性、结果处理的科学性，以及在对学生科学实验思想方法的培养和实验操作技能的训练等方面所发挥的作用，给予了充分的肯定，在此对一直关心与支持本教材的物理教学界同仁表示由衷的感谢！

　　本次修订广泛听取了教材使用者的意见，结合徐建中教授主编的《物理学》第三版，葛宇宏教授与各编者相互协同，再次对相应实验内容进行认真严格的梳理，对全书内容再作修订和补充，删除了个别相对老旧的实验项目。

　　为了更好地发挥教材在高职高专人才培养中的作用，我们在保持原版教材特色的基础上，在相关实验后面，选择性地添加了"创新开窗""创新实践"内容。

　　"创新开窗"选择相关联的不同实验内容，对比其实验方法、技术手段，分析其相容脉络，介绍相关测量技术的经典应用及现代应用技术前沿，引导学生打开理论应用到技术整合创新的窗户，激发学生的创新欲望。

　　"创新实践"通过具体的创新实例（已取得国家授权的专利），分享编者十多年来结合理论和实验教学需要，采用"互联网＋""整合＋应用"的创新方法进行实验设备改进与创新的实践经验，为读者提供一点创新启迪和可借鉴的思路。

　　本书由葛宇宏、郝杰主编，毛全宁、曾安平任副主编，魏樱、曾文梅、郑其明参与修订。在修订过程中，得到了出版社和各位同仁的大力支持，在此表示诚挚的谢意。徐建中教授对教材修订提出了许多宝贵建议，在此致以衷心感谢。由于水平所限，难免有疏漏，恳请读者批评指正。

编者

2020 年 8 月

目　录

绪论 ·· 1

第一章　测量误差和数据处理 ···································· 4
第一节　测量与误差 ·· 4
第二节　误差的分类 ·· 5
第三节　直接测量结果误差的估算 ·································· 6
第四节　间接测量结果误差的计算 ·································· 7
第五节　有效数字及其运算 ·· 8
第六节　数据处理的基本方法 ··· 12

第二章　物理实验基本设备使用 ····························· 16
第一节　力学实验基本设备使用 ····································· 16
第二节　热力学实验基本设备使用 ································· 21
第三节　电学实验基本设备使用 ····································· 23
第四节　光学实验基本设备使用 ····································· 28
【创新开窗】一 ·· 33

第三章　基础性实验 ·· 35
实验1　固体密度的测定 ·· 35
实验2　气轨上测滑块的速度和加速度 ··························· 37
实验3　气轨上测简谐振动的周期 ·································· 40
实验4　测定刚体的转动惯量 ··· 42
实验4-Ⅰ　用三线摆测定刚体的转动惯量 ··················· 42
实验4-Ⅱ　用扭摆测定刚体的转动惯量 ······················ 46
实验5　测金属材料的杨氏弹性模量 ······························ 50
实验5-Ⅰ　用弯曲法测量横梁的杨氏弹性模量 ············ 50
实验5-Ⅱ　拉伸法测金属丝的杨氏弹性模量 ··············· 54
实验5-Ⅲ　用霍尔位置传感器测量金属材料杨氏弹性模量 ··· 57
【创新开窗】二 ·· 61
实验6　液体表面张力系数的测定 ·································· 62

实验 7　落球法测定液体的黏滞系数 ··· 67

【创新实践】液体黏度测量仪 ··· 70

实验 8　示波器的使用 ··· 70

实验 9　用电桥测低电阻 ·· 75

实验 9-Ⅰ　单臂电桥测电阻 ·· 76

实验 9-Ⅱ　双臂电桥测低电阻 ··· 79

【创新实践】电桥电路演示仪 ··· 82

实验 10　线性与非线性电阻特性曲线测定 ··· 83

实验 11　薄透镜焦距测量 ·· 86

实验 12　用模拟法描绘静电场 ·· 91

实验 13　电位差计的使用 ·· 95

实验 13-Ⅰ　线式电位差计的使用 ·· 95

实验 13-Ⅱ　箱式电位差计的使用 ·· 98

实验 14　多用表的使用 ·· 100

实验 15　分光计的使用 ·· 103

第四章　综合性实验 ·· 107

实验 16　简谐振动运动规律研究与弹簧劲度系数测量 ··································· 107

实验 17　不良导体热导率的测量 ·· 110

实验 18　空气介质中声速的测量 ·· 113

实验 19　电表的改装和校正 ·· 117

实验 20　电子在电磁场中运动规律的研究 ·· 121

实验 21　霍尔效应测磁场的分布 ·· 130

实验 21-Ⅰ　用霍尔元件测量电磁铁极间空隙内磁场分布 ······································ 130

实验 21-Ⅱ　用霍尔元件测量通电长直螺线管内的磁场分布 ·································· 134

【创新开窗】三 ·· 137

实验 22　电磁感应现象的研究 ·· 138

实验 23　用分光计测定棱镜的折射率 ·· 140

【创新实践】布儒斯特定律演示、折射率测量仪 ·· 143

实验 24　光强分布的测定 ·· 144

实验 25　牛顿环测平凸透镜的曲率半径 ·· 149

【创新实践】读数显微镜基准调试装置 ·· 153

实验 26　旋光仪测旋光性溶液的旋光率和浓度 ·· 153

【创新实践】旋光实验演示装置 ·· 158

实验 27　光电效应法测普朗克常数 ·· 158

【创新实践】马吕斯定律实验演示装置 ·· 163

实验 28　弗兰克-赫兹实验 ··· 163

实验 29　光学全息照相 ·· 168

第五章　设计性实验 ·· 173

实验 30　测重力加速度 ·· 176

实验 30-Ⅰ　用单摆测重力加速度 ··· 176

实验 30-Ⅱ　气轨上测重力加速度 ··· 177

【创新实践】超失重现象演示及加速度测量装置 ····························· 178

实验 31　传感器原理的简单研究和实践 ····································· 179

实验 32　简单电路连接训练与测试 ··· 180

实验 33　望远镜的组装 ·· 181

实验 34　用干涉法测微小量 ··· 183

第六章　网络仿真实验 ·· 184

实验 35　转动惯量、角动量仿真实验研究 ·································· 188

实验 36　电容器电容仿真实验研究 ··· 190

实验 37　法拉第电磁感应定律的仿真实验研究 ······························ 192

实验 38　波的干涉仿真实验研究 ··· 193

实验 39　光电效应仿真实验研究 ··· 194

附录 ··· 196

一、物理量及其单位 ··· 196

二、物理常数 ··· 197

参考文献 ··· 198

绪　　论

一、物理实验的地位和作用

物理学是一门重要的基础科学，而物理实验则是物理学极为重要的组成部分。科学的理论来源于科学的实验，并受到科学实验的检验。物理学新概念、新规律的发现和确立主要依赖于实验，物理学上的新突破也常常是基于新的实验技术和方法。

在物理学的发展史上，伽利略用实验否定亚里士多德"力是维持物体运动的原因"的论断；麦克斯韦根据电磁学的实验定律建立了电磁场理论，并预言了电磁波的存在，但这也只在赫兹进行了电磁波的实验后才为人们所公认。物理实验还是物理理论演变、发展的动力。20世纪初光电效应、黑体辐射等一系列的物理实验事实与经典理论发生了矛盾，导致相对论和量子力学的产生。物理实验又是物理理论付诸应用的桥梁。热核聚变理论指出，通过热核聚变可以获得巨大的能量，但是要想很好地利用它，还需要通过许多艰苦的实验才能实现。物理实验不仅在物理学的发展中占有重要的地位，而且在推动其他自然学科以及工程技术的发展中也起着重要的作用。在不少交叉学科中，物理实验的构思、方法和技术与其他学科相互结合，取得丰硕的成果。此外，物理实验还是众多高新技术发展的源泉。原子能、半导体、激光、超导和空间技术等领域的最新的科技成果，都是与物理实验密切相关的。物理实验教学不仅有助于学生真正理解和掌握物理学理论，而且是提高学生分析问题和解决问题能力的不可缺少的教学环节。物理实验教学可使学生在应用理论知识、实验方法和实验技术解决科技问题方面得到必要的、基本的训练，对于培养学生严谨的科学作风、科学态度及辩证唯物主义世界观有着不可忽视的作用；对于高职高专的学生来说，加强与改进物理实验教学是提高教学质量的关键措施之一。

1976年12月10日，丁肇中在斯德哥尔摩诺贝尔物理学奖颁奖典礼上的一段话，给予人们很大的启迪。他说："我是在旧中国长大的，因此想借这个机会向发展中国家的青年强调实验工作的重要性。中国有一句古话：'劳心者治人，劳力者治于人'，这种落后的思想，对发展中国家的青年们有很大的害处。由于这种思想，很多发展中国家的学生都倾向于理论的研究，而避免实验工作，事实上，自然科学理论不能离开实验，特别是物理学是从实验中产生的。"

二、物理实验课的教学目的

① 通过对实验现象的观察、分析和对物理量的测量，学习并掌握物理实验的基本知识、基本方法和基本技能，加深对物理现象和规律的认识。

② 学会常用物理仪器的调整及正确的使用方法。

③ 初步具备处理数据、分析结果、撰写实验报告的能力，为今后进行工程测量和工程实验打下基础。

④ 培养学生对待科学实验一丝不苟的严谨态度和实事求是的工作作风，以及遵守纪律的优良品德。

三、物理实验教学应注意的事项

1. 注重培养学生运用知识的能力

无论是验证性实验，还是设计性实验，实验目的都是锻炼学生的动手能力和创新思维能力。教师在实验教学过程中，既要帮助学生解决疑难问题，又要避免指导过细和规定过死，应使学生逐步摆脱对教师的过分依赖，改变机械地按步就班的学习方法。

2. 逐步提升学生的自主创新能力

高职教育凸显的是实践技能教育。对学生实验能力的培养应循序渐进，逐步提升学生的自主创新能力。应开放物理实验室，让学生接触到尽可能多的实验，获得较多的实验知识；应指导学生做好设计性实验，让学生充分发挥自己的实验能力，提高实验技能和设计实验的技术水平。应安排学生参观一些具有时代科技水平的实验，拓宽眼界，激发兴趣，引导学生对知识进行整合和对技术进行创新，提高学生的综合能力。

3. 因材施教

在实验中教师应该根据每个学生的实验能力给予相应的指导，使不同水平的学生都能主动地进行学习，不断提高他们的实验能力。

4. 适时、因需更新实验设备

相关专业的实验教学内容应根据专业技术的发展做相应的调整，尽可能地让学生掌握一些现代化的仪器和设备，以适应时代对人才培养的需求。

四、物理实验课的基本程序

物理实验课通常分下列三个阶段进行。

1. 实验前的预习

为了在规定的时间内保质保量地完成实验内容，学生在实验前必须做好预习工作。

① 认真阅读实验教材。明确实验的目的、要求、实验原理、测量对象和要观察的现象。对教材中提出的思考题要积极思考。对设计性实验，要根据实验具体要求，查阅有关参考资料。

② 熟悉实验中的新仪器。对照仪器实物，认真阅读教材中的仪器介绍或仪器使用说明书，弄清仪器的原理、构造、操作规程和注意事项等，特别是注意事项，不仅要仔细看，还要记住，否则会造成仪器损坏，甚至人身事故。对仪器的构造，应尽可能地去理解、去想象。

③ 在预习的基础上，写好预习报告。其内容包括实验名称、实验目的、实验原理、实验中要观察的现象、电（光）路图和数据记录。此外，根据实验内容，准备好实验中所需的绘图工具、计算器等。

2. 实验操作

① 实验时应严格遵守实验室的规章制度。进入实验室不要急于动手，首先结合仪器实物，检查仪器设备有无缺损。不能擅自调换仪器。在操作前对照实验教材或仪器说明书，再次熟悉仪器的结构和使用方法，再次想一想实验的操作程序，怎样做更为合理，因为对于操作程序中某些关键步骤而言，哪怕是做微小改变，都有可能使实验前功尽弃。

② 安装和调整仪器。仪器的安装和调整是决定实验成败的关键一环。实验中应确保所有仪器都能正常调整（如螺旋测微器调零、天平调平衡、光路调共轴等）。不重视仪器的调整而急于进行测量，是初学者易犯的毛病，应予纠正。

③ 实验测量应遵循"先定性，后定量"的原则。先定性地观察实验全过程，检查整个实验装置工作是否正常，对所测内容做到心中有数。测量时，观测者应集中精力，细心操作，仔细观察，并积极发挥主观能动性，使所用仪器达到最佳使用效果。

原始数据是宝贵的第一手资料，是以后计算和分析的依据，应按有效数字的规则正确记录。实验数据测得以后，学生应首先自查和整理，然后交给指导教师审查。对不合理的和错误的实验结果，应分析原因，及时补测或重做。离开实验室前，应自觉整理好仪器，并做好清洁工作。

3. 实验报告的书写

书写实验报告的目的是培养学生以书面形式总结工作和报告科学成果的能力。实验报告要求文字通顺、字迹端正、数据完整、图表规范、结果正确。

一份完整的实验报告应包括以下几个方面。

（1）实验名称　写明实验题目及实验者的姓名、班级、学号等。

（2）实验目的　简述实验要达到的目的。

（3）实验原理　应在理解教材内容的基础上用自己的语言来阐述，做到简明扼要，必要的计算公式以及线路图、装置图必须写出。

（4）实验仪器　记录所用仪器的名称、规格、型号、数量等。

（5）实验数据列表及数据处理　原始测量数据一律要求以列表形式列出。数据处理只需写出根据计算公式得出的最后结果及误差，并正确写出测量结果。

（6）实验结果和问题讨论　对实验过程和结果的讨论要具体深入，有分析，有见解，不要泛泛而谈，其内容一般不受限制，可以是对观察到的实验现象进行分析，或是对结论和误差原因进行分析，也可以对实验方案提出改进意见。

应当指出，实事求是的科学态度和严肃认真的工作作风是科技工作者应具备的品德，在处理数据和书写实验报告时，严禁伪造实验数据。

第一章

测量误差和数据处理

一切物理量的测量都不可能是完全准确的，这是因为在科学技术发展的过程中，人们的认识能力和测量仪器的制造精度都受到相应的限制，测量误差的存在是一种不以人们意志为转移的客观事实。当今误差理论及其应用已发展成为一门专门的学科。本章主要讲述误差的基本概念、误差的估算方法、有效数字及其运算、数据处理的基本方法以及测量结果的正确表示。

第一节　测量与误差

一、测量

一切物理量都是通过测量得到的，在进行物理实验时，不仅要定性地观察所发生的物理现象，而且要定量地测量物理量的大小，找出物理量之间的定量关系，因此物理实验离不开对物理量的测量。**测量就是将待测量与一个选作标准的同类量进行比较，其倍数即为该待测量的测量值**。测量数值的大小与选作标准的单位有关，对同一对象测量时，选用的单位越大，数值就越小，反之亦然。因此，在表示一个被测对象的测量值时，就必须包含测量值和单位两个部分。

根据《中华人民共和国计量法》，我国采用以国际单位制（SI）为基础的中华人民共和国法定计量单位，即以 m（米）——长度、kg（千克）——质量、s（秒）——时间、A（安培）——电流强度、K（开尔文）——温度、mol（摩尔）——物质的量、cd（坎德拉）——发光强度作为基本单位，其他量的单位都由这七个基本单位导出。

二、直接测量和间接测量

按照测量方法进行分类，测量可分直接测量与间接测量两大类。直接测量就是直接用仪器测出待测物理量的大小，例如用米尺测量物体的长度，用温度计测量温度，用天平称量物体的质量，用电表测量电流、电压等都是直接测量，所得的测量值称为直接测量值；在物理实验中，还有不少物理量不能或者不便于直接用仪器测出，而要根据可直接测量的物理量的数值，通过一定的函数关系计算出来，这种测量称为间接测量，例如，用千分尺测出钢球的直径 d，然后根据公式 $V = \frac{1}{6}\pi d^3$ 计算出钢球的体积，就为间接测量。对于同一物理量，有时既可通过间接测量测得，也可通过直接测量测得，这在很大程度上取决于实验的方法和选用的仪器。例如，用伏安法测量电阻属于间接测量，而用多用电表的欧姆挡测量电阻值就成为直接测量了。

三、误差

1. 真值

不论是直接测量还是间接测量，其最终目的都是要获得物理量的真值。所谓**真值，就是被测量所具有的客观的真实数值**。实际测量总是由具体的观测者，通过一定的测量方法，使用一定的测量仪器，在一定的测量环境中进行的，受观测者的操作和观察能力、测量方法的近似性、测量仪器的分辨率和准确性、测量环境等因素的影响，测量结果和客观的真值之间总有一定的差异。

2. 误差

测量值 x 与真值 X 之差称为测量误差，用 $\triangle$ 表示，即

$$\triangle = x - X \tag{1-1}$$

误差自始至终存在于一切科学实验中。随着科学技术的日益发展和人们认识水平的不断提高，误差可被控制得越来越小，但不可能完全消除。

第二节　误差的分类

一、误差按其性质和产生原因分类

误差按其性质和产生原因，可分为系统误差、偶然误差和疏失误差三种。

1. 系统误差

在相同的条件下多次测量同一物理量时，若误差的大小和正负总保持不变或按一定规律变化，这种误差称为**系统误差**，即带有系统性和方向性的误差。

（1）产生系统误差的主要因素

① 测量系统、测量理论和测量方法的因素　如单摆的周期公式 $T = 2\pi\sqrt{\dfrac{l}{g}}$ 是近似公式，伏安法测电阻时没有考虑电表内阻的影响等。

② 仪器的因素　如天平的两臂不等长，游标卡尺的零点不准确等。

③ 环境的因素　如温度、地磁场对测量的影响。

④ 人为的因素　如有的人读数有偏大（或偏小）的习惯，有的人按秒表时总是滞后。

（2）系统误差的特点

① 有些是一定值，如游标卡尺的零点不准。

② 有些是积累的，如用受热膨胀的钢卷尺进行测量时其测量值小于真值。

③ 有些是周期性的，如秒表指针的转动中心与表面刻度的几何中心不重合，造成偏心差，其读数的误差是一种周期性的系统误差。

系统误差是测量误差的重要组成部分，发现、估计和消除系统误差，对一切测量工作都是非常重要的。因此观测者必须在测量前对可能影响结果的各种因素进行分析研究，预见、发现、估算、检验一切可能产生系统误差的因素，并设法予以消除或修正。

2. 偶然误差

在相同的条件下多次测量时，若误差的符号时正时负，其绝对值时大时小，没有确定的规律，这种误差称为**偶然误差**。

偶然误差的产生取决于测量过程中一系列偶然因素，其来源主要有：环境的因素，如温度、湿度、气压的微小变化等；观测者的因素，如瞄准、读数的不稳定等；测量装置的因素，如零件配合的不稳定性，零件间的摩擦等。

偶然误差的存在使得测量值时而偏大，时而偏小，看来似乎没有什么规律，但实际上，偶然误差总是服从一定的统计规律，可以利用这种规律对实验结果的偶然误差进行估算。

3. 疏失误差

由于观测者使用仪器的方法不正确，实验方法不合理，读错数据，记错数据等原因引起的误差称为**疏失误差**。只要观测者具有严肃认真的科学态度，一丝不苟的工作作风，疏失误差是可以避免的。

二、误差按其计算方法分类

误差按其计算方法分，可以分为绝对误差、相对误差、标准误差（方均根误差）和标准偏差等。

1. 绝对误差

$$\Delta = x - X \qquad (X \text{ 表示真值，下同}) \tag{1-2}$$

2. 相对误差

$$E_r = \frac{|\bar{x} - X|}{X} \times 100\% \tag{1-3}$$

3. 标准误差（方均根误差）

$$\sigma = \sqrt{\frac{\sum_{i=1}^{n} \Delta_i^2}{n}} = \sqrt{\frac{\sum_{i=1}^{n} (x_i - X)^2}{n}} \qquad (n \to \infty) \tag{1-4}$$

4. 标准偏差

$$\sigma_x = \sqrt{\frac{\sum_{i=1}^{n} (x_i - \bar{x})^2}{n-1}} \qquad (n \to \infty, \bar{x} \text{ 为算术平均值}) \tag{1-5}$$

三、不确定度

绝对误差是测量值与真值之差，实际应用中以算术平均值代替真值。不确定度用来表征被测量的真值可能存在的范围，是对测量结果可信赖程度的定量描述，一般用 Δ 表示，其大小决定于偶然误差和系统误差的综合影响。Δ 从估计方法上也可分为两类：①A 类不确定度，是指多次重复测量，用统计方法计算出的分量 Δ_A；②B 类不确定度，是指用其他方法估计出的分量 Δ_B。$\Delta = \sqrt{\Delta_A^2 + \Delta_B^2}$。

不确定度和误差是两个不同的概念，两者有本质的区别，不应混淆。不确定度是表示真值可能存在的范围，它的大小可以按一定的方法计算出来。

第三节　直接测量结果误差的估算

第二节讨论了误差的产生和分类，下面将讨论如何对直接测量结果的误差进行估计和计算。下面的讨论是在假定消除或修正了系统误差和没有疏失误差的理想前提下，研究偶然误差的问题。

1. 单次测量的误差估算

对于单次测量，偶然误差一般用仪器的误差来表示：选用仪器最小刻度的一半作为单次测量的偶然误差，因此，增加测量次数可以减小偶然误差，偶然误差是一种具有抵偿性的误差。

2. 多次测量的平均值作为最佳值

如上所述，增加测量的次数可以减小偶然误差，因此，在可能的情况下，总是采用多次测量。如果在相同条件下，对某物理量进行了 n 次测量，其测量值分别是 x_1, x_2, $\cdots x_n$，根据误差的统计理论，一组 n 次测量所得的数据，其算术平均值 $\bar{x}$ 最接近真实值，称为直接测得量的**最佳值**或**近真值**。由于测量的误差总是存在的，真值总是不能确切地知道，所以用**算术平均值**表示测量的结果：

$$\bar{x} = \frac{1}{n}(x_1 + x_2 + \cdots + x_n) = \frac{1}{n}\sum_{i=1}^{n} x_i \qquad (1\text{-}6)$$

3. 仪器的标准偏差

测量是用仪器或量具进行的，有的仪器精度或灵敏度较低，有的仪器精度或灵敏度较高，但任何仪器均存在误差。在规定的使用条件下正确使用仪器时，仪器的示值和被测量的真值之间可能出现的最大偏差称为仪器误差，以 $\Delta_{仪}$ 表示。

仪器误差一般由生产厂家在仪器铭牌或说明书中给出，也可根据生产厂家给出的仪器准确度级别，由所用仪器的量程和级别（或只用级别）算出。对于未说明仪器误差并且又不知道准确度级别的仪器，可根据具体情况作出合理的估算，例如取仪器最小分度值作为仪器误差。

一般仪器误差遵从均匀分布规律，由数学计算可得仪器的标准偏差 $\sigma_{仪}$ 为

$$\sigma_{仪} = \frac{\Delta_{仪}}{\sqrt{3}}$$

第四节　间接测量结果误差的计算

一、间接测量的最佳测量值

前面讨论了直接测量结果及其误差的估算，但在实验中大多数物理量往往是由一些直接测得量通过一定的公式计算得到的。将直接测得量代入公式计算得到的结果，称为**间接测得量**。将各个直接测得量的最佳值（算术平均值）代入测量公式计算，得到的结果称为**间接测得量的最佳值**。设间接测得量 N 是直接测得量 A，B，C，…的函数，即

$$N = F(A, B, C, \cdots)$$

则间接测得量的最佳值为

$$\bar{N} = F(\bar{A}, \bar{B}, \bar{C}, \cdots) \qquad (1\text{-}7)$$

二、标准偏差的传递公式

由于各个直接测得量的最佳值都有一定的误差，因此，求得的间接测量结果也必然具有误差。

设间接测得量 $N = F(A, B, C, \cdots)$，式中的 A，B，C，…为各自独立的直接测得量，它们分别表示为 $A = \bar{A} \pm \sigma_A$，$B = \bar{B} \pm \sigma_B$，$C = \bar{C} \pm \sigma_C$，…，其中 σ_A、σ_B、σ_C 表示直接测得量的标准偏差，则间接测得量 N 表示为

$$N = \bar{N} \pm \sigma_N \qquad (1\text{-}8)$$

式中，$\bar{N}$ 为间接测得量的最佳值，即 $\bar{N} = F(\bar{A}, \bar{B}, \bar{C}, \cdots)$；$\sigma_N$ 为间接测得量的标准偏差。经理论计算可以得到间接测得量的标准偏差 σ_N 为

$$\sigma_N = \sqrt{\left(\frac{\partial F}{\partial A}\right)^2 \sigma_A^2 + \left(\frac{\partial F}{\partial B}\right)^2 \sigma_B^2 + \left(\frac{\partial F}{\partial C}\right)^2 \sigma_C^2 + \cdots} \qquad (1\text{-}9)$$

式(1-9) 称为**标准偏差的传递公式**。该式不仅可以用来计算间接测得量 N 的标准偏差，而且还可以用来分析各直接测得量的误差对最后结果误差的影响大小，从而为改进实验指明努力的方向，为合理地组织实验、选择仪器提供必要的依据。

常用运算关系的标准偏差传递公式见表 1-1。

表 1-1　常用运算关系的标准偏差传递公式

运 算 关 系	标准偏差传递公式	运 算 关 系	标准偏差传递公式
$N=A+B$	$\sigma_N=\sqrt{\sigma_A^2+\sigma_B^2}$	$N=A^n$	$\dfrac{\sigma_N}{N}=n\dfrac{\sigma_A}{A}$
$N=A-B$	$\sigma_N=\sqrt{\sigma_A^2+\sigma_B^2}$	$N=\sqrt[n]{A}$	$\dfrac{\sigma_N}{N}=\dfrac{1}{n}\times\dfrac{\sigma_A}{A}$
$N=A\cdot B$	$\sigma_N=\sqrt{B^2\sigma_A^2+A^2\sigma_B^2}$	$N=\sin A$	$\sigma_N=\vert\cos\overline{A}\vert\sigma_A$
		$N=\cos A$	$\sigma_N=\vert\sin\overline{A}\vert\sigma_A$
$N=\dfrac{A}{B}$	$\sigma_N=\sqrt{\dfrac{\sigma_A^2}{B^2}+\dfrac{\overline{A}^2}{\overline{B}^4}\sigma_B^2}$	$N=\ln A$	$\sigma_N=\dfrac{\sigma_A}{\overline{A}}$

第五节　有效数字及其运算

任何测量都存在误差，那么在直接测量被测物理量时应取几位数字？在按函数关系计算间接测得量数值时又要保留几位数字呢？这是实验数据处理中一个重要问题。

一、有效数字

为了正确地反映测量的精密程度，引入有效数字的概念。**把测量结果中可靠的几位数字加上存疑的一位数字统称为测量结果的有效数字。**有效数字的最后一位虽然是存疑的，但它在一定程度上反映客观实际，因此它也是有效的。

从仪器上读出的数字，通常都尽可能地估计到仪器最小刻度值以下。例如，用最小刻度为毫米的米尺来测量某物体的长度，如图1-1，可以看出该物体的长度大于15.6cm，小于15.7cm。虽然米尺上没有小于毫米的刻度，但可以目测估计到 $\dfrac{1}{10}$ mm，因而可以读出物体的长度为15.66cm、15.67cm 或 15.68cm，前三位数字可以从尺上直接

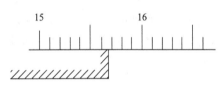

图 1-1　米尺测量物体长度

读出，而第四位数字是观察者估读出来的，读出的结果因人而异，因而这一位数字是不定的，通常称为存疑数字。

在测量数据中，需要注意以下几种情况。

① 数字中的"0"为有效数字。例如 70.85cm 是四位有效数字。

② 数字后的"0"为有效数字。例如 5.60cm 是三位有效数字。

③ 数字前的"0"不是有效数字。例如 0.26、0.026 或 0.0026 都是两位有效数字。这里的"0"表示的是数量级的大小，所以这种情况下的"0"是不算作有效数字的。

为了书写规范，常采用科学计数法，即用 10 的方幂来表示数量级，在小数点前取一位数字，例如 0.0678cm，采用科学计数法写为 6.78×10^{-2} cm，这样书写不仅整齐规范，而且非有效数字"0"也自然消失。在进行单位换算时，只有采用科学计数法，才不会使有效数字因单位换算有所改变，例如 208.6m 不能写成 208600mm，应写为 2.086×10^2 m 或 2.086×10^5 mm。

二、有效数字的运算规则

① 加、减运算。有效数字的运算结果通常只保留一位存疑数字，例如

$$
\begin{array}{r}
48.\underline{6}\\
+\ \ 6.243\\
\hline
54.\underline{843}
\end{array}
$$

式中，在存疑数字下方加一横线以便与可靠数字相区别。因为 48.6 中的 6 是存疑数字，所以 6+2=8 也是存疑的，其后的两位数便无意义了。按照现在通用的"四舍六入五凑偶"法则（即尾数小于五则舍，大于五则入，等于五时，前一项是偶数则舍，前一项是奇数则入），其结果为 54.8。

又如

$$
\begin{array}{r}
68.\underline{6} \\
-\ 0.426 \\
\hline
68.1\underline{74}
\end{array}
$$

同理，有效数字可以取到小数点后一位，按照"大于五则入"的原则，本例应向前进位，其结果为 68.2，有效数字为三位。

从以上两例可见，两个量相加（或相减）时，应以各量中存疑数字所在数位中最前的一个为准来进行计算，该方法可以推广到多个量的相加（或相减）的计算中去。

② 乘、除运算。几个量相乘（或相除）时，同样遵照计算结果只保留一位存疑数字的原则。例如

$$
\begin{array}{r}
1.52\underline{3} \\
\times 18.\underline{6} \\
\hline
913\underline{8} \\
1218\underline{4} \\
152\underline{3} \\
\hline
28.3\underline{278}
\end{array}
\qquad
\begin{array}{r}
35.3\underline{5} \\
361\overline{)12764} \\
1083 \\
\hline
193\underline{4} \\
180\underline{5} \\
\hline
129\underline{0} \\
108\underline{3} \\
\hline
207\underline{0} \\
180\underline{5} \\
\hline
26\underline{5}
\end{array}
$$

以上两例的结果分别为 28.3 和 35.4，有效数字都是三位，与乘数、被乘数（或除数、被除数）中有效数字最少的相同。从以上两例可见，两个量相乘（或相除）的积（或商），其有效数字一般与诸因子中有效数字最少的相同，该方法可以推广到多个量的相乘（或相除）等运算中去。

同理，一个数的乘方、开方的有效数字与该数的有效数字位数相同。对于对数、指数、三角函数等初等函数运算，也遵循类似的运算规则，例如 $\ln 4.3\underline{8}=1.4\underline{8}$；$\sin 35.5\underline{8}^\circ=0.581\underline{8}$ 等。对于一个数的常用对数，尾数的有效数字与该数的有效数字位数相同。例如 $\lg 19.8\underline{8}=1.298\underline{4}$。

③ 常用公式中的数字是绝对准确数字，计算时不能以它为准来考虑计算结果的有效数字的位数。例如 $E_k=\dfrac{1}{2}mv^2$ 中，分母上的 2 是绝对准确的数字，不能因为 2 的存在，计算结果就取一位有效数字，其位数应与 m 和 v 中有效数字位数最少的相同。

④ 如果常用公式中的某些常数已有很准确的数值，计算时也只需考虑其他量的有效数字位数。例如，运用 $S=\pi r^2$ 计算圆面积时，若 r 有三位有效数字，则 π 可取 3.142，而计算结果取三位有效数字，若 r 有五位有效数字，则 π 可取 3.14159，而计算结果取五位有效数字。

⑤ 如果某一计算中，既有加减，又有乘除，则可逐步按上述有效数字运算法则处理，以决定最后计算结果中的有效数字的位数。例如

$$
\frac{860.0-326.0}{0.128-0.08360}=\frac{534.0}{0.044}=1.2\times10^4
$$

计算结果取两位有效数字。

应当指出，本节讲的是实验数据记录和运算时有效数字的使用规则，它不能用于绝对误差和相对误差的计算。如果由于各项误差的积累，间接测得量的绝对误差比较大，那么在最后的结果中，应使结果的最后一位与绝对误差的位数对齐，而舍去其他多余的存疑数字。此外，因误差本身只是一个估计的范围，因此在一般情况下，误差的有效数字只取一位，在大学物理实验中约定误差的有效数字一律取一位。

三、测量结果的正确表示

任何测量都要将测量结果正确地表示出来：

$$x = \bar{x} \pm \sigma_x \tag{1-10}$$

其中标准偏差 σ_x 一般取一位。在测量中，有时还要根据实际情况对其进行修正。

(1) 根据有效数字修正标准偏差，比如，$\bar{x}=8.925$，$\sigma_x=0.0002$，测量结果应该为 $x=8.925\pm0.001$，即不论标准偏差多小，因为测量结果的计算值小数点后的第三位已经是存疑，误差至少在这里，所以必须进上来。

(2) 根据标准偏差修正有效数字，比如，$\bar{x}=8.925$，$\sigma_x=0.01$，测量结果应该为 $x=8.92\pm0.01$，理由是标准偏差已经精确到小数点后的第二位了，测量结果的第三位已经没有必要了，因此必须做处理。

修正原则是：标准偏差只可以扩大，不可以缩小（标准偏差扩大了，表示测量结果的可信范围大了）。

【例 1-1】 使用分光计测量一块三棱镜的顶角 6 次，得到的测量值分别为

$$x_1 = 60°36' \qquad\qquad x_4 = 60°34'$$
$$x_2 = 60°24' \qquad\qquad x_5 = 60°20'$$
$$x_3 = 60°32' \qquad\qquad x_6 = 60°22'$$

试表达测量结果。

【解】 其算术平均值为

$$\bar{x} = \frac{1}{6}(60°36'+60°24'+60°32'+60°34'+60°20'+60°22') = 60°28'$$

各次测量误差的绝对值分则为

$$|d_1|=|60°36'-60°28'|=8' \qquad |d_2|=|60°24'-60°28'|=4'$$
$$|d_3|=|60°32'-60°28'|=4' \qquad |d_4|=|60°34'-60°28'|=6'$$
$$|d_5|=|60°20'-60°28'|=8' \qquad |d_6|=|60°22'-60°28'|=6'$$

标准偏差

$$\sigma_x = \sqrt{\frac{\sum_{i=1}^{n}(x_i-\bar{x})^2}{n-1}} = \sqrt{\frac{8^2+4^2+4^2+6^2+8^2+6^2}{(6-1)}} \approx 6'$$

由于随机误差本身是个估计值，所以其有效数字只取一位数字。为简单起见，在大学物理实验中约定误差有效数字一律取一位，这样测量值便表示为

$$x = \bar{x} \pm \sigma_x = 60°28' \pm 6'$$

$60°28'=3628'$，相对误差为

$$E_r = \frac{\sigma_x}{\bar{x}} \times 100\% = \frac{6}{3628} \times 100\% = 0.2\%$$

【例 1-2】 某一长度 $L=A-B-C+D$，其中：

$$A = (50.00 \pm 0.05) \text{mm}$$
$$B = (4.05 \pm 0.05) \text{mm}$$
$$C = (12.63 \pm 0.05) \text{mm}$$
$$D = (1.00 \pm 0.05) \text{mm}$$

试计算结果及误差。

【解】

$$\bar{L} = (50.00 - 4.05 - 12.63 + 1.00) \text{mm} = 34.32 \text{mm}$$

$$\sigma_{\bar{L}} = \sqrt{(0.05)^2 + (0.05)^2 + (0.05)^2 + (0.05)^2} \text{mm} = 0.09 \text{mm}$$

$$L = \bar{L} + \sigma_{\bar{L}} = (34.32 \pm 0.09) \text{mm}$$

$$E_r = \frac{\sigma_{\bar{L}}}{\bar{L}} = \frac{0.09}{34.32} \times 100\% = 0.3\%$$

【例 1-3】 用螺旋测微器分别测量某圆柱体不同部位的直径 d 八次和不同部位的高 h 八次，得到下列数据。

次 序	直径 d/cm	高 h/cm	次 序	直径 d/cm	高 h/cm
1	1.6499	2.0004	6	1.6482	2.0015
2	1.6491	1.9993	7	1.6492	1.9995
3	1.6476	2.0000	8	1.6489	1.9990
4	1.6486	2.0010	平均	1.6487	2.0002
5	1.6479	2.0010			

试求圆柱体的体积及误差。

【解】

$$|\Delta d_1| = |1.6499 - 1.6487| \text{cm} = 0.0012 \text{cm}$$
$$|\Delta d_2| = |1.6491 - 1.6487| \text{cm} = 0.0004 \text{cm}$$
$$|\Delta d_3| = |1.6476 - 1.6487| \text{cm} = 0.0011 \text{cm}$$
$$|\Delta d_4| = |1.6486 - 1.6487| \text{cm} = 0.0001 \text{cm}$$
$$|\Delta d_5| = |1.6479 - 1.6487| \text{cm} = 0.0008 \text{cm}$$
$$|\Delta d_6| = |1.6482 - 1.6487| \text{cm} = 0.0005 \text{cm}$$
$$|\Delta d_7| = |1.6492 - 1.6487| \text{cm} = 0.0005 \text{cm}$$
$$|\Delta d_8| = |1.6489 - 1.6487| \text{cm} = 0.0002 \text{cm}$$

由于测量的是圆柱体不同部位的直径 d，所得的 $\bar{d}$ 只代表圆柱体直径的平均效应，计算平均值的标准偏差 $\sigma_{\bar{d}}$ 就没有意义了，只需计算标准偏差 σ_d。

圆柱体的体积

$$\bar{V} = \frac{1}{4} \pi \bar{d}^2 \bar{h} = \frac{1}{4} \times 3.14159 \times 1.6487^2 \times 2.0002 = 4.2702 \text{cm}^3$$

$$\sigma_d = \sqrt{\frac{\sum_{i=1}^{n}(d_i - \bar{d})^2}{n-1}}$$

$$= \sqrt{\frac{0.0012^2 + 0.0004^2 + 0.0011^2 + 0.0001^2 + 0.0008^2 + 0.0005^2 + 0.0005^2 + 0.0002^2}{8-1}}$$

$$= 0.0008 \text{cm}$$

同理可求出

$$\sigma_h = 0.0009\text{cm}$$

相对偏差

$$E_r = \frac{\sigma_V}{V} \times 100\% = \sqrt{\left(\frac{2\sigma_d}{\bar{d}}\right)^2 + \left(\frac{\sigma_h}{\bar{h}}\right)^2}$$

$$= \sqrt{\left(\frac{2 \times 0.0008}{1.6487}\right)^2 + \left(\frac{0.0009}{2.0002}\right)^2}$$

$$= 0.1\%$$

标准偏差

$$\sigma_V = E_r \bar{V} = 4.2702 \times 0.1\% = 0.004\text{cm}^3$$

测量结果为

$$V = \bar{V} + \sigma_V = (4.270 \pm 0.004)\text{cm}^3$$

第六节　数据处理的基本方法

由实验测得的数据，必须经过科学的分析和处理，才能揭示出各物理量之间的关系。把从获得原始数据起到得出结论为止的加工过程称为数据处理。物理实验中常用的数据处理方法有列表法、图示法、图解法和逐差法等。

一、列表法

列表法是记录和处理实验数据的基本方法，也是其他实验数据处理方法的基础。将实验数据列入适当的表格，可以清楚地反映出有关物理量之间的一一对应关系，既有助于及时发现和检查实验中存在的问题，判断测量结果的合理性，又有助于分析结果，找出有关物理量之间存在的规律性关系。一个好的数据表可以提高数据处理的效率，减少或避免错误。

在数据列表处理时，应遵循以下原则。

① 表格力求简单明了，便于分析各物理量之间的关系。

② 表格中应标明所记录的物理量的名称及单位，应按国家标准（GB 3100～3102）的规定表示物理量的符号。若用自定符号，则需加以说明。

③ 表中数据要按有效数字规则正确地记录。

④ 表中除列入原始测量数据外，处理过程中的一些重要的中间结果也应列入表中。

二、图示法

利用实验数据，将实验中物理量之间的函数关系用几何图线表示出来，这种方法称为图示法。实验图线不仅能简明、直观、形象地显示物理量之间的关系，而且有助于研究物理量之间的变化规律，找出定量的函数关系或得到所求的参量。同时，所作的图线对测量数据起到取平均的作用，从而减小偶然误差的影响。此外，还可以作出仪器的校正曲线，帮助发现实验中的某些测量错误等。因此图示法不仅是一个数据处理方法，而且是实验方法中的一个不可分割的部分。

应当指出，实验图线不是示意图，而是要用来表达从实验中得到的物理量之间的关系，同时还要反映出测量的精确程度，因而作图时必须遵循一定的程序及规则。

① 作图必须用坐标纸。最常用的是直角坐标纸，根据需要也可选用双对数坐标纸、单对数坐标纸、极坐标纸等。

② 坐标纸的大小及坐标轴的比例，应根据所测数据的有效数字和结果的需要来确定。

原则上数据中的可靠数字在图中是可靠的，数据中存疑的一位在图中也是估计的。

③ 要适当选取 x 轴和 y 轴的比例和坐标的起点，使图线比较适当地呈现在图纸上，不偏于一角或一边，并能明显地反映图线的变化特点和趋势。横轴和纵轴的标度可以不同，坐标轴的起始点也不一定都从零值开始，可以从比数据最小值再小一些的整数开始。标值坐标分度应便于读取，通常每格代表 1（或 2、5），而不选用 3、6、7、9。

④ 坐标轴上应标明所代表的物理量、单位和标度，并写出图名。

⑤ 在图上一般用"＋"标出数据点的位置，"＋"要用细笔清楚地画出，使与实验数据对应的坐标准确地落在"＋"的交点上。一张图上要画几条曲线时，每条曲线可用不同的标记，如"×""○""△""□"等。

⑥ 连接线段时要用透明直尺或曲线板进行，根据数据点分布的变化趋势，作出穿过数据点分布区域的平滑曲线。曲线不一定要通过所有的数据点，而是让数据点大致均匀地分布在所画曲线的两侧，并且尽量靠近曲线。如欲将图线延伸到测量数据的范围之外，则应依其趋势用虚线来表示。

在实验中还常常遇到一种曲线，称为校正曲线，例如用精度级别高的电表校准精度级别低的电表所作的曲线。作校正曲线时，相邻数据点一律用直线连接，成为一个折线图，不能连成光滑曲线。

三、图解法

根据已经作好的图线，应用解析的方法，求出对应的函数和有关参量，这种方法称为图解法。当实验图线是直线时，采用此法就更为方便。

1. 求直线的斜率和截距

在实验数据范围内，在尽量靠近直线的两端处任取两点 $P_1(x_1, y_1)$ 和 $P_2(x_2, y_2)$，其 x 轴的坐标最好为整数，并注意不要取原始实验数据点。用与实验数据点不同的符号将它们标示出来，并在旁边注明其坐标读数，如图 1-2 所示。

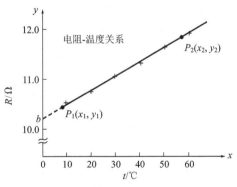

图 1-2　求直线斜率和截距的方法

设图线的直线方程为

$$y = kx + b$$

将 $P_1(x_1, y_1)$ 和 $P_2(x_2, y_2)$ 两点的坐标代入上式，有

$$y_1 = kx_1 + b$$

$$y_2 = kx_2 + b$$

从上列方程组中可求得

$$k = \frac{y_2 - y_1}{x_2 - x_1}$$

$$b = \frac{x_2 y_1 - x_1 y_2}{x_2 - x_1}$$

由此可见，根据上面两式即可求出直线的斜率 k 和截距 b 的值。如果 x 轴的起点为零，则据 $x = 0$，$y = b$，可直接从图线上读取截距 b 的值。

2. 曲线改直

由于直线比较容易精确地绘制，因此当实验图线不是直线时，可以通过坐标变换，设法将某些曲线图形变为直线图形。这种把曲线变换成直线来处理的方法称为曲线改直。下面举几个具体例子来加以说明。

① $y = ax^b$，式中 a、b 均为常数。

将上式两边取常用对数，可得

$$\lg y = b \lg x + \lg a$$

如果以 $\lg x$ 为横坐标，$\lg y$ 为纵坐标作图，即可得一条直线，其斜率为 b，截距为 $\lg a$。

② $y = a e^{bx}$，式中 a、b 均为常数。

将上式两边取自然对数，可得

$$\ln y = bx + \ln a$$

以 x 为横坐标，$\ln y$ 为纵坐标作图，即可得一条直线，其斜率为 b，截距为 $\ln a$。

③ $y = \dfrac{x}{a + bx}$，式中 a、b 均为常数。

将上式两边取倒数，可得

$$\frac{1}{y} = \frac{a}{x} + b$$

以 $\dfrac{1}{x}$ 为横坐标，$\dfrac{1}{y}$ 为纵坐标，即可得一直线，其斜率为 a，截距为 b。

四、逐差法

逐差法是物理实验数据处理时常用的一种方法。由误差理论可知，算术平均值最接近真值，因此在实验中应尽可能地实现多次测量。但在一些实验中，如简单地取各次测量的平均值，并不能达到好的效果，例如为了测量弹簧的劲度系数 k，将弹簧挂在装有竖直标尺的支架上，先计下弹簧的端点在标尺上的读数 x_0，然后每次增加 10N 拉力，即依次为 10N、20N、$\cdots$、70N，则可读得七个标尺读数，它们分别为 x_1、x_2、$\cdots$、x_7，相邻两次弹簧长度变化量依次为 $\Delta x_1 = x_1 - x_0$、$\Delta x_2 = x_2 - x_1$、$\cdots$、$\Delta x_7 = x_7 - x_6$。根据平均值的定义有

$$\overline{\Delta x} = \frac{(x_1 - x_0) + (x_2 - x_1) + \cdots + (x_7 - x_6)}{7} = \frac{x_7 - x_0}{7}$$

在上式中，中间数值全部抵消，未能起到平均的作用，只用了始末两次的测量值，与力 F 一次增加 70N 的单次测量等价。由此可见，不能用此办法进行平均值的处理。

为了保持多次测量的优越性，通常把数据分成两组，一组是 x_0，x_1，x_2，x_3；另一组是 x_4，x_5，x_6，x_7。取相应的差值 $\Delta x_1 = x_4 - x_0$，$\Delta x_2 = x_5 - x_1$，$\Delta x_3 = x_6 - x_2$，$\Delta x_4 = x_7 - x_3$，则平均值为

$$\overline{\Delta x} = \frac{\Delta x_1 + \Delta x_2 + \Delta x_3 + \Delta x_4}{4} = \frac{(x_4 - x_0) + (x_5 - x_1) + (x_6 - x_2) + (x_7 - x_3)}{4}$$

这种方法称为逐差法。在逐差法中每个数据在平均值内部都起了作用。应当指出，上式中 $\overline{\Delta x}$ 是力 F 增加 40N 时，弹簧长度的平均变化量。把 $F = 40$N 和 $\overline{\Delta x}$ 的值代入公式 $k = \dfrac{F}{\overline{\Delta x}}$ 中，即可求出弹簧的劲度系数。由上可见，采用逐差法将保持多次测量的优越性。

习　　题

1-1　某物体质量的测量值为 32.125g，32.116g，32.121g，32.124g，32.126g，32.122g。试求其算术平均值、标准偏差。

1-2　长度测量的误差是 0.02mm，问下列结果中哪些写法是正确的。

①　(2.460 ± 0.02)mm

②　(2.46 ± 0.02)mm

③　(2.50 ± 0.02)mm

④　(2.5 ± 0.02)mm

1-3　计算结果及误差

①　$N = 2A - B + C$

其中

$$A = (40.278 \pm 0.001)\text{cm}$$
$$B = (1.4355 \pm 0.0001)\text{cm}$$
$$C = (6.486 \pm 0.001)\text{cm}$$

②　$\rho = \dfrac{m}{\pi r^2 H}$

其中

$$m = (944.496 \pm 0.001)\text{g}$$
$$r = (2.325 \pm 0.005)\text{cm}$$
$$H = (8.320 \pm 0.001)\text{cm}$$

1-4　单位换算

①　$m = (8.956 \pm 0.001)\text{kg} = ($＿＿＿＿＿$\pm$＿＿＿＿＿$)$g

$= ($＿＿＿＿＿$\pm$＿＿＿＿＿$)$mg；

②　$\rho = (13.603 \pm 0.002)\text{g/cm}^3 = ($＿＿＿＿＿$\pm$＿＿＿＿＿$)$kg/m^3。

1-5　按照有效数字的运算规则计算下列结果

①　$98.754 + 1.3$

②　$107.50 - 2.5$

③　1111×0.100

④　$237.5 \div 1.10$

⑤　$\pi \times (42.0)^2$

⑥　$\dfrac{100.0 \times (5.6 + 4.412)}{(78.00 - 77.0) \times 10.000} + 110.0$

1-6　一个铅质圆柱体，测得其直径为

$$d = (2.040 \pm 0.001)\text{cm}$$

高度为

$$h = (4.120 \pm 0.001)\text{cm}$$

质量为

$$m = (149.10 \pm 0.05)\text{g}$$

试求铅的密度 ρ。

1-7　水的表面张力系数 σ 和开尔文温度 T 的关系为

$$\sigma = aT - b$$

式中，a 和 b 为常数，通过实验测得数据如下：

$t/℃$	10.0	20.0	30.0	40.0	50.0	60.0
$\sigma/(10^3\text{N/m})$	74.22	72.75	71.18	69.91	67.91	66.18

①　画出 $\sigma\text{-}T$ 的关系曲线；

②　用图解法求出 a 和 b 的值。

第二章

物理实验基本设备使用

物理实验的组成主要有三大部分：一是实验方案的设计，包括明确实验任务，制定最佳实验方案，选择仪器设备；二是如何准确地测量数据；三是对测量数据的处理和对结果的评价。在第一章已介绍了测量数据的处理，本章将扼要介绍对物理量进行测量，以及基本物理实验设备的使用。

第一节　力学实验基本设备使用

力学实验是物理实验中最基本的实验，通常需要测量长度、时间、质量、力等物理量，确定物体的位置、长度、速度、加速度、运动轨迹，了解物体运动与质量和力的关系。这些物理量的测量，现已有现代化的测量方法和手段，但在力学实验中学习并掌握常规的测量方法和手段，仍然是十分必要的，是进一步学习现代测量方法的基础。

一、米尺

所谓测量，就是将待测物的某个特性与被选作标准的某物的某个特性做比较。力学实验中的长度测量属于最基本的物理量的测量，是一切测量的基础。熟悉并熟练使用长度测量仪器，是力学实验最基本的技能之一。物理实验中最基本的长度测量仪器有米尺、游标卡尺、千分尺等。长度的国际基本单位是 m(米)，是于 1983 年 10 月在巴黎召开的第 17 届国际计量大会上批准的，以光在真空中在 1/299792458s 的时间间隔内传播的长度为标准。

米尺是测量长度的一种最简单的测量仪器，一般用质地坚硬耐磨、不易伸缩的材料制作尺身。米尺的量程通常为 0~100cm，最小分度值为 1mm，其仪器误差取 0.5mm，是最小分度值的一半，可以估读到 0.1mm，这一位（十分位）是随机误差所在的位。米尺的规格通常是用量程和分度值表示。钢直尺、钢卷尺和皮尺均属于米尺。

使用米尺测量长度时应注意如下几点。

① 避免因米尺端边的磨损而带来的测量误差。一般不用米尺的端边作为测量的起点，通常是将待测物体的一端对齐米尺零刻度线后的某一整数值刻度，然后用终点读数减起点读数。

② 避免因测量者视线方向不同而引起的视差。对于厚度较大的米尺（如木直尺、钢直尺等），测量时最好让米尺上有刻度的一边紧贴被测物体，读数时视线应垂直于所读刻度，以避免测量者视线方向不同而引起的测量误差（即视差）。

③ 避免因米尺的刻度可能不均匀引起的误差。在较为精密的测量中，考虑米尺的刻度可能不均匀，应该选取不同的起点进行多次测量，用平均值来表示测量结果。

④ 用米尺测量时，通常估读到最小分度值的十分之一，即 0.1mm。

二、游标卡尺

1. 游标卡尺的结构

米尺的最小分度值不够小，一般为 1mm，所以不能来进行更为精密的测量。游标卡尺是应用游标读数原理读数的长度精密测量仪器，它可以测量物体的长度、深度、圆的内外径等。游标卡尺的结构如图 2-1 所示。

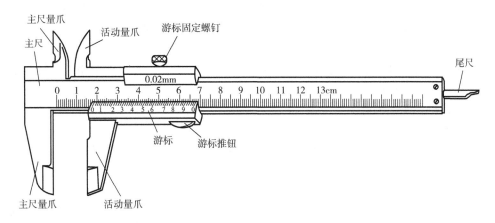

图 2-1　游标卡尺

游标卡尺主要是由一最小分度值为毫米的主尺和紧套在主尺上可以滑动的游标组成，游标上有刻度，并连有活动量爪和测量深度的尾尺。游标上的分划线的多少决定了游标卡尺的规格，可分为 0.1mm、0.05mm 和 0.02mm 等规格，图 2-1 所示的游标卡尺就是精度值为 $\delta=0.02mm$ 的规格。当主尺量爪与游标上的活动量爪分别密切接触，且尾尺恰好与主尺的末端对齐时，主尺上的零刻度线和游标的零刻度线对齐（如图 2-2）。上侧两个量爪用于测量外径和物体的长度，下侧两个量爪用于测量物体的内径。

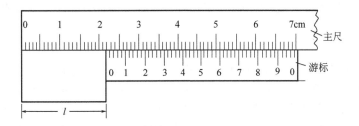

图 2-2　主尺与游标刻度线对齐

使用游标卡尺测量长度时，先松开游标固定螺钉，左手拿待测物体，右手握尺，大拇指按住游标推钮（游标上凸起部位），推拉游标，把物体轻轻地卡住，再拧上固定螺钉，即可读数。在固定螺钉未松开前不可反复挪动待测物体，以免磨损量爪。

2. 读数方法

先从主尺上读取游标的零刻度线所指位置的整数分度值数 b(mm)，而毫米以下的部分 Δx，则看游标上与主尺对齐的刻线，即找出游标上与主尺上刻线对得最齐的第 k 根刻线，如图 2-2 所示，b 等于 21mm，游标上第 30 根刻线（$k=30$）与主尺上刻线对得最齐，则由图可知 Δx 等于 $30\times0.02mm$，物体的长度为 21.60mm，即

$$待测物体的长度读数＝主尺读数(b)＋游标刻线读数(k)\times\delta$$

3. 使用游标卡尺测量时的注意事项

① 零点检查。在使用游标卡尺测量之前，合拢量爪，检查游标的零刻度线是否与主

尺零刻度线对齐。如果不对齐，记下零点读数，即零误差 l_0。再对测量结果修正，得出

$$最终测量值(l)=主尺读数(b)+游标刻线读数(k)\times\delta-零误差 l_0 \qquad (2\text{-}1)$$

② 游标卡尺量爪卡住被测物体时，松紧要适度，以免损伤卡尺或被测物体。当需要把卡尺从被测物体上取下后才能读数时，一定要先把固定螺钉拧紧。

③ 测量时应卡正被测物体，测环或孔的内径时，要找到最大值，否则会增大测量误差。

④ 使用游标卡尺时，严禁磕碰，以免损坏量爪或深度尺，若长期不用，应涂以脱水黄油，置于避光干燥处封存。

三、千分尺（螺旋测微器）

1. 千分尺的结构

千分尺是一种比游标卡尺更为精密的长度测量仪器，常用于测量较小的尺寸，如金属丝的直径、薄板的厚度等。其结构如图 2-3 所示。

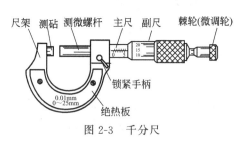

图 2-3　千分尺

套在螺杆上的主尺有两列刻线，一列在基线的上方，另一列在基线下方，两列刻线的间距均为 1mm，上下相邻的两刻线错开 0.5mm，下列刻线是毫米数指示线，对应的读数为 0mm，1mm，2mm，3mm，…，上列刻线恰好在下列二相邻刻线中间，表示 0.5mm 数。副尺的边缘被分成 50 等份，当副尺旋转一周时，高度精密的螺距为 0.5mm 的测微螺杆就沿轴向运动 0.5mm，即一个螺距。显然，副尺每旋转一分度，测微螺杆运动 0.5mm/50＝0.01mm，这就是千分尺的最小分度值，千分尺可以估读到 1/1000mm。

实验室常用的千分尺的量程一般为 25mm，分度值为 0.01mm，仪器的示值极限误差为 0.004mm。

2. 读数方法

测量物体长度时，左手拿住千分尺尺架上的绝热板，右手轻轻转动棘轮，使测砧和测微螺杆的测量面与待测物接触，听到"咔咔"响声即可读数。首先读主尺，以副尺端面的左边作为主尺读数的基准，其读数为主尺从副尺左边露出的刻线的数字；然后是读副尺，副尺的读数基准是主尺的基线，其数值为副尺相对主尺基线的读数（包含估读值）与千分尺的最小分度值的乘积；最后对主尺读数与副尺读数求和，得出测量结果。

3. 使用千分尺测量时的注意事项

① 检查零点。在用千分尺测量前，首先要检查其零点是否校准。松开锁紧手柄，清除测砧与测微螺杆测量面上的油污，缓慢旋转棘轮。直到听到"咔咔"响声，表明测微螺杆和测砧已直接接触，此时副尺端面的左边应与主尺上的零刻度线重合，副尺上的零刻度线与主尺的基线正好对齐，即零误差为"0"，如图 2-4(a) 所示。如果不对齐，就应记下零点读数，计算测量结果时，仿照游标卡尺的修正测量结果的方法修正测量数据。图 2-4(b) 所示的零误差为＋0.006mm，图 2-4(c) 所示的零误差为－0.012mm。

② 测微螺杆接近待测物（或测砧）时不要再旋转副尺，应慢慢旋转棘轮，听到"咔咔"响声后，旋紧锁紧手柄，然后读数。切不可用直接旋转副尺的方式来卡住待测物体，以免测量压力过大而使待测物体和测微螺杆的螺纹发生形变。

③ 使用千分尺测量同一长度时，应反复多次测量，取其平均值作为测量结果。

④ 读数时必须避免主尺上的刻度线读错。正确读数如图 2-5 所示。

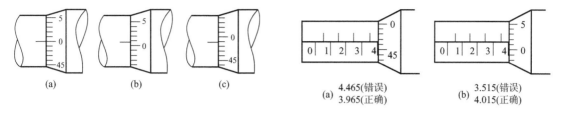

(a)　　　　　　(b)　　　　　　(c)

(a) 4.465(错误)　3.965(正确)

(b) 3.515(错误)　4.015(正确)

图 2-4　零误差示意图　　　　　　图 2-5　千分尺读数

⑤ 千分尺是一种精密量具，使用时动作要轻缓，更不可受到打击和碰撞。测量完毕后，测砧与测微螺杆测量面间应留有不小于 0.5mm 的间隙，以免受热膨胀时测微螺杆的精密螺纹受损。

⑥ 千分尺长期不用时，应在易锈表面涂以脱水黄油，置于避光干燥处封存。

在实验室和工程测量中还经常使用光的干涉或衍射法来测量微小长度。

四、物理天平

物理天平是常用于测量物体质量的仪器，其外形结构如图 2-6 所示。

1. 天平的结构与参数

天平是一种等臂杠杆，按其称衡的精确度分等级，精确度低的是物理天平，精确度高的是分析天平。不同精确度的天平配置不同等级的砝码。首先我们来了解一下天平的规格参数。

（1）称量　是指允许称衡的最大质量。

（2）感量（分度值）　是指天平平衡时，使指针产生一小格的偏转需在一端加（或减）的最小质量。感量的倒数称为灵敏度。感量越小，天平的灵敏度越高。

2. 物理天平的调节与使用

（1）安装　从盒中取出横梁后，辨别横梁左边和右边的标记，通常左边标有"1"，右边标有"2"，挂钩和砝码托盘上也标有"1""2"字样。安装时，左右分清，不可弄错，要轻拿轻放，避免刀口受冲击。

（2）水平调节　调节底脚螺钉，使水准泡居中，以保证支柱铅直。有些天平是采用铅垂线和底柱准尖对齐来调节水平的。

（3）零点调节　先把游码拨到刻度"0"处，顺时针旋转制动旋钮，支起横梁。观察指针摆动情况，当指针指在标尺的"0"或在标尺的"0"点左右做等幅摆动时，天平即平衡。如不平衡，调节平衡螺母使之平衡。

（4）称衡　先让横梁置于制动位置，将待测物体放在左边盘内，砝码加在右边盘内，再顺时针旋转制动旋钮，支起横梁试探

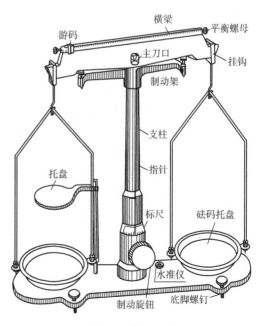

图 2-6　物理天平

平衡与否，若不平衡，逆时针旋转制动旋钮，放下横梁，调节砝码和横梁上的游码，直到平衡。当天平平衡时，待测物体的质量就等于砝码的质量与游码所指值（包括估读的一位数字）之和。

（5）称衡完毕　每次称衡完毕，应将制动旋钮逆时针旋转，放下横梁，再记砝码和游码的读数。

3. 使用天平测量时的注意事项

① 不允许用天平称衡超过该天平最大称量的物体。

② 注意保护好刀口，在调节平衡螺母、取放物体、加减砝码、移动游码及不用天平时，必须放下横梁，制动天平。只有判断天平是否平衡时才支起横梁。天平使用完毕，应将秤盘撤离刀口。

③ 砝码应用镊子取放，请勿用手，用完随即放回砝码盒内。不同精度级别的天平配用不同等级的砝码，不能混淆。

④ 加砝码时应按从大到小的次序。

⑤ 天平各部分和砝码需防潮、防锈、防蚀。高温物体、液体、腐蚀性化学品严禁直接放在秤盘上。

五、计时仪器

测量时间的方法很多，在物理实验室中常用的计时仪器有机械秒表、电子秒表和电脑计数器（即数字毫秒计）等。

1. 机械秒表（停表）

以分度值为 0.1s 秒表为例，表面上一般有两个指针，分别表示秒针和分针，长针是秒针，短针是分针，秒针转一周为 30s，分针转一周为 15min，秒针转两周，分针走一格。

秒表上端有柄头，用以旋紧发条及控制表的走动和停止。使用前先上发条，测量时用手握住秒表，大拇指在柄头上稍用力按一下，秒表走动，随即松开大拇指将柄头弹回。当需要停止时，再按一下柄头，这时分针秒针停止运动，所走的时间即为计时的时间。第三次再按柄头时，分针和秒针回到零位。

2. 电子秒表

电子秒表是一种比较精密的电子计时器，其时间基准是石英晶体振荡器的振荡频率（32768Hz），采用六位液晶数字器显示时间。连续累计时间 59min59.99s，计时平均日差不大于±0.5s，液晶数字显示器可显示的最小时间为 0.01s，即测量单位为 0.01s。电子秒表具有精度高、显示清楚、使用方便、功能较多等优点。电子秒表的外形和使用方法千差万别，但一般都是多功能的，既可以计时间间隔，也可以显示时、分、秒、月、日及星期。图 2-7 为电子秒表的外形结构，S_1 按钮控制"走/停"，S_3 按钮控制"回零"和"功能选择"，S_2 是调整按钮。使用时一般把电子秒表调到秒表状态，只需要使用 S_1、S_3 两个按钮实现启动、停止和复零 3 个功能。

使用电子秒表测量时应注意：

① 使用电子秒表前应认真阅读其使用说明书；

② 避免受潮；

③ 避免与腐蚀性物体接触；

④ 避免在温度过高或过低的环境下使用；

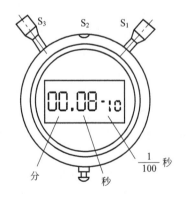

图 2-7　电子秒表

⑤ 不宜长时间在太阳下曝晒和置于强光下照射；

⑥ 电池最好用氧化银扣式 1.5V 电池。

3. 电脑计数器

电脑计数器是一种采用单片微处理器进行程序化控制的集计时、转换、记忆功能为一体的新型智能化测量仪器。其型号很多，但是原理都是用石英晶体振荡器产生一个稳定的高频振荡信号作为标准时间基准脉冲信号，多数是与集成电路组成 100kHz 的振荡电路，用 6 位数码管显示，最短测计时间为 0.01ms。在光电信号控制主控门打开时，计数脉冲进入计数电路开始计数（计时），并由数码管直接显示，后一个光电信号可关闭主控门，停止计数（计时）。它可以直接测得时间、频率、速度和加速度。

由于电脑计数器型号繁多，所以使用电脑计数器时应首先阅读仪器说明书。使用时应注意：

① 仪器应避免剧烈振动；

② 测量结束后，及时关掉电源。

第二节　热力学实验基本设备使用

热力学中基本的物理量是温度，温度是表征物质热运动状态的一个状态参量，反映了物质冷热程度。为实现温度的测量，1967 年第十三届国际计量大会决定，热力学温度作为国际基本量的温度标准，其单位为 K(开尔文)，简称"开"，其定义是：1K(开) 等于水的三相点（冰、水、水蒸气平衡共存的状态）的热力学温度的 1/273.16。即水的三相点的热力学温度为 273.16K。

在测量技术中，还经常使用摄氏温度这一温标。为此，在热力学中重新定义了摄氏温度。物质在某一热状态的摄氏温度定义为该状态与一特定的热状态（比水三相点温度低 0.01K 的热状态，即零摄氏度）之间的热力学温度的差，即

$$t = T - 273.15 \tag{2-2}$$

式中，t 为摄氏温度符号，它的单位为摄氏度，用"℃"表示。可见，摄氏温度是从热力学温度导出的，以零摄氏度作为计算起点的温度，摄氏温度与热力学温度相差一个常数 273.15。在表示温度间隔或温差时，用摄氏温度与用热力学温度表示的数值完全相等。在数值上，摄氏温度和历史上用的摄氏温标确定的温度很相近，但实际上和过去的摄氏温标无关。

一、温度计

当温度发生变化时，物体的许多属性都要发生变化。如体积、压强、电阻率、温差电动势、辐射的能量及波长等，所以目前测量温度的方法已达十多种。例如目前测量温度的仪器就有气体温度计、液体温度计、热电偶、电阻温度计和光测高温计等。温度计测量温度的原理，就是选择物体的一种在一定温度范围内随温度变化的特征物理量作为温度的标志，根据所遵循的物理定律，由该物理量的数值显示被测物体的温度。但是，不同的温度计都有各自的测量范围和误差。实验室常用的温度计有水银（汞）温度计、酒精温度计、热电偶等。下面对水银（汞）温度计作一简单介绍。

1. 水银温度计的结构与参数

实验表明，水银在一定温度范围内受热膨胀时，其体积变化与温度的变化可视为线性关系，水银温度计就是利用水银的这个热胀冷缩性质来测量温度的。把水银装在一个

薄壁玻璃泡内，玻璃泡上端与一玻璃毛细管（称为温度计的茎）相连，在水银受热膨胀充满整个玻璃泡及茎的全部后封闭茎的顶端，然后定标、均匀划分刻度值，就制成水银温度计，最小分度值能精确到 $0.1℃$。水银温度计是最常用的一种温度计，具有操作简单、读数方便的优点。

水银温度计的测温范围受水银和玻璃性能的限制。由于水银在通常气压下的凝固点为 $-39℃$，沸点为 $356.7℃$，一般玻璃的软化点约为 $400℃$，因此，普通水银温度计的最大测温范围是从 $-38℃$ 到 $350℃$，实际上在接近凝固点和沸点时，水银的体积变化与温度的变化已不再是线性关系，所以实际的使用范围要比该范围小。用汞铊合金代替水银，测温下限可延伸到 $-60℃$。如果改用酒精或甲苯作为测温介质，就可将测温下限扩展到 $-100℃$。

水银温度计的主要缺点是：测温范围较小，温度计的示值要受到玻璃的热滞现象（玻璃膨胀后不易恢复原状）、温度计毛细管粗细不均匀、水银柱受热不均匀、温度计的热惯性等因素的影响，所以用水银温度计作精密测量时必须对上述因素引起的误差进行仔细分析，予以修正。

2. 使用水银温度计的注意事项

① 温度计必须与待测温度的物体充分接触，最好是使玻璃泡与待测物体接触，以此减小产生的系统误差。

② 温度计的玻璃泡壁很薄，使用时一定要小心，不能碰破它。一旦破损，其内的水银会流出，这时一定要及时处理，以免水银蒸气污染环境。

③ 温度计的玻璃泡在每次加热再冷却后都有一定的暂时剩余膨胀，并在一段相当长的时间逐渐收缩，因而使温度计发生"零点降低"。另外毛细管的粗细不均匀会使测量产生系统误差。因此，在高精度测量时必须对温度计校准。

④ 测温前要注意看清温度计的最大刻度值是多少摄氏度，不可用它测量更高的温度。

二、量热器

1. 量热器的结构

量热器的种类很多，随测量的目的、要求、测量精度的不同而异，最简单的一种是混热式普通量热器，它的结构如图 2-8 所示，将一个铜质内筒放入另一个有盖的金属外筒中，盖上开两个小孔，其中中间的孔插有温度计，旁边的小孔插有一带绝热柄的搅拌器；内筒放置在绝热架（或绝热垫）上，使两筒不直接接触，两筒之间充满不传热的物质（一般为空气）。量热器的外筒用绝热盖盖住，使内筒上部的空气不与外界发生对流。另外，为了减少热辐射的影响，通常将内筒的外壁与外筒的内壁都电镀得十分光亮。总之，量热器的设计要求是使内筒与外筒及环境的热传递（包括热传导、热对流及热辐射）难以进行，即尽可能与外界绝热。

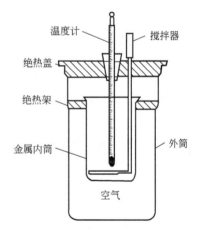

2. 使用量热器的注意事项

① 温度计插入液体的深度以其玻璃泡置于液体中间位置为宜，切不可使其与内筒底部相碰，以免损坏温度计。

② 在内筒中加入物质（如冰块）时，要小心轻放，以免液体溅出筒外。

图 2-8 混热式普通量热器

③ 内筒中放入的液体量以内筒容积的 1/2～2/3 左右为宜。

④ 搅拌器的作用是使整体温度均匀且尽快达到平衡，因此，在整个测量过程中应不停搅拌，但要注意搅拌幅度不可过大，以防液体溅出。

第三节　电学实验基本设备使用

电学实验是物理实验的一个重要组成部分，电学实验中使用的仪器、仪表不同于其他的仪器、仪表，其使用方法、维护和检测都有一定的特殊要求和要点。本节将介绍电学实验中最基本的仪器，以及实验中一般应遵循的操作规则。

一、电源

1. 干电池

干电池是通过内部化学反应产生电能的电源。由于容量有限，干电池只能作为短时间的电压稳定的工作电源，随着电极物质在化学反应中不断消耗，内阻逐渐增大，所以常用时要注意经常更换。

2. 标准电池

标准电池仅是一种参考电源，其电动势很稳定，温度在 20℃ 时，电动势为 1.0186V，温度变化时，电动势为

$$E_t = E_{20℃} - 0.0000406(t-20) - 0.00000095(t-20)^2 \tag{2-3}$$

使用标准电池时应注意：

① 不许用伏特表去测量标准电池的电压值，因为标准电池的放电电流不允许超过 $1\mu A$，放电时间不得超过 1min；

② 避免强光直照以及与热源直接接触；

③ 水平放置，不得倒置和振动；

④ 避免用手或身体露出的部位将标准电池两极短路。

3. 晶体管稳压稳流电源

晶体管稳压稳流电源的主要特点是：

① 在一定的负载阻值范围内，电网电压在允许范围内发生波动时，仍然能为仪器、设备提供稳定的直流电压或直流电流；

② 电源的输出电压、电流稳定又连续可调；

③ 内阻小、使用方便。

选用晶体管稳压稳流电源时，除了应注意它的输出电压是否符合需要外，还需注意取用的电流或负载电阻是否在电源的额定值之内，如果电流过大，超过其额定值，电源将急剧发热而损坏。

4. 交流电源

实验室常用 220V、50Hz 的交流电源。通过调压器或变压器可得到不同幅值的交流电压。交流稳压电源可在电网电压特定变化范围内给仪器设备提供稳定的交流电压。使用时要注意电压的输出范围，连线时注意火线和零线不要接错。

无论使用何种电源，一定要注意：

① 正负极不可短路，极性不可接错；

② 使用前先将电压输出旋钮逆时针调到最小，然后接通电源，工作时再顺时针交替调节电压和电流输出旋钮，直到达到所需值为止；

③ 使用完毕后将电压输出旋钮逆时针调到最小，然后关闭电源。

二、电表

电表是利用通电线圈在磁场中受到力偶矩作用而发生偏转，将被测电学物理量（简称为电学量）转换为指针的偏转角位移，并从刻度盘上能直接读取被测量量值的直读式仪器。电表按工作原理可以分为磁电式、电磁式、电动式、感应式、整流式、静电式、热电式等。实验室常用的电表大多数是磁电式仪表，它们主要由表头和量程电阻（分流、分压电阻）两部分组成。表头作用是将它接收到的电学量变为指针或光点偏转的角位移；量程电阻的作用是将超出表头量程的较大被测电学量按比例转换为表头所能承受的电流（或电压）。

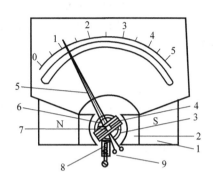

图 2-9　磁电式表头结构

1—永久性磁铁；2—接在磁铁两极的半圆形磁掌；3—圆柱形铁芯，它与磁掌在两者空隙间形成辐射状磁场；4—在空隙中可以绕中心轴转动的长方形线圈；5—固定在转轴上指针；6—产生恢复力矩的一对游丝；7—支撑线圈与固定游丝的半轴；8—调零螺杆；9—平衡锤

1. 表头（检流计）

磁电式表头结构如图 2-9 所示。

当有电流通过线圈时，线圈在磁场中受到磁力矩作用而偏转，在辐射状磁场中无论线圈处在什么位置，线圈平面方向（如图 2-9 中的指针方向）总是与线圈所在处的磁场方向相垂直，所以线圈受到磁力矩 M 作用：

$$M = NBIS \qquad (2\text{-}4)$$

式中，N 为线圈的匝数；B 为磁感应强度；I 为线圈中通过的电流；S 为线圈的面积。

线圈转动后，游丝形变产生一个方向与磁力矩方向相反的阻碍线圈转动的扭阻力矩 M'，扭阻力矩 M' 与线圈转过的角度 α（也就是指针转过的角度）成正比，表达式为

$$M' = D\alpha \qquad (2\text{-}5)$$

式中，D 为游丝的扭转系数。

所以当磁力矩 M 等于扭阻力矩 M' 时

$$\alpha = \frac{NBS}{D}I = \kappa I \qquad (2\text{-}6)$$

式中，$\kappa = NBS/D$ 为一常数，物理意义是单位电流所能产生的线圈转动角度。

实验室常用的表头规格：满偏电流（是指指针偏转到满刻度时线圈中通过的电流）I_g 为 $50\mu A$、$100\mu A$、$200\mu A$ 和 $1mA$，表头电阻（线圈的电阻）一般是几十欧到几千欧，并且 I_g 值小其表头电阻大，反之亦然。

表头也可以用于检验电路中有无电流通过，但只能直接测量几十到几百微安的电流，如果用它来测量较大的电流，必须加分流器。

专门用来检验电路中有无电流通过的仪表称检流计，它又分为按钮式和光点反射式两类。

按钮式检流计的特点是其零点位于刻度盘的中央，按钮的常态是断开状态，无电流通过，指针正对零点。按下按钮检流计才接入电路。通有电流（小电流）时指针才偏转，并且指针偏转左右的方向随电流的流向变化。因此用它来检验电路中有无电流是十分方便的。

光点反射式检流计常常用于做电桥、电位差计等指零器或用来测量微小电流或小电压。

2. 电流表（安培计）

在表头线圈上并联一个分流低值电阻，就构成了电流表，结构如图 2-10 所示。电流表中分流电阻的主要作用是：在一定的量程范围内，使电路中大部分电流通过它流过，确保通过表头的电流不超出

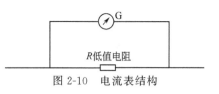

图 2-10　电流表结构

其限值，从而扩大了表头的量程。对于多量程的电流表，不同的量程，则在表头上并联不同的分流电阻。量程越大，分流电阻值越小。电流表的主要规格如下。

（1）量程　量程指电流表可测的最大电流，即指针偏转满度时所能通过的电流值。

（2）内阻　是指表头内阻与为了扩大量程而并联的分流电阻的总电阻。一般在仪表说明书上已给出，或由实验室测出。也可以由如下公式计算出来

$$R_A = U_e/I_e \tag{2-7}$$

式中，R_A 为电流表的内阻；U_e、I_e 分别为电流表的额定电压和额定电流。安培表的内阻一般在 1Ω 以下，毫安表的内阻一般在几到几十欧姆。

在使用电流表时还要注意电流表的极性，电流表的"＋"标号接线柱表示电流的输入端，不可接反，否则将会损坏仪表。由于电流表的内阻很小，绝对不可并联接入电路，更不能直接与电源并联，否则电流表和电源都将被烧坏。

3. 电压表（伏特计）

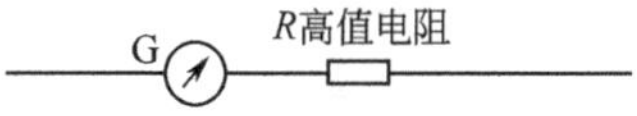

在表头线圈上串联一个分压高值电阻，就构成电压表，结构如图 2-11 所示。电压表中分压电阻的

G　R高值电阻

图 2-11　电压表结构

主要作用是：在一定的量程范围内（电路中通过的电流不超出表头的量程），使电路中大部分电压降落在分压高值电阻上，只有微小一部分电压降落在表头上，从而扩大电压表的量程。对于多量程的电压表，不同的量程，则在表头上串联不同的分压电阻。量程越大，分压电阻值越大。电压表的主要规格如下。

（1）量程　量程指电压表可测的最大电压，即指针偏转满度时的电压值。

（2）内阻　是指表头内阻与为了扩大量程而串联的分压电阻的总电阻。一般在仪表说明书上给出，或由如下公式计算出来

$$R_V = U_e/I_e \tag{2-8}$$

式中，R_V 为电压表的内阻；U_e、I_e 分别为电压表的额定电压和额定电流。

使用电压表时应注意将电压表并联在被测电路的两端。接线柱的"＋"接线端接高电位，并选择合适的量程。

电流表和电压表使用中的几个共同点如下。

① 读数　电表中的弧形标尺可能是对应于多个量程的读数，为了准确而又方便读数，用公式进行换算。

$$测量的读数值 = \frac{相应的量程值}{弧形标尺的总格数} \times 表针所指格数 \tag{2-9}$$

② 准确度等级　国家标准规定，电表一般可分 7 个准确度等级，即 0.1、0.2、0.5、1.0、1.5、2.0、2.5。其定义是

$$级数 = \frac{仪表最大允许误差}{量程} \times 100 \tag{2-10}$$

由此可见，电表的最大可能误差决定于使用的量程和电表的准确度等级。只要电表的量程、级数一定，不论指针位于何处（示值多大），最大可能误差都相同。因此，为了提高测

量的准确度，选择电表量程时应使示值尽量靠近满刻度。

③ 电表的技术指标　电表制作时主要的技术性能都用一定的符号表示，并在表面上给出了一些主要的技术参数，如表 2-1 所示。使用前应了解这些性能和参数，例如，直流表不能测交流电，水平放置的表不能垂直放置等。

表 2-1　常用电气仪表面板上的标记

名　称	符　号	名　称	符　号
指示仪表的一般符号	○	负端钮	—
检流计	Ⓖ或↑	公共端	*
磁电系仪表	∩	直流	—
静电系仪表	÷	交流（单相）	～
安培表	A	直流和交流	≃
毫安表	mA	以表量限的百分数表示的准确度等级。例如 1.5 级	1.5
微安表	μA	以指示值的百分数表示的准确度等级。例如 1.5 级	⑴.5
伏特表	V	标尺面竖直放置	⊥
毫伏表	mV	标尺面水平放置	⊓
千伏特表	kV	绝缘强度试验电压为 2kV	☆ 2
欧姆表	Ω	接地用的端钮	⏚或⊥
兆欧表	MΩ	调零器	∩
正端钮	+	Ⅱ级防外磁场及电场	Ⅱ Ⅱ

4. 万用电表

万用电表又称多用表，是常用的检测仪表，可以测量直流、交流电流和电压以及电阻等，有些万用电表还可以测电功率、电感、电容和晶体管的特性参数。它有用途广、使用方便等特点，但准确度较低。

万用电表的使用方法如下。

① 检查指针是否在零位。水平放置万用电表，其指针应指在零点位置，若不在零位，则应调整零位调节器，使其指零。

② 根据待测物理量的种类，先将选择开关拨到相应的功能区，认清万用电表面板，区分刻度盘上各个弧形标尺的单位和量程。再估算被测量的大小，并选择合适的量程挡位。也可以从较大的量程挡位开始，逐渐减小量程挡，直到选择到合适的量程。

③ 万用电表的电压挡、电流挡的使用方法与注意事项和前面介绍的电表一样。

④ 使用欧姆挡测量电阻时，测量前都应先将表的两探笔直接短接，调节欧姆挡的零点，以便保证刻度正确。欧姆挡的标尺上的刻度不均匀，它的中点阻值称为中值电阻，测量时应尽量使用表盘的中间部分刻度。

⑤ 使用万用电表时，不得双手同时握探笔笔尖的金属部分。使用结束时，要随即把转换开关旋至空挡或最高交流电压挡。

三、电阻器

电阻器分为标准电阻器、固定电阻器和可变电阻。标准电阻器和固定电阻器的阻值一般都标注在电阻器上，可变电阻器又分为电阻箱和滑线变阻器两种。下面介绍可变电阻器。

1. 电阻箱

电阻箱是由电阻温度系数较小的锰钢线绕制的精密电阻串联而成，通过旋转电阻箱面板上的几个十进位旋钮可以改变阻值。实验室常用的电阻箱一般是 ZX-21 型旋转电阻箱，如图 2-12 所示，电阻箱面板上有四个接线柱和六个旋钮盘，在旋钮盘下方分别标有 ×0.1、×1、×10、…、×10000 的倍数率，在倍数率与旋钮盘之间有一个三角形箭头，箭头必须是正指旋钮盘上的读数，则该盘对应串入的电阻值是箭头所指的读数乘以倍数率。在使用 0 和 99999.9Ω 两接线柱时，电阻箱的总电阻值就是各个旋钮盘表示的电阻之和，如图 2-12 中的总电阻值为 87654.3Ω。如果所需要测量的阻值只是在 0.1～0.9(或 9.9)Ω 之间变化，则应该接 0 和 0.9(或 9.9)Ω 两个接线柱，从图 2-13 可以看出，这样可以避免电阻箱其余部分的接触电阻值对低电阻带来的不可忽略的误差。通常情况下，精度为 0.1 级电阻箱的基本误差值为

$$\Delta R = 0.1\% R + 0.002M \tag{2-11}$$

式中，M 是所用的十进位电阻盘的个数；R 为电阻指示值。使用电阻箱时，切勿使电流过大，不得超过电流的额定值，以免因发热造成阻值改变或烧坏电阻。

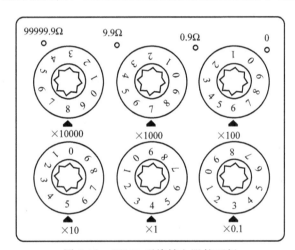

图 2-12　ZX-21 型旋转电阻箱面板

2. 滑线变阻器

滑线变阻器是将金属电阻丝均匀密绕在绝缘瓷管上，在电阻丝线圈的上方有一个金属杆，金属杆上套接一个可在电阻丝线圈上自由滑动的滑线端，在电阻丝线圈两端各有一个固定接线端。通过改变滑线端在电阻丝线圈上的位置，改变滑线端与某一固定端之间的电阻值。

在实验室中常用它作为可变电阻串联在线路中，起调控电路中电流和电压的作用，如图 2-14 中的 R_F。

滑线变阻器的主要规格是总电阻值和额定电流，使用时变阻器的任何一部分的电流都不要超过这个值。

四、电学实验操作须知及接线规则

1. 读图

实验操作前必须认真预习实验电路图。首先认清图中各符号代表的是什么仪器和元件，然后根据仪器和元件，确定线路图中的电源部分、控制部分、待测对象和测量部分，如图 2-14

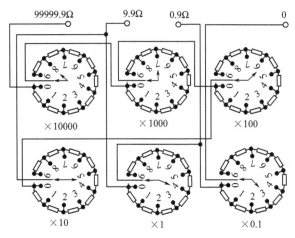

图 2-13　ZX-21 型电阻箱内部线路图　　　图 2-14　电路图

所示，再就是明确控制电路和测量电路的作用、标示，以及操作要求。

2．布置

合理安排仪器，把需要经常操作的仪器放在手边，需要经常读数的仪器放在眼前，所有的仪器都要正确放置，以方便读数和检查。

3．接线、查线

断电连线和查线。在未接通电源的情况下，从电源正极开始，按回路接线法连接线路。如图 2-14 所示，先接回路 1，再接回路 2、3，每一个回路都从最高电位接到最低电位方才完成。对回路逐个连接直到完成所有的回路。连线完成后，还要对照电路图认真检查、核对，确定连线是否正确。检查电源和电表的极性、量程，电阻箱的阻值，滑线变阻器的滑线端的位置是否正确，仪表指针零点是否正确。检查后必须请教师复查，并听取指导，经教师同意后才能接通电源开始实验。

4．试通电

检查无误后，接通电源。利用开关瞬间接通电源，观察所用仪器的瞬间状态，如有异常，立即切断电源。若电路正常，可用较小电流、电压先试测，观察实验现象是否正常，然后才能正式开始测读数据。实验过程中，需要更换仪器和重新连线时，一定要断电操作。无论有无高压，都要养成不用手或身体其他部位接触电路中导体的良好习惯。

5．结束

测得实验数据后，应当先利用理论知识来粗略判断数据是否合理，有无遗漏，是否达到预期目的，在自己确认无误又经教师核查后，实验操作才能完成。实验结束时必须先断开控制电路开关，再切断电源，然后拆线。所用仪器各旋钮要恢复到非工作状态和保护状态（如电源输出最小、检流计处于短路状态等），整理实验台面，再将实验仪器、导线摆放整齐，请教师检查、签字后才能离开实验室。

以上 5 点可概括为 5 句话：读电路再接线，合电源观全盘，看现象读数据，改电路必断电，师签字实验完。

第四节　光学实验基本设备使用

光学是一门具有悠久历史的学科，早在 2400 多年前，中国的墨翟及其弟子们所著的

《墨经》中就记载了光的传播成像等现象。20 世纪 60 年代，激光技术问世，激光技术在科研、通信、国防、医疗等方面得到广泛应用，人类社会迅速进入光电时代。学好光学理论和做好光学实验有助于提高专业技能和科学素养。

　　由于光学实验设备多精度高、价格贵，所以实验前更应做预习，了解仪器的结构，熟悉操作规程，掌握操作要求，牢记注意事项。本节主要介绍一些常用的光学实验设备的性能、原理和使用方法，实验前同学们应仔细阅读，实验中严格遵守相关操作规程，灵活运用相关知识。

一、光源

　　光学实验中离不开光源，光源的种类繁多，下面介绍的是实验室最常用的几种光源。

1. 白炽灯

　　白炽灯是利用电能将钨丝加热到白炽状态发光的热辐射式电光源。日常用于照明的各种钨丝灯、碘钨灯、溴钨灯等都是白炽灯。为防止白炽灯泡内的钨丝在高温下蒸发，提高灯泡的使用寿命，灯泡一般在真空的情况下充进惰性气体。钨丝通电后，温度可达 2500K。白炽灯的发光光谱分布在红外光、可见光、紫外光范围，其中红外成分居多，紫外成分很少，光谱成分与光强和钨丝温度有关。光学实验中所用的白炽灯多属于低电压类型，常用的有 3V、6V、12V。在白炽灯泡中加入一定量的碘或溴就成为碘钨灯、溴钨灯（统称卤素灯），这种灯有其特别的优点：一是灯泡壁不发黑，发光比较稳定；二是允许灯泡内充有较高气压的稀有气体；三是灯泡的体积小，选充氪气可达到高效发光，常被用做强光源。实验室使用白炽灯时，除注意工作电压外，还应考虑到电源的功率。

2. 钠光灯

　　钠光灯是一种利用气体放电而发光的单色光源，它是以金属钠蒸气在强电场中发生游离放电为基础的弧光放电灯，在可见光范围内发出的光谱主要包含波长为 589.0nm 和 589.6nm 的两条谱线，一般应用中通常取这两个波长的平均值 589.3nm 作为单色黄光的波长。钠光灯通常用于要求单色光的实验。

　　使用钠光灯时要注意：钠光灯必须与一定规格的镇流器串联使用，串联后才能接到稳定的工作电源上。钠光灯一旦点亮，一般至整个实验完成才能熄灭。每点亮钠光灯一次，就会缩短其一定的使用寿命。

3. 汞灯

　　汞灯是一种利用气体放电而发光的复色光源，有低压汞灯与高压汞灯之分，实验室中常用低压汞灯，这种灯的水银蒸气压通常在 0.1MPa 以下，正常点亮时发出汞的特征光谱。它在可见光范围内的主要几条强谱线波长为 404.66nm、404.78nm、435.83nm、546.07nm、576.96nm、579.07nm、632.45nm，其中 435.83nm、546.07nm 的两条谱线较强。汞灯通常用于要求强复色光的实验。

　　在低压汞灯内壁上涂荧光粉，可使汞灯中发出的不可见紫外光向可见光转变，只要涂在内壁上的荧光物质合适，则发出的光与日光相近，这种荧光灯称为日光灯。日光灯点亮时发出的光谱既有白光光谱又有汞的特征光谱。由于汞灯是能发出强紫外光的强光源，所以切不可裸眼正视。

　　汞灯的使用方法与钠光灯相同。点亮后一般都要预热 5～10min，工作时不得撞击或振动，避免灼热的灯丝振坏。

4. He-Ne 激光器

　　激光器是通过受激辐射而发光的单色光源。He-Ne 激光器由激光管和直流高压电源组成，它发出的光为波长为 632.8nm 的红光，具有单色性好、方向性好和亮度高等优点，是一种理想的相干光光源。

使用 He-Ne 激光器应注意：

① He-Ne 激光器的电源为直流高压电源，激光管的工作电压高达几千伏，使用中谨防触电；

② 激光管的电极不能反接，以免损坏激光管；

③ 实验者不能正视激光束，以免损坏眼睛，因为 He-Ne 激光束即使功率不高，其单位面积上的能量也可能超出视网膜损害的阈值。

二、测微目镜、读数显微镜和望远镜

1. 测微目镜

（1）测微目镜的结构　测微目镜一般作为精密长度测量仪器的光学系统附件，读数显微镜、调焦望远镜以及各种测长仪等都装有这种目镜，其结构如图 2-15 所示。测微目镜的主尺刻在靠近目镜焦平面的固定玻璃板上，其测量范围为 0~8mm，刻度线间距（分度值）是 1mm。在主尺前方有一可移动的分划板，分划板上刻有十字准线和竖直双线。主尺和分划板都成像在测微目镜的明视距离处，如图 2-16 所示，它随鼓轮的转动而左右移动，鼓轮每转一圈，分划板将沿主尺移动 1mm，鼓轮上有 100 等分的刻度，利用鼓轮刻度可准确读到 0.01mm，估读到 0.001mm，所以有较高准确度。其读数方法与螺旋测微器相似，根据双竖线与十字准线的交点从主尺上读取毫米数，小于毫米的数由鼓轮上读出，两数之和即为所测的长度。

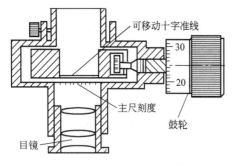

图 2-15　测微目镜的结构

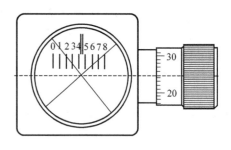

图 2-16　测微目镜的主尺和分划板

（2）测微目镜的使用

① 测量时，首先调节目镜与分划板的距离，直到在目镜的视场中清晰看到分划板。

② 调节目镜筒与被测物之间的距离，直至在目镜中清晰看到被测物体的像，并且使其所成的物像与分划板的十字准线无视差。判断无视差的方法为：观测者上下、左右略微改变视线方向，物像与十字准线像之间无相对移动。

③ 再使十字准线的交点与被测物的一端重合，从主尺和旋转鼓轮上读取数据并记录。

（3）注意事项

① 避免回程差。在同一次测量过程中，只能朝同一方向缓慢旋转鼓轮，依次逐一测量，中途不可倒旋，否则会因设备转动不完全同步而产生回程误差（简称回程差）；若旋过头，可以倒旋数圈以后，再朝原方向旋进，也可以继续旋进先测下一个数值，随后再补测这个点。值得一提的是，螺旋测微设备中都应注意避免回程差。

② 移动分划板时，应随时注意十字准线交点的位置，不可超出主尺的读数范围（0~8mm）。

2. 读数显微镜

（1）读数显微镜的结构　读数显微镜是由显微镜和螺旋测微装置组成，用于测量长度的精密仪器，如图 2-17 所示，显微镜由镜筒、目镜、物镜和标尺等组成。调节调焦手轮，上下移动镜筒，改变显微镜的物镜与被测物之间距离，使观察者从目镜中看到清晰的像。显微镜套装在测微螺杆上，旋转测微螺杆上的测微手轮就可推动显微镜左右移动，移动的距离可从标尺和测微手轮上读出，标尺的量程为 50mm，测微手轮被分为 100 等份，测微手轮每旋转一周，将带动显微镜在螺杆上移动 1mm，读数方法与螺旋测微器相同，所以其最小分度值为 0.01mm，可估读到 0.001mm，所以说读数显微镜是利用光学放大原理测量长度的精密仪器。图 2-18 所示读数为 27.374mm（估读一位）。

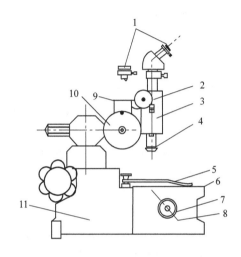

图 2-17　读数显微镜

1—目镜组；2—调焦手轮；3—镜筒支架；4—物镜组；
5—弹簧片压片；6—台面板；7—反光镜旋转手轮；
8—反光镜；9—标尺；10—测微手轮；11—底座

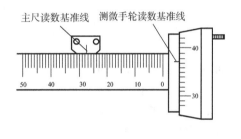

图 2-18　显微镜测量装置

（2）读数显微镜的使用

① 将被测物放置在工作台面上，用弹簧片压紧。

② 首先调节目镜组，从目镜中看到清晰的十字准线（分划板上的叉丝）。

③ 再调节物镜组的调焦手轮，先将镜筒下降，使物镜接近工件表面，然后逐渐上升镜筒，直至看到清晰的像为止。使被测物与十字准线成像于同一平面上，无视差存在。

④ 转动测微手轮，使十字准线的交点与被测物的一端重合，从标尺和测微手轮上读取数据并记录。沿同一个方向继续旋转测微手轮，再使十字准线的交点与被测物的另一端重合，读取并记录另一读数。两者之差就是被测物的尺寸。

⑤ 零点校准。当主尺对准某整数刻度线时，测微手轮的读数应为零，如果不为零，则需校准。校准的方法是转动测微手轮，在测微手轮读数为零时，松开主尺的固定螺钉，主尺的读数对应某一整数的刻度线时，再将固定主尺的螺钉紧固。

（3）注意事项

① 显微镜必须固定在支架上，以防止使用不慎时发生下降，仪器受损。

② 载物台下方的反光镜的使用条件：当被测件属于透明体，工件体积甚小未能充满视场，在边缘处进行测量时，可随光源方向转动反光镜，取得适当亮度的视场。应该避免直射光线，以免发生耀光，影响测量精度。

③ 测量时，测微手轮应朝同一方向转动，中途不可倒转，以防止回程差，影响测量精度。

④ 应采用多次测量，将偶然误差减小到最低限度。

3. 望远镜

望远镜是用来观察和测量远距离物体的光学设备，由长焦距的物镜和短焦距的目镜两部分组成。在目镜和物镜之间安装有十字准线或分划板，作为测量的参考坐标。望远镜通常分为伽利略望远镜和开普勒望远镜。

实验室常用的望远镜是开普勒望远镜，它的主要特点是：物镜和目镜都是凸透镜，并且物镜的像焦平面与目镜的物焦平面同处在同一平面上，远处的物体经过物镜折射后在其像焦平面附近成一倒立缩小的实像，再经目镜得到放大、倒立的虚像。其放大率为

$$M = \frac{f_物}{f_目} \tag{2-12}$$

式中，$f_物$ 为物镜的焦距；$f_目$ 为目镜的焦距。

使用时，眼睛贴近目镜，调节目镜，并能从其中看到清晰的十字准线或分划板；然后再转动调焦手轮，调节目镜与物镜的距离，使物体成像清晰并与十字准线（或分划板）无视差。

伽利略望远镜的物镜是凸透镜，目镜是凹透镜。远处的物体经过物镜和目镜折射后得到一放大、正立的虚像。日常生活中常用的望远镜就属于伽利略望远镜。

三、光学实验基本技术

1. 光路的布置与调整

光学实验中，光束经过的路径称为光路。实验操作的第一步就是根据实验原理，合理布置光学仪器。设备的调试与操作要严格按照设备使用要求和规程耐心进行，严禁盲目、野蛮操作。

光路调整的主要目的：确保光学元件共轴。调整的方法是将一套设备安放在光具座或光学平台上，利用光屏上的小圆孔或分划线调整光束，使其与光具座或平台平行。

2. 消除视差

长度测量中，为了避免测量结果随观测者眼睛的位置改变而改变，必须将标尺的刻度线与被测物体紧贴在一起，消除由视线方向改变而造成的读数误差，这种误差称为视差。

光学实验中往往要测量的是微小量，它只有通过光放大才能实施测量，具体所测量的不是物，而是看得见、摸不着的像。为了测得准，必须使像与标尺紧贴在一起，即把被测物的像成在十字准线（分划板）上。

3. 做光学实验时应注意的几个问题

光学仪器由光学玻璃元件和精密测量机械构件组成，极易损坏，如破损、磨损、污损、发霉、腐蚀等。因此做光学实验时必须遵守以下规则。

① 必须在了解仪器的使用方法和操作要求后才能使用仪器。

② 移动光学仪器或更换光学元件时，应轻拿轻放，避免振动、冲击。

③ 光学表面切忌用手直接触摸。必须用手拿某些光学元件（如透镜、棱镜等）时，只能接触非光学表面部分（即磨砂面），如透镜的边缘、棱镜的上下底面等。防止唾液或其他溶液粘在仪器的光学表面上。

④ 如果发现光学表面有污痕，应及时处理。轻微的污痕和指印，可用擦镜纸轻轻拂拭，但不要强力擦拭，绝不允许用手帕、非专用纸张等擦拭。严重的污痕和指印必须用乙醚与酒

精混合溶液清洗。注意：如果光学表面是镀膜的，不宜清洗，而以拂拭为主。灰尘可以用吸耳球吹去。

⑤ 除实验规定外，不得有任何溶剂接触光学表面。

⑥ 暗室中进行光学实验时，应在熄灯前熟悉各仪器放置的位置。在黑暗环境下摸索仪器时，手应贴着桌面，动作要轻缓，以免碰倒或带落仪器。

⑦ 实验中，如有光学狭缝，不允许狭缝过于紧闭，否则刀刃口会因互相挤压而受损。发现狭缝不清洁时，可将狭缝调至合适宽度，再用折叠后的白纸在狭缝刀刃口宽度适当的情况下，由上至下滑动一次便可，切不可往复滑动。

⑧ 光学仪器中的机械构件要按规程操作，做到细心精确。不允许随意拆卸或乱拧螺丝和旋钮。

⑨ 光学仪器用完后，有罩的用罩子罩好，无罩者放回原处。备用的光学元件应一律置于干燥缸内，周围放置适量干燥剂。

⑩ 光学仪器装配很精密，严禁私自拆卸仪器。

【创新开窗】一

1. 米尺、游标卡尺、千分尺都是几何长度的测量工具，游标卡尺、千分尺与米尺相比，在机械结构上主要做了哪些创新，使得测量精密度得到提高？

2. 读数显微镜是一种精密的光学系统长度测量仪器，与千分尺相比，读数显微镜在机械结构上的创新点，主要是将什么技术与千分尺相结合，对实物或成像进行高精密的长度测量？

3. 计时器的发明创新进程

秒表是一种常见的计时工具。我国古代发明用沙漏计时、火计时、烛光计时等方法来计时。中国钟表史上最为著名的计时仪器有"日晷""大明殿灯漏"等。

"日晷"又称"日规"，见图 2-19，是古代人们利用日影测得时刻的一种计时仪器，由铜制的"晷针"和石制的圆盘"晷面"组成。使用时，观察日影投在盘上的位置，就能分辨出不同的时间。日晷的计时精度能准确到刻（15 分钟）。

图 2-19　日晷

"大明殿灯漏"，见图 2-20，是由元代著名科学家郭守敬（1231～1316 年）创制，工作原理属漏水计时，可准确到分，工作机构都隐藏于造型似宫灯，高有一丈七尺（约 5.0m 有余）的柜子里，放置于皇宫的大明殿，故称之为大明殿灯漏。英国著名科技史专家李约瑟博士在研究了欧洲钟表与中国宋代水运仪象台后，曾在他的《中国天文钟》一文中断言："中国天文钟是欧洲中世纪天文钟的直接祖先"，欧洲最早出现机械钟是在 1320～1350 年间。

我国采用北京所在的东八时区的区时作为标准时间，称为北京时间，或称中原标准时间。北京时间并不

图 2-20　大明殿灯漏

是北京（东经 $116°21'$）地方的时间，而是东经 $120°$ 地方的地方时间。北京时间也不是在北京确定的，而是由位于中国版图几何中心位置的陕西临潼的中国科学院国家授时中心的 9 台铯原子钟（铯钟）和 2 台氢原子钟组通过精密比对和计算实现，并通过卫星与世界各国授时部门进行实时比对。北京时间是东经 $120°$ 经线的平太阳时，不是北京的当地平太阳时。北京的地理位置为东经 $116°21'$，因而它的地方平太阳时比北京时间晚约 14.5 分钟，北京时间比世界标准时间早 8 小时。

第三章

基础性实验

实验1 固体密度的测定

密度是物质的基本属性之一，在科研生产中常常通过物质密度的测定而做出成分、纯度等的鉴定。本实验测定固体密度需要进行长度和质量的测量，这两个量是基本物理量，其测量原理和方法在其他测量仪器中也常常有体现，例如游标的测量原理在后面的"分光计的使用""旋光仪的使用"等实验中还要用到，螺旋测微的原理在"液体表面张力系数的测量""牛顿环实验"等实验中也要用到。学习使用这些仪器，要掌握它们的构造特点、规格性能、读数的原理和规则、使用方法及维护知识等，并注意在以后的实验中恰当地选择使用。

【实验目的】

① 掌握测定规则物体密度的一种方法。

② 掌握游标卡尺、千分尺（螺旋测微器）、物理天平的使用方法。

③ 进一步理解误差和有效数字的概念，并能正确地表示测量结果。

【预习思考题】

① 物理实验室的规章制度有哪些？物理实验的基本程序有哪些？

② 怎样操作物理天平？

③ 怎样迅速准确地读游标卡尺、千分尺的数据？

【实验原理】

物体的密度 ρ 等于物体的质量 m 和它的体积 V 之比，即

$$\rho = \frac{m}{V} \tag{3-1}$$

当待测物体形状是规则几何体时，其体积可用数学方法算出。例如待测物体是一个直径为 d、高为 h 的圆柱体时，其密度 ρ 为

$$\rho = \frac{4m}{\pi d^2 h} \tag{3-2}$$

由上式可见，只要测得圆柱体的质量 m、直径 d 和高度 h，就可算出圆柱体的密度 ρ。

【实验仪器】

游标卡尺，物理天平，千分尺（螺旋测微器）（使用方法及读数参见第二章第一节）。

【实验步骤】

① 记下游标卡尺的分度值，用游标卡尺测圆柱体不同部位的高 h，共测 6 次，记入表 3-1 中。

② 测量螺旋测微器的零点误差，记录在表 3-1 中，用螺旋测微器测圆柱体不同部位的直径 d，共测 6 次，记入表 3-1 中。

③ 记下物理天平的最大称量和分度值。将圆柱体放在物理天平的左盘，称得其质量 m_1；再将圆柱体放在物理天平的右盘，称得其质量 m_2；则圆柱体的质量 $m = \sqrt{m_1 m_2}$，此种方法称为交换法（$\sigma_{m仪} = 0.05\text{g}$）。

④ 由式(3-2)计算出待测物体的密度 $\bar{\rho}$。

⑤ 由标准误差的传递公式计算出 σ_ρ，写出测量结果。

⑥ 重复步骤①～⑤，测出另一个物体的密度。

【注意事项】

使用天平应注意以下几点。

① 不允许用天平称衡超过该天平最大称量的物体。

② 注意保护好刀口。在调节平衡螺母、取放物体、加减砝码、移动游码及不用天平时，必须放下横梁，制动天平。只有判断天平是否平衡时才支起横梁。天平使用完毕，应将秤盘摘离刀口。

③ 砝码应用镊子取放，请勿用手，用完随即放回砝码盒内。不同精度级别的天平配用不同等级的砝码，不能混淆。

【数据记录与处理】

数据记录在表 3-1 中。

表 3-1　物体密度的测定

游标卡尺分度值_____　物理天平分度值_____

物理天平最大称量_____螺旋测微器的零点误差_____

次数	h/mm	d/mm	d/mm(实际)	m/g
1				
2				m_1/g
3				
4				
5				m_2/g
6				
平均				
标准误差	σ_h	σ_d		0.05

$\sigma_{m仪} =$ _____ g

$$\bar{\rho} = \frac{4\bar{m}}{\pi \bar{d}^2 \bar{h}} = \text{_____} \ \text{kg/m}^3$$

$$E_\rho = \frac{\sigma_\rho}{\rho} = \sqrt{\left(\frac{\sigma_{m仪}}{\bar{m}}\right)^2 + \left(2\frac{\sigma_d}{\bar{d}}\right)^2 + \left(\frac{\sigma_h}{\bar{h}}\right)^2} = \text{_____} \ \%$$

$\sigma_\rho =$ _____ kg/m^3

$\rho = \bar{\rho} \pm \sigma_\rho =$ _____ kg/m^3

【思考题】

证明交换法中，待测物体质量 $\bar{m} = \sqrt{m_1 m_2}$，为什么交换法能消除天平两臂不等长引起的系统误差？

实验 2 气轨上测滑块的速度和加速度

速度和加速度是描述物体运动状态的基本物理量。在实际生活中经常要对其测量，比如：测量行驶中的汽车速度，火箭发射过程的速度和加速度的测量。测量的方法又多种多样，这里使用的是在实验室里对运动体的速度和加速度进行测量的常用方法。

【实验目的】

① 掌握气垫导轨上测滑块的速度和加速度的一种方法。

② 学习使用气垫导轨和电脑计数器。

【预习思考题】

① 怎样理解瞬时速度和平均速度，在实验中如何理解？为什么遮光片的宽度要尽可能小？

② 电脑计数器的原理和使用方法是什么？

③ 使用气垫导轨时应注意些什么？

【实验原理】

物体做直线运动时，如果在 Δt 的时间间隔内通过的位移为 Δx，则物体在该 Δt 的时间间隔内的平均速度 $\overline{v}$ 为

$$\overline{v} = \frac{\Delta x}{\Delta t} \tag{3-3}$$

该时刻物体的瞬时速度 v 为

$$v = \lim_{\Delta t \to 0} \frac{\Delta x}{\Delta t} \tag{3-4}$$

显然，Δt 越小，$\overline{v}$ 就越接近于瞬时速度 v。

在实验中，要测量物体在某时刻（或其位置）的瞬时速度，是无法实现的，通常是选取较小的 Δx，以保证 Δt 很小，在一定的误差范围内用平均速度代替瞬时速度。

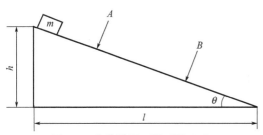

图 3-1 物体沿斜面做下滑运动

如图 3-1 所示，物体由静止出发沿斜面做下滑运动，在摩擦阻力忽略不计的情况下，物体做匀加速直线运动。则有

$$a = \frac{v_2 - v_1}{t_{1\text{-}2}} \tag{3-5}$$

式中，a 为物体的加速度；v_1 和 v_2 分别为物体在 A 点和 B 点的速度；$t_{1\text{-}2}$ 为滑块从 A 运动到 B 所需的时间。

由式(3-5) 可见，只要测量出物体在 A 点和 B 点的速度 v_1 和 v_2 及 A 到 B 之间的运动时间 $t_{1\text{-}2}$，就可以算出物体的加速度 a。

此外，根据牛顿第二定律可得

$$a = g \sin\theta \tag{3-6}$$

当 θ 很小时，有 $\sin\theta \approx \tan\theta = \dfrac{h}{l}$，则

$$a = g\frac{h}{l} \tag{3-7}$$

由式(3-7) 可见，在已知本地区重力加速度 g 的情况下，只要测量出 h 和 l，就可以算

出物体加速度 a 的理论值。

【实验仪器】

实验仪器有气垫导轨、滑块、垫块、遮光片、光电门、电脑计数器、游标卡尺、米尺等。

1. 气垫导轨

气垫导轨简称气轨，是一种力学实验装置，它的结构如图 3-2 所示。

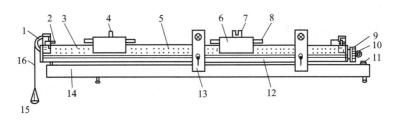

图 3-2　气垫导轨实验装置图

1—滑轮；2—缓冲弹簧；3—导轨；4—条形挡光片；5—气孔；6—滑块；7—开槽挡光片；
8—缓冲弹簧；9—进气管接口；10—三通进气管；11—单脚底脚螺钉；12—标尺；
13—光电门；14—支撑台；15—砝码；16—细绳

（1）导轨　导轨是一根长度约为 1.5m 平直的铝管，截面呈三角形，一端封死，另一端装有进气口，可向管腔送入压缩空气。在铝管相邻的两个侧面上，钻有两排等距离的喷气小孔，当导轨上的小孔喷出空气时，在导轨表面与滑块之间形成一层很薄的"气垫"，滑块就在重力和气体浮力的共同作用下浮起，它将在导轨上做近似无摩擦的运动。

（2）滑块　滑块由长约 20cm 的角铝合金制成，其内表面和导轨的两个侧面均经过精密加工而严密吻合。根据实验需要，滑块两端可加装缓冲弹簧、尼龙搭扣（或橡皮泥），滑块上面可加装不同宽窄的遮光片。

（3）光电门　它主要由小灯泡（或红外线发射管）和光电二极管组成，可在导轨上任意位置固定。它是利用光电二极管受光照和不受光照时的电压变化，产生电脉冲来控制计时器"计"和"停"。光电门在导轨上的位置起观测点的作用，由它的定位标志来指示。

2. 电脑计数器

可以根据需要选择不同的挡位开关以记录相应的物理量，详细情况可参阅使用说明书。

【实验步骤】

1. 检查电脑计数器工作情况

① 先弄清电脑计数器面板上各开关、旋钮、按钮和插座的用途，正确接好电脑计数器和光电门之间的连线。

② 打开仪器电源开关，电源指示灯和数码管应全部点亮。

③ 将电脑计数器功能开关放置在 S_1、S_2、a 等位置，用手指遮挡任意一只光电二极管。电脑计数器开始不断计时。再遮挡一下，计时停止。

④ 按下"功能"复位按钮，显示数字复零，表示仪器工作正常。

2. 调节气垫导轨水平

（1）初调　调节导轨下的三只底脚螺钉，使导轨大致水平。

（2）静态调平　接通气源，将滑块放在导轨上（切忌来回擦动），这时滑块在导轨上自由运动，调节导轨的单脚底脚螺钉，使滑块基本静止。

（3）动态调平　将两个光电门架在导轨上，相距 60cm 左右，在滑块上安放开槽遮光片（图 3-3），接通电脑计数器电源，打开开关，将功能开关放置在 S_2，分别读出遮光片通过两个光电门的时间 Δt_1 和 Δt_2，若 Δt_1 和 Δt_2 不等，则反复调节单脚螺钉，使 Δt_1 和 Δt_2 相差不超过千分之几秒，此时，可认为气垫导轨基本水平。

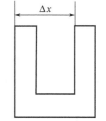

图 3-3　开槽遮光片

3. 测量滑块的速度和加速度

① 将一 1cm 的垫块垫在单脚螺钉下使导轨成为一斜面，将电脑计数器功能开关放置在 a 位置，使滑块从导轨垫高端滑下，分别记下遮光片经过两光电门的时间 Δt_1 和 Δt_2，以及从 A 到 B 的时间 t_{1-2}，将电脑计数器复位，计算 v_1、v_2 和 a。

② 重复上述步骤①，测量 6 次，将数据填入表 3-2 中，计算出相应的 v_1、v_2 和 a，并计算出 $\bar{a}$。注意：6 次要求滑块在同一状态（相同的位置、相同的初速度）下开始运动。

③ 用导轨上的米尺测量单脚底脚螺钉到另外两个底脚螺钉连线间的距离 l。由实验室给出本地区重力加速度的公认值。计算出理论值 $a_{理论}$，并估算相对误差 E_r。

④ 分别增加垫块两次，重复步骤①～③。

【数据记录与处理】

数据记录在表 3-2 中。

表 3-2　测量滑块的速度和加速度

$l=$ _____ cm；$h=$ _____ cm；　$\Delta x=1$cm；　$g_{南京}=9.794\mathrm{m/s^2}$

次数	$\Delta t_1/10^{-3}\mathrm{s}$	$\Delta t_2/10^{-3}\mathrm{s}$	$v_1/(\mathrm{m/s})$	$v_2/(\mathrm{m/s})$	$t_{1-2}/10^{-3}\mathrm{s}$	$a/(\mathrm{m/s^2})$
1						
2						
3						
4						
5						
6						

$\bar{a}=$ _____ m/s²；　$a_{理论}=$ _____ m/s²；　$E_r=\dfrac{|a_{理}-\overline{a_{测}}|}{a_{理}}\times 100\% =$ _____ %。

【注意事项】

① 导轨轨面和滑块内表面均经过精细研磨加工，高度吻合，配套使用，不得任意更换。

② 使用中注意保护好导轨轨面和滑块内表面，防止划伤。安放光电门时，应防止光电门支架倾倒而损坏导轨脊梁。导轨未通气时，不得将滑块放在导轨上来回滑动。调整或更换遮光片时，应将滑块从导轨上取下。实验完毕，先将滑块从导轨上取下，再关闭气源。

【思考题】

① 分析本实验中有哪些因素会引进系统误差？

② 测量滑块的速度的实验中，为什么每次要求滑块必须由静止且固定在某点自由下滑？若加一外力，将会产生什么影响？为什么测加速度又无此要求呢？

③ 试提出利用本实验的设备装置测量重力加速度的实验方案。

实验 3　气轨上测简谐振动的周期

机械振动是指"物体在平衡位置附近做往复运动",是自然界中普遍存在的一种运动形式。简谐振动是机械振动中最简单、最基本而又最具有代表性的振动,它是表征周期运动基本特性的理想模型,一切复杂的周期振动都可表示为多个简谐振动的合成。在小幅度振动的情况下,振动的大多数问题都可简化为有关的不同频率简谐振动的合成,在声学、光学、电学以及在原子物理学等许多物理问题中对运动规律的描述也都涉及简谐振动,因此,对简谐振动的研究特别重要。对振动的研究不仅为了在现实中加以应用,同时也是为了控制因此而带来的危害,如针对激励振动源设计特定的减振装置,以追求工作环境的宜人性、安全性和舒适性。

【实验目的】

① 测量简谐振动的周期。

② 用图解法求等效弹簧的劲度系数和折合质量。

【预习思考题】

① 怎样用气垫导轨测量简谐振动的周期?

② 如何测定等效弹簧的劲度系数和折合质量?

③ 实验过程中应注意哪些问题?

【实验原理】

将质量为 M 的滑块置于水平气轨上,两端分别用劲度系数为 K_1 和 K_2 的两弹簧拉紧,如图 3-4 所示。当滑块处于平衡时,静止在 O 点。将滑块向右移动 x 距离时,作用于滑块上的弹性恢复力 f 为

$$f = -(K_1 + K_2)x \tag{3-8}$$

式中,负号表示弹性恢复力的方向与位移的方向相反。

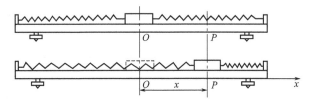

图 3-4　简谐振动示意图

若把两弹簧等效为一根弹簧来考虑,则相当于滑块受到劲度系数为 $K = K_1 + K_2$ 的一根等效弹簧的作用。不计滑块所受的空气阻力,根据牛顿第二定律得滑块的加速度 a 为

$$a = \frac{f}{M} = -\frac{K}{M}x \tag{3-9}$$

由式(3-9)可知,滑块的运动为简谐振动,其振动周期 T 为

$$T = 2\pi\sqrt{\frac{M}{K}} \tag{3-10}$$

式(3-10)中,若考虑弹簧的质量,则 T 应表示为

$$T = 2\pi\sqrt{\frac{M + m_s}{K}} \tag{3-11}$$

式中,m_s 称为弹簧的折合质量,将式(3-11)改写为

$$T^2=\frac{4\pi^2}{K}M+\frac{4\pi^2}{K}m_s \qquad (3\text{-}12)$$

式(3-12)表明，当弹簧的劲度系数 K 一定时，T^2 和 M 成线性关系，T^2-M 图线为直线，斜率为 $\frac{4\pi^2}{K}$，截距是 $\frac{4\pi^2}{K}m_s$。由此可见，只需测出一组在滑块质量 M 改变时，相应的振动周期 T 的数值，然后以 M 为横坐标，T^2 为纵坐标，做出 T^2-M 图线，用图解法求出其斜率 α 和截距 β，则等效弹簧的劲度系数 K 和折合质量 m_s 便可求出。

【实验仪器】

物理天平，弹簧，气垫导轨（含光电门，数字计数器等）。

【实验步骤】

1. 测量简谐振动的周期

① 将导轨调成水平状态，依照图 3-5 装上弹簧，待滑块静止后，用一个光电门安装在滑块的平衡位置（挡光片所处的位置为坐标原点），并将计数器与光电门连接好。

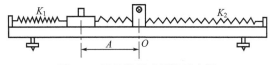

图 3-5　测简谐振动周期示意图

② 将滑块轻轻移向平衡位置左侧 10cm 处释放，滑块向右运动经过平衡位置开始计时，回到平衡位置停止计时，设此时间间隔为 $\Delta t_右$，完成 10 次全振动，计数器显示的时间为 $10\Delta t_右$，记入表 3-3。

③ 按下手动复位按钮，计数器显示全为零。使滑块向左经过光电门（平衡位置）开始计时，完成 10 次全振动，记录 $10\Delta t_左$。则简谐振动的周期为

$$T=\Delta t_右+\Delta t_左 \qquad (3\text{-}13)$$

④ 重复步骤②、③，测量 5 次，求出振动周期的平均值 $\overline{T}$ 和标准误差 σ_T，得出测量结果为

$$T=\overline{T}\pm\sigma_T \qquad (3\text{-}14)$$

2. 等效弹簧的劲度系数和折合质量的测量

① 改变滑块的质量 5 次（在滑块上增减砝码），每次改变后重复实验步骤 1 中的②、③，求出 T。

② 用天平称量滑块原来的质量 M_0，每次的附加质量 ΔM 和两弹簧的总质量 m，将数据填入表 3-4 中。

③ 以滑块的总质量 $M=M_0+\Delta M$ 作为横坐标，周期的平方 T^2 作为纵坐标，描出 T^2-M 图线。

④ 用图解法求出等效弹簧的劲度系数 $K=K_1+K_2$ 和折合质量 m_s。

【注意事项】

① 在安装实验装置时，要注意保护导轨面和弹簧，切不能使弹簧发生塑性形变。

② 导轨面应调节成水平状态，否则，将增加系统误差。

③ 重复测量过程中，要注意滑块运动的起点应相同，不要数错周期数。

④ 实验过程中要注意用电安全。

【数据记录与处理】

实验数据记录在表 3-3、表 3-4 中。

表 3-3　测量简谐振动的周期

次数	$10\Delta t_右/\text{s}$	$\Delta t_右/\text{s}$	$10\Delta t_左/\text{s}$	$\Delta t_左/\text{s}$	T/s
1					
2					
3					
4					
5					

$\overline{T}=$_____ s；$\sigma_T=$_____ s；$T=\overline{T}\pm\sigma_T=$_____ s。

表 3-4　测量等效弹簧的劲度系数和折合质量

次数	m/g	M_0/g	$\Delta M/\text{g}$	M/g	T/s	T^2/s^2
1						
2						
3						
4						
5						

T^2-M 图线的斜率 $\alpha=$_____ s^2/kg；　　　　截距 $\beta=$_____ s^2；

$K=K_1+K_2=$_____ N/m；　　　　　　　$m_s=$_____ kg。

【思考题】

① 如果导轨面没有水平，对系统周期的测量有何影响？

② 在测量简谐振动周期时，为什么不采用 $T=2\Delta t_右$（或 $T=2\Delta t_左$），而采用 $T=\Delta t_右+\Delta t_左$？

实验 4　测定刚体的转动惯量

转动惯量是表征刚体转动特性的物理量，是刚体转动惯性大小的量度，它与刚体质量的大小、转轴的位置和质量分布有关。刚体的转动惯量在科学实验、工程技术、航天、机电、仪表等领域里是一个重要参量，对发电机叶片、车轮、陀螺、人造卫星和火箭的外形等设计有着重要的物理意义。对于质量均匀分布、形状简单的刚体，可以通过数学方法计算出它绕特定转轴的转动惯量。但对于形状复杂的刚体，用数学方法计算它的转动惯量就非常困难，有时甚至不可能，所以常用实验方法测定。因此，学会测定刚体转动惯量的方法，具有实用意义。测定刚体转动惯量的方法有多种，这里介绍三线摆法和扭摆法。

实验 4-Ⅰ　用三线摆测定刚体的转动惯量

【实验目的】

① 学会用三线摆法测定刚体的转动惯量。

② 验证转动惯量的移轴定理。

【预习思考题】

① 三线摆与单摆在摆动中有什么不同？

② 在测量摆动时间时，从什么位置开始记录时间？

③ 如何测量两圆盘之间的垂直距离 H？

【实验原理】

1. 测定悬盘绕中心轴的转动惯量 I

三线摆如图 3-6 所示，有一均匀圆盘，在小于其周界的同心圆周上做一内接等边三角形，然后从三角形的三个顶点引出三条金属线，三条金属线同样对称地连接在置于上部的一个水平小圆盘的下面，小圆盘可以绕自身的垂直轴转动。当均匀圆盘（以下简称悬盘）水平，三线等长时，轻轻转动上部小圆盘，由于悬线的张力作用，悬盘即绕上下圆盘的中心连线轴 $O'O$ 周期地反复扭转运动。当悬盘离开平衡位置向某一方向转动到最大角位移时，整个悬盘的位置也随着升高 h。若取平衡位置的位能为零，则悬盘升高 h 时的动能等于零，而势能为

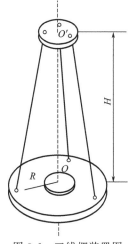

图 3-6 三线摆装置图

$$E_1 = mgh \tag{3-15}$$

式中，m 为悬盘的质量；g 为重力加速度。

转动的悬盘在达到最大角位移后将向相反的方向转动，当它通过平衡位置时，其势能和平动能为零，而转动动能为

$$E_2 = \frac{1}{2} I_0 \omega_0^2 \tag{3-16}$$

式中，I_0 为悬盘的转动惯量；ω_0 为悬盘通过平衡位置时的角速度。

如果略去摩擦力的影响，根据机械能守恒定律，$E_1 = E_2$，即

$$mgh = \frac{1}{2} I_0 \omega_0^2 \tag{3-17}$$

若悬盘转动角度很小，可以证明悬盘的角位移与时间的关系可写成

$$\theta = \theta_0 \sin \frac{2\pi}{T} t \tag{3-18}$$

式中，θ 为悬盘在时刻 t 的角位移，θ_0 为悬盘的最大角位移即角振幅；T 为周期。

角速度 ω 是角位移 θ 对时间的一阶导数，即

$$\omega = \frac{\mathrm{d}\theta}{\mathrm{d}t} = \frac{2\pi\theta_0}{T} \cos \frac{2\pi}{T} t \tag{3-19}$$

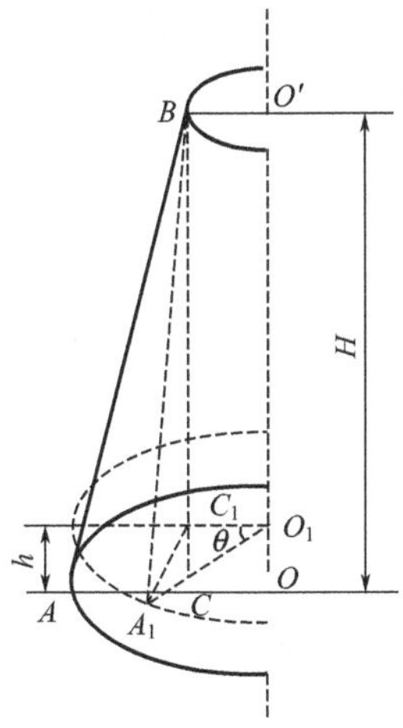

在通过平衡位置的瞬时（$t = 0$、$\frac{T}{2}$、T 等），角速度的绝对值是

$$\omega_0 = \frac{2\pi\theta_0}{T} \tag{3-20}$$

根据式(3-17) 和式(3-20) 得

$$mgh = \frac{1}{2} I_0 \left(\frac{2\pi\theta_0}{T} \right)^2 \tag{3-21}$$

设 l 为悬线之长，R 为悬盘点到中心的距离，由图 3-7 可得

$$h = OO_1 = BC - BC_1 = \frac{(BC)^2 - (BC_1)^2}{BC + BC_1}$$

因为

$$(BC)^2 = (AB)^2 - (AC)^2 = l^2 - (R-r)^2$$

图 3-7 三线摆原理图

$$(BC_1)^2 = (A_1B)^2 - (A_1C_1)^2 = l^2 - (R^2 + r^2 - 2Rr\cos\theta_0)$$

得

$$h = \frac{2Rr(1-\cos\theta_0)}{BC+BC_1} = \frac{4Rr\sin^2\frac{\theta_0}{2}}{BC+BC_1}$$

在偏转角很小时

$$\sin\frac{\theta_0}{2} \approx \frac{\theta_0}{2}$$

而 $BC+BC_1 \approx 2H$

所以

$$h = \frac{Rr\theta_0^2}{2H} \tag{3-22}$$

将式(3-22)代入式(3-21)得

$$I_0 = \frac{mgRr}{4\pi^2 H}T^2 \tag{3-23}$$

这是测定悬盘绕中心轴转动的转动惯量计算公式。

2. 测定圆环绕中心轴的转动惯量 I

把质量为 M 的圆环放在悬盘上,使两者中心轴重合,组成一个系统。测得它们绕中心轴转动的周期为 T_1,则它们总的转动惯量为

$$I_1 = \frac{(m+M)gRr}{4\pi^2 H}T_1^2 \tag{3-24}$$

得圆环绕中心轴的转动惯量为

$$I = I_1 - I_0 \tag{3-25}$$

式(3-24)、式(3-25)是测定圆环绕中心轴转动的转动惯量计算公式。

已知圆环绕中心轴转动惯量的理论计算公式为

$$I = \frac{M}{2}(R_1^2 + R_2^2) \tag{3-26}$$

式中,R_1 为圆环外半径,R_2 为圆环内半径。

将实验结果与理论计算结果相比较,并计算测量误差。

3. 验证平行轴定理

将两个质量都为 M',半径为 R_x 形状完全相同的圆柱体对称地放置在悬盘上,柱体中心离悬盘中心的距离为 x。按上法测得两物体和悬盘绕中心轴的转动周期为 T_x,则两圆柱体绕中心轴的转动惯量为

$$2I_x = \frac{(m+2M')gRr}{4\pi^2 H}T_x^2 - I_0 \tag{3-27}$$

将从式(3-27)所得的实验结果与理论上按平行轴定理计算所得的结果进行比较,并计算测量误差。

理论值

$$I_x = M'x^2 + \frac{M'R_x^2}{2} \tag{3-28}$$

【实验仪器】

三线摆,物理天平,水准器,停表,游标卡尺,米尺,待测圆环,待测圆柱体。

【注意事项】

① 实验中要保证摆动悬盘水平,调节时要仔细。

② 悬盘转动要稳定，不要出现摆动的现象。

③ 测量时间时记数要准确，不能数错。

【实验步骤】

① 将水准器置于悬盘上任意两悬线之间，调整小圆盘边上的三个调整旋钮，改变三条悬线的长度，直至悬盘水平，并用固定螺钉将三个调整旋钮固定。

② 轻轻扭动上圆盘（最大转角控制在 5°左右），使悬盘摆动，用停表测出悬盘摆动 50 次所需时间，记入表 3-5 中；重复三次求平均值，从而求出悬盘的摆动周期 T（在用停表测量上述时间时，应使悬盘转动平稳后并在悬盘静止位置时开始计数，启动停表，当数到 50 时，也在这个位置停表）。

③ 把待测圆环置于悬盘上，使两者中心轴线重合，按上法求出圆环与悬盘的共同摆动周期 T_1。

④ 取下圆环，把质量和形状都相同的两个圆柱体对称地置于悬盘上，再按上法求出摆动周期 T_x。

⑤ 分别量出小圆盘和悬盘三悬点之间的距离 a 和 b，各取其平均值，算出悬点到中心的距离 r 和 R（r 和 R 分别为以 a 和 b 为边长的等边三角形外接圆的半径）以及三条悬线的长度 l_1、l_2、l_3，计算其平均值 $\bar{l}$，以便算出两圆盘之间的垂直距离 H，记入表 3-6、表 3-7 中。

⑥ 测出圆环的外直径和内直径为 $2R_1$、$2R_2$，圆柱体直径 $2R_x$ 及圆柱体中心至悬盘中心的距离 x。

⑦ 称出圆环、圆柱体的质量 M 和 M'（悬盘的质量 m 已标明在盘的底面上）。

⑧ 计算测量误差。

【数据记录与处理】

数据记录在表 3-5～表 3-7 中。

表 3-5　测量摆动周期

	悬　盘		悬盘加圆环		悬盘加两圆柱体	
摆动 50 次所需时间 t/s	1		1		1	
	2		2		2	
	3		3		3	
	$\bar{t}$		$\bar{t_1}$		$\bar{t_x}$	
周期	$T=$	s	$T_1=$	s	$T_x=$	s

表 3-6　测量上圆盘悬孔间距离、悬盘悬孔间距离、待测圆环内外直径、圆柱体直径

次数	上圆盘悬孔间距离 a/10^{-2}m	悬盘悬孔间距离 b/10^{-2}m	待　测　圆　环		圆柱体直径 $2R_x$/10^{-2}m
			外直径 $2R_1$/10^{-2}m	内直径 $2R_2$/10^{-2}m	
1					
2					
3					
平均	$a=$	$b=$	$R_1=$	$R_2=$	$R_x=$

$$r=\frac{\sqrt{3}}{3}a=\underline{\hspace{2cm}} \qquad R=\frac{\sqrt{3}}{3}b=\underline{\hspace{2cm}}$$

表 3-7　三条悬线长度

悬线	悬线长度	$\bar{l}$	Δl
l_1			
l_2			
l_3			

两圆盘之间垂直距离 $H=\sqrt{l^2-(R-r)^2}=$ _____

圆柱体中心至悬盘中心的距离 $x=$ _____

悬盘质量 $m=$ _____

圆环质量 $M=$ _____

圆柱体 $M'=$ _____

【思考题】

① 用三线摆测定刚体的转动惯量时，为什么要求悬盘水平，且摆角要小？

② 三线摆放上待测物后，它的转动周期是否一定比空盘转动周期大？为什么？

③ 测圆环的转动惯量时，把圆环放在悬盘的同心位置上。若转轴放偏了，测出的结果是偏大还是偏小？为什么？

④ 如何利用三线摆法测定任意形状的物体绕特定轴转动的转动惯量？

实验 4-Ⅱ　用扭摆测定刚体的转动惯量

【实验目的】

① 用扭摆测定几种不同形状刚体的转动惯量和弹簧的扭转常数，并与理论值进行比较。

② 验证转动惯量平行轴定理。

【预习思考题】

① 扭摆由哪些部分组成，如何用扭摆法测刚体的转动惯量？

② 扭摆法测刚体的转动惯量所用仪器的组成及使用方法。

③ 实验过程中应注意哪些问题？

【实验原理】

本实验使刚体作扭转摆动，由摆动周期及其他参数的测定计算出刚体的转动惯量。扭摆的构造如图 3-8 所示，在垂直轴上装有一根薄片状螺旋弹簧，用以产生恢复力矩。在轴的上方可以装上各种待测刚体。垂直轴与支座间装有轴承，以降低摩擦力矩。在与轴垂直的台面上装有水准仪，用来调整系统平衡。

将刚体在水平面内转过一角度 θ 后，在弹簧的恢复力矩作用下物体就开始绕垂直轴作往返扭转运动。根据胡克定律，弹簧受扭转而产生的恢复力矩 M 与所转过的角度 θ 成正比，即

$$M=-K\theta \qquad (3-29)$$

式中，K 为弹簧的扭转常数，根据转动定律

$$M=I\beta \qquad (3-30)$$

式中，I 为刚体绕转轴的转动惯量；β 为角加速度，由式（3-30）得

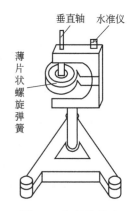

图 3-8　扭摆的构造

$$\beta = \frac{M}{I} \tag{3-31}$$

令 $\omega^2 = \frac{K}{I}$，忽略轴承的摩擦阻力矩，由式(3-29)、式(3-30) 得

$$\beta = \frac{\mathrm{d}^2\theta}{\mathrm{d}t^2} = -\frac{K}{I}\theta = -\omega^2\theta \tag{3-32}$$

式(3-32) 表明，扭摆运动具有角简谐振动的特性，角加速度与角位移成正比，且方向相反。此方程的解为

$$\theta = \theta_0\cos(\omega t + \phi) \tag{3-33}$$

式中，θ_0 为简谐振动的角振幅；ϕ 为初相位角；ω 为角速度，简谐振动的周期为

$$T = \frac{2\pi}{\omega} = 2\pi\sqrt{\frac{I}{K}} \tag{3-34}$$

由式(3-34) 可知，只要由实验测得扭摆的摆动周期，在 I 和 K 中任何一个量已知时即可计算出另一个量。

本实验用一个几何形状规则的刚体，它的转动惯量可以根据它的质量和几何尺寸用理论公式直接计算得到，再算出本实验所用仪器弹簧的扭转常数 K 值。若要测定其他形状刚体的转动惯量，只需将待测刚体安放在仪器顶部的各种夹具上，测定其摆动周期，由式(3-34)即可算出该刚体绕转动轴的转动惯量。

理论分析证明，若质量为 m 的刚体绕通过质心轴的转动惯量为 I_0，当转轴平行移动距离 x 时，则此刚体对新轴线的转动惯量变为 $I_0 + mx^2$，这称为转动惯量的平行轴定理。

【实验仪器】

① 扭摆及几种有规则的待测转动惯量的刚体（空心金属圆筒，实心高、矮塑料圆柱体，木球，验证转动惯量平行轴定理所用的金属细杆，杆上有两块可以自由移动的金属滑块）。

② 转动惯量测试仪。由主机和光电传感器两部分组成。

主机采用新型的单片机作控制系统，用于测量刚体转动和摆动的周期，以及旋转体的转速，能自动记录、存储多组实验数据并能够精确地计算多组实验数据的平均值。

光电传感器主要由红外发射管和红外接收管组成，将光信号转换为脉冲电信号，送入主机工作。因人眼无法直接观察仪器工作是否正常，只能用遮光物体往返遮挡光电探头发射光束通路，检查计时器是否开始计时和到预定周期数时，是否停止计时。

③ 数字式电子台秤。是利用数字电路和压力传感器组成的一种台秤。本实验所用的台秤，称量为 1.999kg，分度值为 1g，仪器误差为 1g。使用前应检查零读数是否为"0"。若显示值在空载时不是"0"值，可以调节台秤右侧方的手轮，使显示值为"0"。物体放在秤盘上即可从显示窗直接读出该物体的质量（近似看作质量 m），最后一位出现 ±1 的跳动属正常现象。

【实验步骤】

① 熟悉扭摆的构造及使用方法，熟悉转动惯量测试仪的使用方法。

② 用游标卡尺测出实心塑料圆柱体的外径 D_1，空心金属圆筒的内、外径 $D_内$、$D_外$，木球直径 $D_直$，金属细杆长度 L；用数字式电子台秤测出各物体质量 m（各测量 3 次求平均值）。

③ 调整扭摆基座底脚螺丝，使水准仪的气泡位于中心。

④ 在转轴上装上对此轴的转动惯量为 I_0 的金属载物圆盘，并调整光电探头的位置，使载物圆盘上的挡光杆处于其缺口中央，且能遮住发射、接收红外光线的小孔，并能自由往返通过光电门。测量 10 个摆动周期所需要的时间 $10T_0$。

⑤ 将转动惯量为 I_1'（转动惯量 I_1' 的数值可由塑料圆柱体的质量 m_1 和外径 D_1 算出，即 $I_1'=\dfrac{1}{8}m_1D_1^2$）的塑料圆柱体放在金属载物圆盘上，则总的转动惯量为 I_0+I_1'，测量 10 个摆动周期所需要的时间 $10T_1$。由式（3-34）可得出 $\dfrac{T_0}{T_1}=\dfrac{\sqrt{I_0}}{\sqrt{I_0+I_1'}}$ 或 $\dfrac{I_0}{I_1'}=\dfrac{T_0^2}{T_1^2-T_0^2}$，则弹簧的扭转常数为：

$$K=4\pi^2\frac{I_1'}{T_1^2-T_0^2} \tag{3-35}$$

在 SI 制中 K 的单位为 $(\mathrm{kg\cdot m^2})/\mathrm{s^2}$（或 $\mathrm{N\cdot m}$）。

⑥ 取下塑料圆柱体，装上金属圆筒，测量 10 个摆动周期需要的时间 $10T_2$。

⑦ 取下金属载物圆盘、装上木球，测量 10 个摆动周期需要的时间 $10T_3$（在计算木球的转动惯量时，应扣除支座的转动惯量 $I_{支座}$）。

⑧ 取下木球，装上金属细杆，使金属细杆中央的凹槽对准夹具上的固定螺丝，并保持水平。测量 10 个摆动周期需要的时间 $10T_4$（在计算金属细杆的转动惯量时，应扣除夹具的转动惯量 $I_{夹具}$）。

⑨ 验证转动惯量平行轴定理。将金属滑块对称放置在金属细杆两边的凹槽内，如图 3-9 所示，此时滑块质心与转轴的距离 x 分别为 5.00cm、10.00cm、15.00cm、20.00cm、25.00cm，测量对应于不同距离时的 5 个摆动周期所需要的时间 $5T$。验证转动惯量平行轴定理（在计算转动惯量时，应扣除夹具的转动惯量 $I_{夹具}$）。

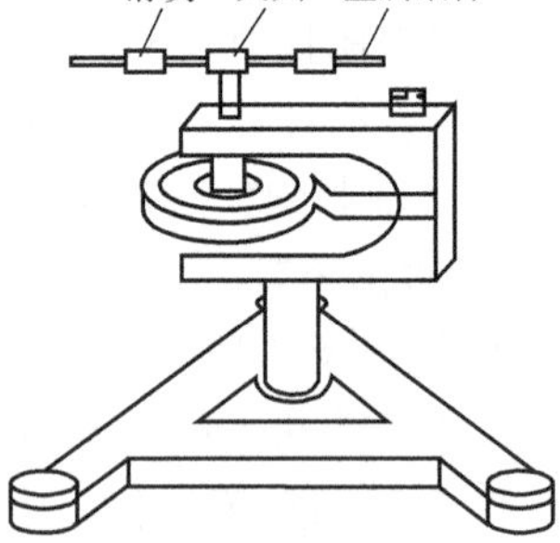

图 3-9　验证平行轴定理

【注意事项】

① 弹簧有一定的使用寿命和强度，千万不要随意摆弄弹簧，为了降低实验时由于摆动角度变化过大带来的系统误差，在测定各种物体的摆动周期时，摆角不宜过小，也不宜过大，摆幅也不宜变化过大。

② 为防止过强光线对光电探头的影响，光电探头不能置放在强光下。光电探头宜放置在挡光杆平衡位置处，挡光杆不能和它相接触，以免增大摩擦力矩。

③ 安装待测物体时，其支架必须全部套入扭摆主轴，并将止动螺丝旋紧，否则扭摆不能正常工作。

④ 在称木球与金属细杆的质量时，必须分别将支座和夹具取下，否则将带来极大误差。

【数据记录与处理】

① 弹簧扭转常数 K 和各刚体转动惯量 I 的测定，数据记录在表 3-8 中，弹簧扭转常数为

$$K=4\pi^2\frac{I_1'}{\overline{T_1^2}-\overline{T_0^2}}$$

② 转动惯量平行轴定理的验证，数据记录在表 3-9 中。

表 3-8　弹簧扭转常数 K 和各刚体转动惯量 I 的测定

物体名称	质量 m/kg	几何尺寸 $D,L/10^{-2}$m	周期 T/s		转动惯量理论值 $I'/10^{-4}$kg·m^2	转动惯量实验值 $I/10^{-4}$kg·m^2	误差 $E_0 = \dfrac{I'-I}{I'} \times 100\%$
金属载物圆盘			$10T_0$			$I_0 = \dfrac{I_1'\overline{T_0^2}}{\overline{T_1^2} - \overline{T_0^2}}$	
			$\overline{T_0}$				
塑料圆柱体	m_1	D_1	$10T_1$		$I_1' = \dfrac{1}{8}\overline{m}_1 D_1^2$	$I_1 = \dfrac{K\overline{T_1^2}}{4\pi^2} - I_0$	
	$\overline{m}_1$	$\overline{D}_1$	$\overline{T}_1$				
金属圆筒	m_2	$D_外$	$10T_2$		$I_2' = \dfrac{1}{8}\overline{m}_2(D_外^2 + D_内^2)$	$I_2 = \dfrac{K\overline{T_2^2}}{4\pi^2} - I_0$	
		$\overline{D}_外$					
		$D_内$					
	$\overline{m}_2$	$\overline{D}_内$	$\overline{T}_2$				
木球	m_3	$D_木$	$10T_3$		$I_3' = \dfrac{1}{10}\overline{m}_3 D_木^2$	$I_3 = \dfrac{K}{4\pi^2}\overline{T_3^2} - I_{支座}$	
	$\overline{m}_3$	$\overline{D}_木$	$\overline{T}_3$				
金属细杆	m_4	L	$10T_4$		$I_4' = \dfrac{1}{12}\overline{m}_4 L^2$	$I_4 = \dfrac{K}{4\pi^2}\overline{T_4^2} - I_夹$	
	$\overline{m}_4$		$\overline{T}_4$				

表 3-9　验证转动惯量平行轴定理

$x/10^{-2}$m	5.00	10.00	15.00	20.00	25.00
摆动周期 $5T$/s					
$\overline{T}$/s					
实验值 $(10^{-4}$kg·m$^2) I = \dfrac{K}{4\pi^2}T^2 - I_{夹具}$					
理论值 $(10^{-4}$kg·m$^2) I' = I_4' + I_5' + 2mx^2$					
误差 $E_0 = \dfrac{I'-I}{I'} \times 100\%$					

【思考题】

① 实验中，为什么在称木球和细杆的质量时必须分别将支座和安装夹具取下？

② 转动惯量实验仪计时精度为 0.001s，实验中为什么要测量 10T？

③ 如何用本实验仪来测定任意形状物体绕特定轴的转动惯量？

【附录】

金属细杆夹具转动惯量实验值

$$I_{夹具} = \frac{K}{4\pi^2}T^2 - I_0 = \frac{3.567 \times 10^{-2}}{4\pi^2} \times 0.741^2 - 4.929 \times 10^{-4}$$
$$= 3.21 \times 10^{-6} \text{kg} \cdot \text{m}^2$$

木球支座转动惯量实验值

$$I_{支座} = \frac{K}{4\pi^2}T^2 - I_0 = \frac{3.567 \times 10^{-2}}{4\pi^2} \times 0.740^2 - 4.929 \times 10^{-4}$$
$$= 1.90 \times 10^{-6} \text{kg} \cdot \text{m}^2$$

二滑块绕通过滑块质心转轴的转动惯量理论值

$$I_5' = 2\left[\frac{1}{8}m(D_{外}^2 + D_{内}^2)\right]$$
$$= 2\left[\frac{1}{8} \times 239 \times 10^{-3} \times (3.50^2 + 0.60^2) \times 10^{-4}\right]$$
$$= 7.53 \times 10^{-5} \text{kg} \cdot \text{m}^2$$

测单个滑块与载物盘转动周期 $T = 0.767\text{s}$ 可得到

$$I = \frac{K}{4\pi^2}T^2 - I_0 = \frac{3.567 \times 10^{-2}}{4\pi^2} \times 0.767^2 - 4.929 \times 10^{-4} = 0.386 \times 10^{-4} \text{kg} \cdot \text{m}^2$$
$$I_5 = 2I = 0.772 \times 10^{-4} \text{kg} \cdot \text{m}^2$$

实验 5　测金属材料的杨氏弹性模量

固体材料在外力作用下会发生形变。当固体材料发生弹性形变时，物体内部产生恢复原状的应力，材料的应力与应变之比是一个常数，叫弹性模量，又称杨氏弹性模量，以纪念物理学家托马斯·杨。弹性模量描述材料抵抗形变能力的大小，与材料的结构、化学成分及制造方法有关，是工程技术中常用的力学参数。

测量杨氏弹性模量有拉伸法、弯曲法、振动法、内耗法等，本实验介绍弯曲法和拉伸法测量杨氏弹性模量，并将综合运用多种测量长度的方法，在数据处理方面采用逐差法。

实验 5-Ⅰ　用弯曲法测量横梁的杨氏弹性模量

【实验目的】

① 学会用弯曲法测量横梁的杨氏弹性模量。

② 学习使用光杠杆测量微小长度变化，学会使用望远镜。

③ 学会用逐差法处理实验数据。

【预习思考题】

① 本实验中需要测量几个长度量？各用什么测量仪器？为什么？

② 光杠杆镜尺法利用了什么原理？优点是什么？

③ 调节望远镜的要求是什么？

【实验原理】

在外力作用下，固体所发生的形状变化，称为形变。它可分为弹性形变和范性形变两类。外力撤除后物体能完全恢复原状的形变，称为弹性形变。如果加在物体上的外力过大，以致外力撤除后，物体不能完全恢复原状，而留下剩余形变，就称之为范性形变。在本实验中，只研究弹性形变。因此，应当控制外力的大小以保证此外力撤除后物体能够恢复原状。

如图3-10，设一矩形梁长度为 L，宽度为 a，厚度为 h，两端自由地放在一对平行的刀口上，中间悬挂重物 G。在梁的弹性限度内，如不计梁本身的重量，重物 G 使梁中点向下弛垂 λ。在 $\lambda \ll L$ 时

$$\lambda = \frac{GL^3}{4Eah^3} \tag{3-36}$$

则

$$E = \frac{GL^3}{4\lambda ah^3} \tag{3-37}$$

式中，E 称为杨氏弹性模量。在国际单位制中，杨氏弹性模量的单位为 N/m^2。实验证明，杨氏弹性模量与悬挂重物 G、物体的长度 L、宽度 a 和厚度 h 大小无关，它只取决于物体的材料，它是表征固体性质的一个物理量。

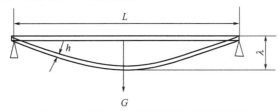

图 3-10　测量横梁的杨氏弹性模量原理图

根据式(3-37)，测出等号右边 G、L、λ、a、h，便可算出杨氏弹性模量。其中 G、L、a、h 可用一般的仪器测得，由于 λ 量很小，所以应用光杠杆放大原理测量不同重量下 λ 的变化，从而求出 E 值。

【实验仪器】

梁弯曲实验仪，镜尺望远镜，光杠杆，钢卷尺，游标卡尺，螺旋测微器。

1. 梁弯曲实验仪

梁弯曲实验仪包括两个上端带有水平刀口的支座、测量用的金属梁、位于梁上的内部带刀口的金属框，在金属框下部挂钩上挂一个砝码盘，如图3-11所示。金属梁材质有铜、铁、铝三种。

2. 光杠杆、镜尺望远镜

光杠杆是利用放大法测量微小长度变化的常用仪器，光杠杆的装置包括光杠杆镜架和镜尺望远镜两大部分，光杠杆镜架如图3-12所示，将一直立的平面反射镜装在一个三足支架的一端。

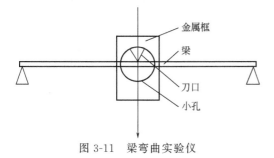

图 3-11　梁弯曲实验仪　　　　　　　　图 3-12　光杠杆镜架

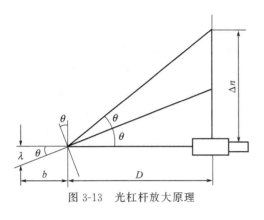

图 3-13　光杠杆放大原理

镜尺望远镜主要由望远镜、标尺照明器两大部分组成。望远镜采用了内调焦系统，使最短视距缩小，便于室内使用。基本结构如图 3-13 所示。望远镜水平地对准光杠杆镜架上的平面反射镜，平面反射镜与标尺的距离为 D。

测量时，将后足 f_1 放在被测物体上，两前足 f_2、f_3 放在固定不动的平台上。当被测物体有微小长度变化时，f_1 足随着长度的变化而下降，平面镜也将以 f_2、f_3 为轴转动。设转过的角度为 θ，根据反射定律可知，平面镜反射线转过 2θ 角。此时由望远镜看到的标尺示值为 n_1，从图 3-13 可知，当 θ 很小时

$$\lambda = b\sin\theta = b\left(\theta - \frac{\theta^3}{6} - \cdots\right) = b\theta\left(1 - \frac{\theta^2}{6} - \cdots\right) \tag{3-38}$$

$$\Delta n = n_1 - n_0 = D\tan 2\theta = D\left(2\theta - \frac{8\theta^3}{3} - \cdots\right)$$

$$= 2D\theta\left(1 - \frac{4\theta^2}{3} - \cdots\right) \tag{3-39}$$

式中，b 为 f_1 到 f_2 与 f_3 连线的距离；n_0 为未转动时标尺示值。

θ 很小时，高次项略去，式(3-38)、式(3-39) 化简为

$$\lambda = b\theta \tag{3-40}$$

$$\Delta n = n_1 - n_0 = 2D\theta \tag{3-41}$$

联立两方程得

$$\lambda = \frac{b\Delta n}{2D} \tag{3-42}$$

由式(3-42) 可知，微小变化量 ΔL 可以通过 b、Δn、D 这些容易测得的量间接得到，光杠杆的作用是将微小长度变化 λ 放大为标尺上的相对位移 Δn，λ 被放大了 $\frac{2D}{b}$ 倍。

将式(3-42) 代入式(3-37)，则有

$$E = \frac{GDL^3}{2abh^3\Delta n} \tag{3-43}$$

镜尺望远镜（图 3-14）安装、使用方法如下。

① 将立柱（连接轴）与底座连接，用锁紧螺钉紧固。

② 将滑套套在立柱上，用锁紧螺钉紧固。

③ 将望远镜组件（望远镜、镜架管）装在立柱上，调整位置，用锁紧螺钉紧固。

④ 将标尺照明器装在卡子内，用螺钉顶紧。

⑤ 用调焦手轮调整望远镜焦距使读数清晰。

⑥ 俯仰手轮仅在调零时使用。

⑦ 标尺照明器的电源为 220V、50Hz。

【注意事项】

① 望远镜与梁弯曲实验仪最短距离为 1.3m。

② 望远镜与梁弯曲实验仪所构成的光学系统一经调节

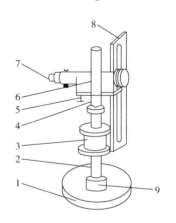

图 3-14　镜尺望远镜

1—底座；2—立柱；3—滑套；
4—镜架管；5—俯仰手轮；
6—调焦手轮；7—目镜望远镜；
8—标尺照明器；9—锁紧螺钉

好后，在实验过程中不可再移动。否则实验数据无效，实验应从头做起。

③ 用螺旋测微器测量横梁宽度和厚度时，应注意维护横梁的平直状态，切勿将它扭折。

④ 观测标尺的眼睛正对望远镜，不得忽高忽低引起视差。

【实验步骤】

① 将待测横梁放在两支座上的刀口上，套上金属框并使刀刃刚好放在仪器两刀口的中间。将水准泡放在梁上，用支座下的可调底脚调节，直至梁处于水平位置（铜、铁、铝任选一种）。

② 调整望远镜和标尺照明器的位置。首先沿镜筒的轴线方向，通过准星，观察反射镜内是否有标尺照明器的像，如果无标尺照明器的像，则可左右移动底座，或松开手轮调整望远镜，直至反射镜内出现标尺照明器的像为止。

③ 旋转目镜，对分划板十字线进行聚焦。从望远镜内观察内标尺的像。调节聚焦手轮，直至清楚对准标尺由镜面发射出的某一刻度，为第一刻度值 n_0。

④ 按顺序增加砝码（每次增加20g），从望远镜中观察标尺刻度的变化，并依次记下相应的刻度值 n_0、n_1、n_2、n_3、n_4、n_5、n_6、n_7。然后按相反次序将砝码取下，记下相应的标尺读数，将数据填入表3-10。

⑤ 用米尺测量观察标尺到反射平面镜之间的距离 D，估计误差；用米尺测量光杠杆的单脚足尖到两双脚足尖的距离 b，估计误差，方法是将光杠杆的三个足尖放在一张平纸上，压出三个足尖印，用铅笔画单脚足尖到两双脚足尖的垂线，用米尺测量其长度。将以上数据填入表3-11中。

⑥ 取同一负荷下标尺读数的平均值 $\overline{n_0}$、$\overline{n_1}$、$\overline{n_2}$、$\overline{n_3}$、$\overline{n_4}$、$\overline{n_5}$、$\overline{n_6}$、$\overline{n_7}$。用逐差法算出
平均值 $\overline{\Delta n} = \dfrac{(\overline{n_4}-\overline{n_0})+(\overline{n_5}-\overline{n_1})+(\overline{n_6}-\overline{n_2})+(\overline{n_7}-\overline{n_3})}{4}$。

⑦ 测出横梁的有效长度 L（即两刀口间的距离）、梁的宽度 a 和厚度 h 各三次，分别求出它们的平均值及误差。梁的长度 L 用钢卷尺测出，梁的宽度 a 用游标卡尺测量，厚度 h 用螺旋测微器测出。将以上数据填入表3-12中。

⑧ 将有关数据化为国际单位代入式（3-43）中，求出横梁的杨氏弹性模量的平均值 $\overline{E}$。将 $\overline{E}$ 与公认值 E_0（由实验室结出）比较，求出相对误差。

【数据记录与处理】

横梁的弛重量记录在表3-10～表3-12中。

表 3-10　测横梁的弛垂量

砝码质量/g	标尺度数/cm			
	加砝码时		减砝码时	平均
20	n_0		n_0'	$\overline{n_0}$
40	n_1		n_1'	$\overline{n_1}$
60	n_2		n_2'	$\overline{n_2}$
80	n_3		n_3'	$\overline{n_3}$
100	n_4		n_4'	$\overline{n_4}$
120	n_5		n_5'	$\overline{n_5}$
140	n_6		n_6'	$\overline{n_6}$
160	n_7		n_7'	$\overline{n_7}$
	$\overline{\Delta n}=$			

表 3-11　几何参数的测量

D/cm			b/cm	
$\Delta D/\text{cm}$			$\Delta b/\text{cm}$	

表 3-12　测量横梁的长度 L、宽度 a 和厚度 h

次　　数	1	2	3	平均	误差
横梁长度 L/cm					
横梁宽度 a/mm					
横梁厚度 h/mm					

$$\overline{E} = \frac{G\overline{D}\overline{L}^3}{2\overline{a}\,\overline{b}\overline{h}^3\overline{\Delta n}} = \underline{\qquad}\ \text{N/m}^2$$

$$E_r = \frac{|\overline{E} - E_0|}{E_0} \times 100\% = \underline{\qquad}$$

附：铝、铁、铜横梁的杨氏弹性模量公认值：

$$E_{0\,\text{Al}} = 7.0 \times 10^{10}\,\text{N/m}^2$$

$$E_{0\,\text{Fe}} = 20 \times 10^{10}\,\text{N/m}^2$$

$$E_{0\,\text{Cu}} = 11 \times 10^{10}\,\text{N/m}^2$$

【思考题】

① 本实验用了哪些原理和方法测量微小长度和进行数据处理？它们各有何优点？

② 在什么情况下可以用逐差法处理实验数据？逐差法处理实验数据有哪些优点？

③ 分析本实验测量中哪个量的测量对 E 的结果影响最大？你对实验有什么改进建议？

实验 5-Ⅱ　拉伸法测金属丝的杨氏弹性模量

【实验目的】

① 学习用静态拉伸法测金属丝的杨氏弹性模量的方法。

② 学习使用光杠杆测量微小长度变化，学会使用望远镜。

③ 学会用逐差法处理实验数据。

【预习思考题】

① 本实验中需要测量几个长度量？各用什么测量仪器？为什么？

② 光杠杆镜尺法利用了什么原理？优点是什么？

③ 调节望远镜的要求是什么？

【实验原理】

假定长为 L、截面积为 S 的均匀金属丝或棒，在受到沿长度方向的外力 G 的作用下伸长为 λ，根据胡克定律，在弹性限度内，伸长应变 $\dfrac{\lambda}{L}$ 与外施应力 $\dfrac{G}{S}$ 成正比，即

$$\frac{\lambda}{L} = \frac{1}{E} \times \frac{G}{S} \tag{3-44}$$

式中，E 为该金属的杨氏弹性模量。因此

$$E = \frac{GL}{S\lambda} = \frac{G/S}{\lambda/L} \tag{3-45}$$

式中，E 称作该金属材料的杨氏弹性模量，也称作杨氏模量，是表示金属抗应变能力大小的物理量。它表征材料本身的性质，杨氏模量越大的材料，要使它发生一定的相对形变所需要的单位横截面积上的作用力也越大。

若所用金属丝横截面为圆形，直径为 d，则式（3-45）变为

$$E = \frac{4GL}{\pi d^2 \lambda} \tag{3-46}$$

式中，各量除 λ 都比较容易测量，λ 是一个很小的长度变化，很难用普通测量长度的仪器将它测准。因此，实验装置的主要部分是利用光杠杆原理，来解决测量这个微小长度的变化。

将式（3-42）代入式（3-46），则有

$$E = \frac{8GLD}{\pi d^2 b \Delta n} \tag{3-47}$$

【实验仪器】

杨氏模量测定仪一套，钢卷尺、螺旋测微器等。

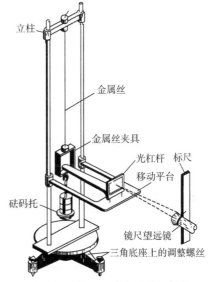

图 3-15　杨氏模量测定仪结构（拉伸法）

杨氏模量测定仪结构如图 3-15，三角底座上装有两根立柱和调整螺丝。调节调整螺丝，可使立柱铅直，并由立柱下端的水准仪来判断。金属丝的上端夹紧在横梁上的夹头中。立柱的中部有一个可以沿立柱上下移动的平台，用来承托光杠杆。平台上有一小孔，孔中有一个可以上下滑动的夹头，金属丝的下端夹紧在夹头中。夹头下面有一个挂钩，可挂砝码托，用来承托拉伸金属丝的砝码。装置平台上的光杠杆及镜尺望远镜是用来测量微小长度变化的实验装置，其使用方法及原理参考实验 5-Ⅰ 中有关内容。

【注意事项】

① 望远镜与杨氏模量测定仪最短距离为 1.8m。

② 望远镜与杨氏模量测定仪所构成的光学系统一经调节好后，在实验过程中不可再移动。否则实验数据无效，实验应从头做起。

③ 观测标尺的眼睛正对望远镜，不得忽高忽低引起视差。

【实验步骤】

1. 杨氏模量测定仪的调整

① 将光杠杆放在平台上，两前足放在平台前面的横槽内，后足放在活动金属丝夹具上，但不可与金属丝相碰。调整平台的上下位置，使光杠杆前后足在同一平面上。

② 将砝码托挂上，把金属丝拉直，检查金属丝夹具能否在平台的孔中上下自由地滑动。

2. 调整望远镜和标尺照明器的位置

（1）外观对准　将望远镜和标尺照明器放在离光杠杆镜面约 1.5～2m 处，并使两者在同一高度。调整光杠杆镜面与平台面垂直，望远镜成水平，并与标尺照明器垂直。

（2）镜外找像　沿镜筒的轴线方向，通过准星，观察反射镜内是否有标尺照明器的像，如果无标尺照明器的像，则可左右移动底座，或松开手轮调整望远镜，直至反射镜内出现标

尺照明器的像为止。

（3）镜内找像　旋转目镜，对分划板十字线进行聚焦。从望远镜内观察内标尺的像。调节聚焦手轮，直至清楚对准标尺由镜面发射出的某一刻度，为第一刻度值 n_0。

3. 测量

采用等增量测量法。

① 按顺序增加砝码（每次增加 1kg），从望远镜中观察标尺刻度的变化，并依次记下相应的刻度值 n_0、n_1、n_2、n_3、n_4、n_5、n_6、n_7。然后按相反次序将砝码取下，记下相应的尺读数，将数据填入表 3-13。

② 取同一负荷下标尺读数的平均值 $\overline{n_0}$、$\overline{n_1}$、$\overline{n_2}$、$\overline{n_3}$、$\overline{n_4}$、$\overline{n_5}$、$\overline{n_6}$、$\overline{n_7}$。用逐差法算出平均值 $\overline{\Delta n}=\dfrac{(\overline{n_4}-\overline{n_0})+(\overline{n_5}-\overline{n_1})+(\overline{n_6}-\overline{n_2})+(\overline{n_7}-\overline{n_3})}{4}$。

③ 用米尺测量观察标尺到反射平面镜之间的距离 D，一次测量，估计误差；用米尺测量光杠杆的单脚足尖到两双脚足尖的距离 b，一次测量，估计误差，方法是将光杠杆的三个足尖放在一张平纸上，压出三个足尖印，用铅笔画单脚足尖到两双脚足尖的垂线，用米尺测量其长度。将以上数据填入表 3-14 中。

④ 用螺旋测微器测量金属丝的直径 d，要选择金属丝的上、中、下三处来测，每次都要在相互垂直的方向上各测一次，共 6 次，用米尺测量金属丝的长度 L。将以上数据填入表 3-15 中，求平均值和误差。

⑤ 将有关数据化为国际单位代入式 (3-47) 中，求出金属丝的杨氏弹性模量的平均值 $\overline{E}$。将 $\overline{E}$ 与公认值 E_0（由实验室给出）比较，求出相对误差。

$$E=\frac{8GLD}{\pi\,\overline{d}^2\,\overline{b}\,\overline{\Delta n}}$$

$$E_r=\frac{|\overline{E}-E_0|}{E_0}\times100\%=\underline{\quad\quad}$$

【数据记录与处理】

表 3-13　测金属丝的伸长量

砝码质量/g	标尺度数/cm				
	加砝码时		减砝码时		平均
1	n_0		n_0'		$\overline{n_0}$
2	n_1		n_1'		$\overline{n_1}$
3	n_2		n_2'		$\overline{n_2}$
4	n_3		n_3'		$\overline{n_3}$
5	n_4		n_4'		$\overline{n_4}$
6	n_5		n_5'		$\overline{n_5}$
7	n_6		n_6'		$\overline{n_6}$
8	n_7		n_7'		$\overline{n_7}$
	$\overline{\Delta n}=\underline{\quad\quad}$				

表 3-14　几何参数的测量

D/cm		b/cm	
$\Delta D/\text{cm}$		$\Delta b/\text{cm}$	

表 3-15　测量金属丝的直径 d、长度 L

次数	d/mm	L/m
1		
2		
3		
4		
5		
6		
平均值/mm		
误差/mm		

附：铝、铁、铜横梁的杨氏弹性模量公认值：

$$E_{0\,\text{Al}} = 7.0 \times 10^{10}\,\text{N}/\text{m}^2$$
$$E_{0\,\text{Fe}} = 20 \times 10^{10}\,\text{N}/\text{m}^2$$
$$E_{0\,\text{Cu}} = 11 \times 10^{10}\,\text{N}/\text{m}^2$$

【思考题】

① 在什么情况下可以用逐差法处理实验数据？逐差法处理实验数据有哪些优点？

② 分析本实验测量中哪个量的测量对 E 的结果影响最大？你对实验有什么改进建议？

实验 5-Ⅲ　用霍尔位置传感器测量金属材料杨氏弹性模量

【实验目的】

① 掌握弯曲法测金属黄铜的杨氏弹性模量。在测黄铜杨氏弹性模量的同时对霍尔位置传感器定标，求得其灵敏度。

② 用霍尔位置传感器测铸铁的杨氏弹性模量。

③ 学习误差分析和误差均分原理思想，学习逐差法处理数据及测量结果的表达。

【预习思考题】

① 本实验中用到霍尔位置传感器进行微小位移量的测量，基本原理就是霍尔效应，什么是霍尔效应？

② 对于微小位移量的测量，你曾经使用过什么实验测量方法和实验仪器？

【实验原理】

若实验测出在外加力 P 作用下，利用弯曲法，可知材料杨氏弹性模量 E 可以用下式表示

$$E = \frac{GL^3}{4\lambda ah^3} \tag{3-48}$$

式中，L 为两刀口之间的距离；G 为所加砝码的质量；h 为横梁的厚度；a 为横梁的宽度；λ 为横梁中心在外力作用下下降的距离。具体推导过程这里就不讨论了。

1879 年，美国物理学家霍尔（Edwin Herbert，1855—1938）发现，当电流 I 垂直磁场

B 的方向流过某导体时，在垂直于电流和磁场的方向，该导电体的两侧会产生电势差 U_H，它的大小与 I 和 B 的乘积成正比，而与导电体沿磁场方向的厚度 d 成反比，这一现象被称为霍尔效应。霍尔效应的数学表达式为

$$U_H = KIH \tag{3-49}$$

式中，K 为霍尔元件的霍尔灵敏度（霍尔元件确定后 K 为常数）。如果保持霍尔元件的电流 I 不变，而使其在一个均匀梯度的磁场中移动，则输出的霍尔电势差变化量为

$$\Delta U_H = KI \frac{dB}{dZ} \lambda \tag{3-50}$$

式中，λ 为位移量，此式说明在一个均匀梯度的磁场中，ΔU_H 与 λ 成正比。

为实现均匀梯度的磁场，可以如图 3-16 所示，选用两块相同的磁铁（磁铁截面积及表面磁感应强度相同）相对放置，即 N 极与 N 极相对，两磁铁之间留一等间距间隙，霍尔元件平行于磁铁放在该间隙的中轴上，间隙大小要根据测量范围和测量灵敏度要求而定，间隙越小，磁场梯度就越大，灵敏度就越高。磁铁截面要远大于霍尔元件，以尽可能地减小边缘效应影响，提高测量精确度。

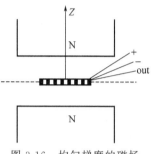

图 3-16　均匀梯度的磁场

若磁铁间隙内中心截面处的磁感应强度为零，霍尔元件处于该处时，输出的霍尔电势差应该为零。当霍尔元件偏离中心沿 Z 轴发生位移时，由于磁感应强度不再为零，霍尔元件也就产生相应的电势差输出，其大小可以用数字电压表测量。由此可以将霍尔电势差为零时元件所处的位置作为位移参考零点。

霍尔电势差与位移量之间存在一一对应关系，当位移量较小（<2mm）时，这一对应关系具有良好的线性。

【实验仪器】

(1) FD-HY-Ⅰ型杨氏弹性模量测定仪，包括底座固定箱，读数显微镜，95 型集成霍尔位置传感器，磁铁两块，支架，砝码盘，砝码等。

(2) 霍尔位置传感器输出信号测量仪，采用直流数字电压表。

霍尔位置传感器测材料杨氏弹性模量装置结构如图 3-17 所示。

(3) 读数显微镜的使用和读数　读数显微镜是可以测量微小尺寸的光学仪器，它主要由显微镜和读数装置组成，如图 3-18 所示。在使用读数显微镜前，应先仔细调节显微镜，消除误差。光学测量仪器的视差是由于被测物的像与进行度量的标尺（或标线、网格）处于同一平面，因此观察者的眼睛移动时，像与标尺之间会产生相对位移。读数显微镜由物镜和目镜组成，它的标线（通常称为十字准线）位于物镜与目镜之间。为消除视差，应先调节（旋转）目镜，使十字准线像清晰；再调节升降旋钮，使被测物的像也清晰。移动眼睛，如被测物的像与十字准线像没有相对位移，则表明它们已处于同一成像面。读数显微镜的读数装置与千分尺类似，也应用了螺旋测微的原理。它的主尺量程是 50mm，最小分度是 1mm。鼓轮上有 100 个分度，鼓轮转动一周，整个显微镜水平移动 1mm，即鼓轮上的 1 个分度对应 0.01mm。由于任何螺旋测量装置的内螺纹与外螺纹之间必有间隙，故不同旋转方向所对应的读数必有差别。这种差别称为螺距误差。因此在用读数显微镜进行长度测量时，应使十字准线沿同一个方向前进，与被测物两端对齐，中途不要倒退，从而消除螺距误差。

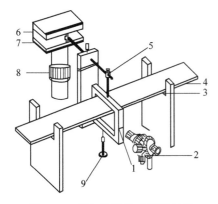

图 3-17 霍尔位置传感器测材料
杨氏弹性模量装置

1—铜刀口上的基线；2—读数显微镜；3—刀口；
4—横梁；5—铜杠杆（顶端装有 95A 型集成霍尔
传感器）；6—磁铁盒；7—磁铁（N 极相对放置）；
8—调节架；9—砝码盘

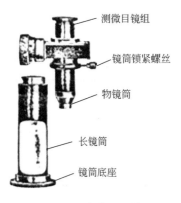

测微目镜组

镜筒锁紧螺丝

物镜筒

长镜筒

镜筒底座

图 3-18 读数显微镜

【实验步骤】

1. 测量黄铜样品的杨氏弹性模量和霍尔位置传感器的定标

① "一平、二中，三调零"。所谓的"平"，是指用水准仪器观察磁铁的水平位置，若偏离时可用底座螺丝调节水平位置。而所谓的"中"，是通过调节三维调节架的左右前后位置的调节螺丝，使集成霍尔位置传感器探测元件处于磁铁的中间位置（磁铁十字交叉线的交点处）。所谓的"调零"，就是调节霍尔传感器的上下位置，至数字电压表的读数为零或读数值达极小值时，通过调节补偿电压电位器，使数字电压表读数为零。

② 调节读数显微镜目镜，使眼睛观察到的十字准线和数字清楚，然后移动读数显微镜前后距离（包括物镜的调节），至能清楚看到铜刀上的基线，转动读数显微镜的鼓轮，使刀口架的基线与读数显微镜内十字准线吻合，并记下初始读数值。

③ 依次增加砝码（每次 10g 砝码），相应从读数显微镜上读出梁中心此时的位置及数字电压表相应的读数值（单位 mV），依次减少砝码（每次 10g 砝码），相应从读数显微镜上读出梁中心此时的位置及数字电压表相应的读数值（单位 mV），取同一负荷下的平均值，从而计算黄铜的杨氏弹性模量，与霍尔传感器进行定标，数据记录于表 3-16 中。

④ 用卷尺测量横梁两刀口的长度 L，用游标卡尺测量不同位置处梁的宽度 a，用螺旋测微器测量不同位置处梁的厚度 h，数据记录于表 3-17 中。

⑤ 用逐差法按公式 $\overline{\Delta n} = \dfrac{(\overline{n_4} - \overline{n_0}) + (\overline{n_5} - \overline{n_1}) + (\overline{n_6} - \overline{n_2}) + (\overline{n_7} - \overline{n_3})}{4}$ 进行计算，求得黄铜材料的杨氏弹性模量，并对霍尔位置传感器进行定标，求出 $K' = \Delta U_i / \lambda_i$（即求出霍尔位置传感器的灵敏度）。

2. 用霍尔位置传感器测量铸铁的杨氏弹性模量

① 改用铸铁横梁。

② 依次增加砝码（每次 10g 砝码），从数字电压表上读出相应示数（单位 mV），依次减砝码（每次 10g 砝码），从数字电压表上读出相应示数（单位 mV），取同一负荷下的平均值，数据记录于表 3-18 中。利用步骤 1 中对霍耳传感器的定标（即 $K' = KI\dfrac{dB}{dZ}$）计算出相应的下降距离 λ。

③ 用卷尺测量横梁两刀口的长度 L，用游标卡尺测量不同位置处梁的宽度 a，用螺旋测微器测量不同位置处梁的厚度 h，数据记录于表 3-19 中。

④ 用逐差法按公式 $\overline{\Delta n}=\dfrac{(\overline{n_4}-\overline{n_0})+(\overline{n_5}-\overline{n_1})+(\overline{n_6}-\overline{n_2})+(\overline{n_7}-\overline{n_3})}{4}$ 进行计算，求得铸铁材料的杨氏弹性模量，并对霍尔位置传感器进行定标，求出 $K'=\Delta U_i/\lambda_i$（即求出霍尔位置传感器的灵敏度）。

【注意事项】

① 梁的厚度必须测准确。在用千分尺测量黄铜厚度时，当测微螺杆将要与黄铜接触时，必须改用微调轮。当听到"咔嚓"声时，停止旋转。有个别学生实验误差较大，其原因是千分尺使用不当，测得值有偏差。

② 读数显微镜的准丝对准铜挂件（有刀口）的标志刻度线时，注意要区别是黄铜梁的边沿还是标志线。

③ 霍尔位置传感器定标前，应先将霍尔传感器调整到零输出位置，这时可调节电磁铁盒下的升降杆上的旋钮，达到零输出的目的，另外，应使霍尔位置传感器的探头处于两块磁铁的正中间稍偏下的位置，这样测量数据更可靠一些。

④ 加减砝码时，应该轻拿轻放，尽量减小砝码架的晃动，这样可以使电压值在较短的时间内达到稳定值，节省了实验时间。

⑤ 实验开始前，必须检查横梁是否有弯曲，如有应矫正。

【数据记录与处理】

数据记录在表 3-16～表 3-19 中。

表 3-16　霍尔位置传感器定标、黄铜杨氏弹性模量测定

M/g	0	10	20	30	40	50	60	70	80
$n_{增}/mm$									
$n_{减}/mm$									
$n_{平均}/mm$									
$U_{增}/mV$									
$U_{减}/mV$									
$U_{平均}/mV$									

表 3-17　几何参数的测量

次　数	梁度 a/mm	梁厚 h/mm	刀口距离 L/cm
1			
2			
3			
4			
5			
6			
平均值			

表 3-18　铸铁的杨氏弹性模量测定

M/g	0	10	20	30	40	50	60	70	80
$U_{增}$/mV									
$U_{减}$/mV									
$U_{平均}$/mV									

表 3-19　几何参数的测量

次　　数	梁宽 a/mm	梁厚 h/mm
1		
2		
3		
4		
5		
6		
平均值		

利用下式计算出黄铜的杨氏弹性模量

$$E = \frac{GL^3}{4\lambda ah^3}$$

利用下式对霍尔位置传感器定标

$$\Delta U_H = KI \frac{dB}{dZ} \lambda$$

$$K' = \Delta U_i / \lambda_i$$

由霍尔位置传感元件的定标，计算铸铁的微小位移

$$\lambda = \frac{\Delta U_H}{K'}$$

计算铸铁的杨氏弹性模量

$$E = \frac{GL^3}{4\lambda ah^3}$$

【思考题】

用霍尔位置传感器测微位移的优点表现在何处？

【创新开窗】二

1. 游标卡尺、千分尺以及光杠杆放大测距法，都是用来精准测量微小间距的，它们适用测量对象和内容彼此有什么不同？

2. 法国物理学家库仑和英国科学家卡文迪许各自独立地发明了扭秤，库仑于 1785 年用扭秤测定了电荷之间的作用力，卡文迪许于 1789 年用扭秤验证了牛顿万有引力定律的正确性。扭秤之所以能测量微弱的作用，关键在于它把微弱的作用效果经过了两次放大：一方面使微小的力通过较长的力臂产生较大的力矩，使悬丝产生一定角度的扭转，如图 3-19 所示。试问，另一方面是什么放大，可以把悬丝的微小扭转显现出来？

3. 测绘工具的发明创新进程

实验 5 中的技术、技能学习与练习，主要是掌握一种空间定位的测绘技术。测绘是一门古老又新颖的学科，有着悠久的历史，从上古时期的大禹治水采用绳尺、步弓、矩尺和圭表等进行测量，到今天中国具有独立知识产权的北斗卫星导航系统，测绘工具与技术随着科技发展而不断变革与创新。其间的关键节点有：17 世纪初望远镜的发明，在两片透镜之间设置十字丝，使望远镜能用于精确瞄准，用以改进测量仪器，这可算光学测绘仪器的开端；18 世

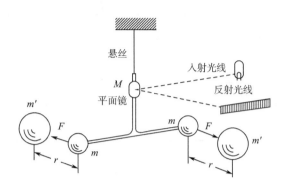

图 3-19　卡文迪许实验示意图

纪中叶，测角用的第一架经纬仪以及水准仪等测绘工具在欧洲被制成和应用，地形测量和以实测资料为基础的地图制图工作也相应得到了发展；20 世纪初，形成比较完备的地面立体摄影测量法；20 世纪 50 年代后，测绘技术又朝电子化和自动化方向发展，各种电磁波测距仪，如雷达等陆续出现和使用；电子计算机的出现使测绘计算的速度加快，而且还改变了测绘仪器和方法，使测绘工作更为简便和精确，例如日常雷达测速、具有电子设备和用电子计算机控制的摄影测量仪器等，促进了解析测图技术的发展；1957 年人类第一颗人造地球卫星发射成功，测绘技术又有了新的飞跃，在测绘学中开辟了卫星大地测量学这一新领域。

就我国而言，特别是北斗二代投入使用后，测绘技术从长期以来用测角、测距、测水准为主体的常规地面定位测绘，到一次性确定三维坐标的高速度、高效率、高精度的卫星定位导航探测，实现了质的飞跃，定位范围从地面和近海扩展到远洋与太空，从静态扩展到动态，定位服务领域从测绘、导航扩展到国民经济建设与国防等广阔领域。北斗卫星导航系统不仅可以向全球免费提供定位精度 10m、测速精度 0.2m/s，授时精度 10ns 的开放服务，同时也可提供更高精度、更可靠的定位、测速、授时和通信服务，精度上不逊于欧美卫星导航系统。2020 年 6 月 23 日，第 55 颗北斗导航卫星（为地球同步卫星）发射成功，我国北斗三号全球卫星导航系统星座部署全面完成，组网成功后，导航精度达到厘米级，只要手持一个北斗终端，就可以走遍天下。

关于北斗导航系统定位原理，感兴趣的同学可登录 https：//www.zhihu.com/question/29552336 做进一步的了解。

实验 6　液体表面张力系数的测定

水洒落在干净的玻璃板上和洒落在荷叶上总是呈现出不同现象，前者是扩展的，后者是收缩的，原因在于液体表面、液体和固体界面间存在着分子之间相互作用，液体跟气体接触的表面存在一个薄层，叫做表面层，表面层里的分子比液体内部稀疏，分子间的距离比液体内部大一些，分子间的相互作用表现为引力或内聚力，称为张力，正是因为这种张力的存在，有些小昆虫才能无拘无束地在水面上行走自如。表面张力描述了液体表层附近分子力的宏观表现，在船舶制造、水利学、化学化工、凝聚态物理中都能找到它的应用。

测量液体（例如水）的表面张力系数有多种方法，如最大炮压法、平板法（也称拉普拉斯法）、毛细管法、焦利氏称法、扭力天平法等。这里只介绍毛细管法。

【实验目的】

① 能掌握用毛细管法测定液体表面张力系数的方法。

② 掌握一种测量微小量的方法。

③ 学会使用读数显微镜。

【预习思考题】

① 读数显微镜读数时需要注意哪些方面?

② 什么是毛细现象?

【实验原理】

1. 表面张力

液体的表面，由于表面层内分子力的作用，存在着一定张力，称为表面张力。表面张力的存在使液体的表面犹如张紧的弹性的薄膜，有收缩的趋势。设想在液面上划一条长为 l 的分界线，表面张力就表现为在直线两旁的液面以一定的拉力相互作用，拉力 F 存在于表面层内，方向恒与直线垂直，大小与线段的长度 l 成正比，即

$$F = \alpha l \tag{3-51}$$

式中，比例系数 α 称为液体的表面张力系数，表示单位长度的直线两旁液面之间的表面张力，单位是 N/m，其大小与液体的成分、纯度以及温度有关，温度升高时，α 值减小。

2. 用毛细管法测水的表面张力系数

在玻璃皿中充适量蒸馏水，将毛细管插入水中，使管与皿底不接触。水对于玻璃是浸润的，水在与玻璃的接触处沿玻璃壁扩展，在玻璃管内（上端）形成一凹面，如图 3-20 所示。

设液体表面是半径为 R 的球面，求出 ΔS 面的附加压力值，割出球面的一个半径为 R 的小部分 ΔS，施于这部分周线上的表面张力处处都和这个球面相切，如图 3-21 所示。线元 ΔL 上的力 Δf 即为

$$\Delta f = \alpha \Delta L \tag{3-52}$$

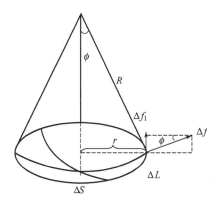

图 3-20　球状液体表面下的附加力

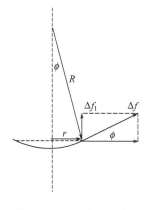

图 3-21　球面的一小部分

既然力和球面相切，它和球面就构成一角度 ϕ，因此就有一分力 Δf_1 沿 R 的径向垂直于 ΔL

$$\Delta f_1 = \Delta f \sin\phi \tag{3-53}$$

代入式(3-52) 得

$$\Delta f_1 = \alpha \Delta L \sin\phi \tag{3-54}$$

$$\sum \Delta L = 2\pi r \tag{3-55}$$

$$\sin\phi = \frac{r}{R} \tag{3-56}$$

$$f_1 = \sum \Delta f_1 \tag{3-57}$$

$$f_1 = \frac{\alpha 2\pi r^2}{R} \tag{3-58}$$

以 πr^2 除 f_1，即得表面张力所引起的压强值 p，即

$$p = \frac{f_1}{\pi r^2} = \frac{2\alpha}{R} \tag{3-59}$$

当毛细管内水柱高为 h 时，有

$$p = \rho g h \tag{3-60}$$

即达到表面张力与差压的平衡，水柱不再升高，则有

$$\rho g h = \frac{2\alpha}{R}$$

即

$$\alpha = \frac{\rho g h R}{2} \tag{3-61}$$

上述公式是在 R 为任意的球形膜表面下导出的，对于一般形状的曲面，例如椭球膜也是适用的。当 $R=r$ 时，式(3-61) 的推导更简单，即 $f_1 = \alpha 2\pi r$，$p = \dfrac{f_1}{\pi r^2} = \rho g h$

则有

$$\alpha = \frac{\rho g h r}{2} \tag{3-62}$$

式中，r 为毛细管内半径；g 为重力加速度；ρ 为液体密度；h 为水槽皿液面至毛细柱顶（空凹面底）的距离（或再加 $r/3$ 的值，因为凹面周围的液体对 p 值也有作用）。若将 r_1、r_2 连通成 U 形管连通器，当 $r_1 < r_2 < 10^{-2}$ m，毛细现象显现时，连通器就不再是水平的，而是有一定的高度差 Δh。由此也可以求出表面张力系数 α。

假设在 U 形管内一水平面满足式(3-62)的条件，则有

$$\alpha = \frac{\rho g h_1 r_1}{2} \tag{3-63}$$

$$\alpha = \frac{\rho g h_2 r_2}{2} \tag{3-64}$$

而

$$h_1 - h_2 = \Delta h \tag{3-65}$$

联立式(3-63)～式(3-65)，即可解得 α（以及 h_1，h_2）

由式(3-63)、式(3-64) 有

$$h_1 r_1 = h_2 r_2 \tag{3-66}$$

将式(3-65) 代入式(3-66)

$$h_1 r_1 = (h_1 - \Delta h) r_2$$

则

$$h_1 = \frac{r_2 \Delta h}{r_2 - r_1} \tag{3-67}$$

将式(3-67) 代入式(3-66) 得

$$h_2 = \frac{r_1 h_1}{r_2} = \frac{r_1 \Delta h}{r_2 - r_1} \tag{3-68}$$

将式(3-67)代入式(3-63)得：

$$\alpha = \frac{\rho g r_2 r_1 \Delta h}{2(r_2 - r_1)} \qquad (3-69)$$

或将式(3-68)代入式(3-64)仍能得出

$$\alpha = \frac{\rho g r_2 r_1 \Delta h}{2(r_2 - r_1)}$$

【实验仪器】

MS-1 型表面张力系数仪（含 $\phi 90$ 玻璃皿一个，见图 3-22），玻璃毛细管 $\phi 0.8\text{mm}$、$\phi 1.0\text{mm}$、$\phi 0.4\text{mm}$，玻棒温度计（100°C），读数显微镜，蒸馏水等各种被测液，U 形玻璃管 $\phi 0.8 \sim 1.8\text{mm}$。

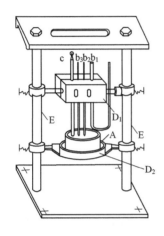

图 3-22　MS-1 表面张力系数仪

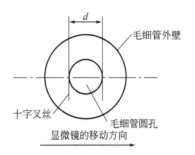

图 3-23　测毛细管直径示意图

【实验步骤】

① 如图 3-22 所示，组装实验仪器。

② 将毛细管固定在水平位置上，如图 3-23 所示，调节读数显微镜，使十字叉丝的横线正好沿着毛细管的直径移动，使叉丝的竖线与毛细管孔的圆周相切。两个切点上的读数之差即为毛细管的内径，$d = |x_1 - x_2|$。在几个不同方位上多测几次，最后取平均值。

③ 在玻璃皿 A 中装入蒸馏水，三根内径不同的毛细玻璃管 b_1、b_2、b_3 以及温度计 c 被上支架 D_1 固定，下支架 D_2 支撑玻璃皿。D_1 在龙门立柱 E 上的高度可调，D_1 可以转动及固定。

④ 从温度计 c 上可以读出液体的温度 t。

⑤ 从读数显微镜可以测出毛细现象液面的高度 h_1、h_2、h_3 和毛细管内直径 d_1、d_2、d_3，于是可以验证毛细恒量 hd 的准确性，即 $h_1 d_1 = h_2 d_2 = h_3 d_3 = hd$。其中 $h = |y_1 - y_2|$，为毛细管液面高度与玻璃皿液面高度的差值。

⑥ 由式(3-62)计算出 α_1、α_2、α_3，并取 $\bar{\alpha} = \frac{1}{3}(\alpha_1 + \alpha_2 + \alpha_3)$ 与公认值相比较。

说明：根据实验室的具体情况，毛细玻璃管数量可以适当减少，实验步骤不变。

【注意事项】

① 用读数显微镜测量时，测微手轮应朝同一方向运动，中途不可倒转，以防止回程差，影响测量精度。

② 实验时要特别注意清洁，毛细玻璃管内有脏物不仅污染液体而且影响 h 值，对表面张力系数 α 的测量影响较大，故需清洗干净。不能用手接触水、毛细管的下半部和玻璃皿的里侧。每次实验后玻璃皿要用酒精擦洗后再用纯净水冲洗好。

③ 毛细管要轻拿轻放，实验结束后要放到回收盒内。

【数据记录与处理】

数据记录在表 3-20 中。

表 3-20   液体表面张力系数测定数据

次数	x_1/mm	x_2/mm	$d=\mid x_1-x_2\mid$	y_1/mm	y_2/mm	$h=\mid y_1-y_2\mid$	$\alpha/(\times 10^{-3}\mathrm{N/m})$
1							
2							
3							

$h_1d_1 : h_2d_2 : h_3d_3 = $ _____

$\alpha_{平均} = $ _____ N/m

$t = $ _____ ℃

$\alpha_{公认} = $ _____ N/m

相对误差 $E_r = $ _____ %

【思考题】

① 毛细管中的水面为何能高出水平面？

② 若毛细管在水面以上的长度小于水在毛细管中可能升高的高度，水是否会源源不断地流出毛细管？

③ 毛细管中液面是弯曲的，液面呈半球状时最佳，若液面形成小于半球，即 $R>r$ 时，附加压力是增大还是减小？测量出的 α 值是偏大还是偏小？

④ 如果将毛细管竖直插入水银槽中，则管内、外液面的高度有什么不同？为什么？

水的表面张力系数见表 3-21。

⑤ 为什么本实验特别强调清洁？

表 3-21   在不同温度下与空气接触的水的表面张力系数

温度/℃	$\alpha/(10^{-3}\mathrm{N/m})$	温度/℃	$\alpha/(10^{-3}\mathrm{N/m})$	温度/℃	$\alpha/(10^{-3}\mathrm{N/m})$
0	75.62	15	73.48	30	71.15
5	74.90	16	73.34	40	69.55
6	74.76	17	73.20	50	67.90
8	74.48	18	73.05	60	66.17
10	74.20	19	72.89	70	64.41
11	74.07	20	72.75	80	62.60
12	73.92	22	72.44	90	60.74
13	73.78	24	72.12		
14	73.64	25	71.96		

水的密度见表3-22。

表 3-22　在 101325Pa 下不同温度的水的密度

温度 $t/℃$	密度 $\rho/(kg/m^3)$	温度 $t/℃$	密度 $\rho/(kg/m^3)$	温度 $t/℃$	密度 $\rho/(kg/m^3)$
0	999.841	17	998.774	34	994.371
1	999.900	18	998.595	35	994.031
2	999.941	19	998.405	36	993.680
3	999.965	20	998.203	37	993.330
4	999.973	21	997.992	38	992.960
5	999.965	22	997.770	39	992.590
6	999.941	23	997.538	40	992.210
7	999.902	24	997.296	41	991.830
8	999.849	25	997.044	42	991.440
9	999.781	26	996.783	50	988.040
10	999.700	27	996.512	60	983.210
11	999.605	28	996.232	70	977.780
12	999.498	29	995.944	80	971.800
13	999.377	30	995.646	90	965.310
14	999.241	31	995.340	100	958.350
15	999.099	32	995.025		
16	998.943	33	994.702		

实验7　落球法测定液体的黏滞系数

流体的黏滞系数又叫内摩擦系数或黏度，是描述流体内摩擦力性质的一个重要物理量。它表征液体反抗形变的能力，只有在液体内存在相对运动时才表现出来。黏滞力的大小与接触面面积以及接触面处的速度梯度成正比，比例系数 η 称为黏度（或黏滞系数）。液体的黏滞系数随着温度升高而减少，气体则反之。因此，测定液体在不同温度的黏度有很大的实际意义，欲准确测量液体的黏度，必须精确控制液体温度。

液体的黏滞系数在流体力学、化学化工、医学、水利工程、材料科学、机械工业及国防建设中都有广泛的应用，例如在用管道输送液体时，要根据流量、压力差、输送距离及液体黏度设计输送管道的口径。

测定液体黏滞系数的方法很多，比如落球法、转筒法、毛细管法，其中落球法适用于测量黏度较高的液体。本实验主要介绍落球法。

【实验目的】
① 学会时间的测量，并正确使用秒表。
② 会用图表法处理数据。
③ 依据斯托克斯定律用落球法测定液体的黏滞系数。

【预习思考题】
① 小球在液体中下落时，什么情况下会做匀速运动？
② 如何计算无限广延下的收尾速度？

【实验原理】

由于液体具有流动性和黏滞性，所以当固体在液体中运动时会受到阻力作用。如一半径为 r 的小圆球在液体中以速度 v 运动时就会受到摩擦力作用，附着在小球表面的液体相对于小球为静止的，并随着小球以相同的速度运动，这一层液体和邻层液体之间就有内摩擦力作用。

当半径为 r 的小球在黏滞系数为 η 的液体中运动时，在运动速度不太大时，小球所受到的阻力与速度的关系为

$$F = 6\pi\eta rv \tag{3-70}$$

它说明物体在液体中运动时所受的阻力与其速度成正比，这一关系式为斯托克斯公式。式中，η 为液体的黏滞系数，它是黏滞性的度量。在厘米·克·秒制中，其单位为 g/（cm·s）[克/（厘米·秒）]，称为 P（泊），其值与液体种类有关，与温度有密切关系。对液体来说 η 值随温度的升高而减少。

小球在液体中下落时受三个力作用：重力向下，即 $(4\pi r^3/3)\rho_0 g$；浮力向上，即 $-(4\pi r^3/3)\rho g$；阻力向上，即 $-F$，阻力随小球速度的增加而增加。但当小球下落速度达到一定大时，三力之和为零，于是小球以 v_0 匀速下落，即

$$4\pi r^3\rho_0 g/3 - 4\pi r^3\rho g/3 - F = 0 \tag{3-71}$$

式中，ρ_0 为小球密度；ρ 为所测液体的密度，此两数值由实验室给出；g 为当地重力加速度；$4\pi r^3/3$ 为小球体积。

由式（3-70）和式（3-71）可得

$$\eta = \frac{2}{9} \times \frac{(\rho_0 - \rho)gr^2}{v_0} \tag{3-72}$$

或

$$\eta = \frac{(\rho_0 - \rho)gd^2}{18v_0} \tag{3-73}$$

式中，d 为小球直径，式（3-72）只有在无限广延的液体中才适合。

由式（3-72）可知，要测得 η，关键是要测得 v_0，但是无限广延的条件在实验室无法实现，因此本实验是采用多管法，即用一组不同直径的管子安装在同一水平底板上，如图3-24所示，每个管上的 A、B 两刻度线均相等，其间距用 S 表示，上刻度线 A 距液面有适当的距离，以至当小球下落经过 A 刻度时可认为已做匀速运动。依次测出同一小球通过各管中 S 所需的时间 t，若各管的直径用一组 D 表示，

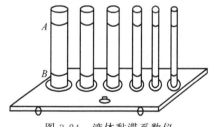

图 3-24　液体黏滞系数仪

则大量的实验数据和用线性拟合进行数据处理表明，t 与 d/D 呈线性关系。以 t 为纵轴，以 d/D 为横轴，根据实验数据作出直线，延长该直线与纵轴相交，其截距为 t_0，t_0 就是当 $D\to\infty$ 时，即在无限广延的液体中小球匀速下落通过距离 S 所需的时间。即无限广延条件下的收尾速度为

$$v_0 = S/t_0 \tag{3-74}$$

式中，S、ρ_0、g 的数值由实验室给出，求出 v_0 便可以算出 η 值。

【实验仪器】

液体黏滞系数仪，小钢球若干粒（直径 1mm 左右），秒表及待测液体蓖麻油。

液体黏滞系数仪由六只不同内径 D（5.00cm、4.00cm、3.40cm、2.40cm、1.90cm、

1.40cm 左右）的圆柱形玻璃管子组成，分别固定在铝合金底板上。各管子的轴线与底板垂直，底板上的水准泡指示仪器水平状态，由底板下部的三只有机玻璃螺丝调节。每只管子刻有相距一定距离的 A、B 两刻度线。上端的 A 刻线为小球通过时开始计时的刻度，下端的 B 刻线为小球终止时的刻度。实验结束后用有机玻璃板盖在管口上面。

【实验步骤】

① 调节实验装置的底板使其水平。

② 用镊子夹起小钢球，依次从各管子上端中心处放入，放入时尽量接近液体表面，并使其从静止开始下落。用秒表记下小钢球在管子中 A、B 刻线间下落的时间 t。

③ 以 t 为纵轴，以 d/D 为横轴，根据实验数据作出直线，采用线性拟合法处理数据，用作图外延法求 t_0、v_0、η。

④ 实验结束后要及时用磁铁把小球吸上来，用干净的面纸擦拭后放回原处。

【注意事项】

① 小球要从管子轴线位置放入，放入时尽量接近液体表面。

② 放入小球与测量其下落时间时，眼与手要配合一致。

③ 管子内的液体应无气泡，小球表面应光滑无油污。

【数据记录与处理】

实验室给定的数值　小钢球密度 $\rho_0 \approx 7.8\text{g/cm}^3$

蓖麻油的密度 $\rho \approx 0.962\text{g/cm}^3$

小球直径 $d = $ _____ cm

A、B 间距离 $\overline{S} = $ _____ cm

通过刻线 A、B 间的时间记录在表 3-23 中。

表 3-23　测通过刻线 A、B 间的时间

D/cm		5.00	4.00	3.40	2.40	1.90	1.40
d/D							
t/s	1						
	2						
	3						
	平均						

根据 d/D-t 图测得的 $t_0 = $ _____ s

$v_0 = $ _____ cm/s

$\eta = $ _____ g/(cm·s)

【思考题】

① 为什么尽可能使小球下落位置在液柱中心？

② 为什么选用小直径的球体和黏滞系数较大的液体进行实验，可以减少实验误差？

附表：蓖麻油的动力黏度（见表 3-24）

表 3-24　蓖麻油的动力黏度

温度/℃	0	10.00	15.00	20.00	25.00	30.00	35.00	40.00
黏度/P	53.00	24.18	15.14	9.50	6.21	4.51	3.12	2.31

注：1P(泊)=0.1Pa·s。

【创新实践】液体黏度测量仪 （专利号：ZL201120204125.8，ZL201220329817.X，ZL201210539316.9）

采用传统实验仪器测量流体黏度，看似简单，但其操作过程并不轻松，且精度不高，小球释放位置难把控，从管底回收小球较费时，人工测量计时误差大，光电计时小球捕捉率低，同时实验受温度影响较大，室温不恒定会导致测量数据失去线性关系。为实现精准测量，同时减小实验操作难度，创新设计一种液体黏度测量仪，并数次加以改进，其结构示意图如图 3-25 所示。

专利 ZL201120204125.8 采用软磁铁芯 3 穿过固定在框架横梁上的线圈，插入引导器 6 吸附、释放钢球 5，以解决钢球 5 释放位置把控难的问题；在量筒内底设置钢球收集槽 11，解决钢球 5 回收费时问题。

专利 ZL201220329817.X 是在专利 ZL201120204125.8 的基础上，采用双层中空玻璃量筒 9，克服传统液体黏度测量仪受环境温度影响，在引导器 6 外边缘系悬线及重锤 12，解决量筒纵向轴线与底座平面不垂直的问题。

专利 ZL201210539316.9 在专利 ZL201220329817.X 的基础上，采用在偏离软磁铁芯 3 轴线 $\sqrt{2}/2$ 倍的钢球 5 半径处，开纵向小孔 2，激光指示器 1 置于小孔 2 顶部。软磁铁芯 3 下端装平凹透明薄

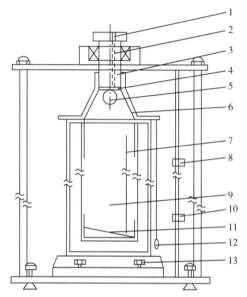

图 3-25 液体黏度测量仪结构示意图

片 4，薄片 4 平面紧贴软磁铁芯 3 下端，凹面向下，凹面顶点在软磁铁芯 3 纵轴线上，光电管 8 和 10 沿标尺安装，并外接电脑计时器，解决了时间测量不精准、钢球难以捕捉的问题。

实验时，通过调节三颗调垂直螺钉 13 实现垂线 12 和标线 7 重合。线圈断电后小球可沿双层中空玻璃量筒 9 中心轴线下落，在下落过程中，激光指示器 1 发射出的光束打到小球后水平射出，先后被光电管 8 和 10 接收，实现光电计时。平凹透明薄片 4 有扩展光束的作用，以提高光电管 8 和 10 的捕捉率。

多次改进后的液体黏度测量仪解决了钢球的难释放和难取出问题，提高了时间测量的准确度，减少了待测液体受测量环境温度影响，确保量筒纵向轴线竖直，减小了测量误差，提高了测量精度，操作简单。

液体黏度测量仪详细说明，可登录国家知识产权局专利检索及分析查询网 http://passsystem. cnipa. gov. cn/，分别对专利 ZL201120204125.8、ZL201220329817.X、ZL201210539316.9 进行查询。

实验 8 示波器的使用

示波器应用广泛，它的最大特点是能把看不见的电信号变换成看得见的图像，便于人们

研究各种电现象的变化过程。就模拟示波器而言，是利用电场产生高速电子束，在电磁场的作用下打在涂有荧光物质的屏面上，产生细小的光点，在被测信号的作用下，电子束就好像是一支笔，在屏面上描绘出被测信号随时间变化的曲线，因而可以测试电压、电流的幅值和频率，比较两个信号之间的相位等。

在电子测量仪器发展史中，示波器是影响最大、用途最广、生产品种最多的仪器，配上适当的非电量换能器后能测量和显示几乎一切物理量和动态过程。随着晶体管、集成组件、超小型元器件和液晶显示器的出现，不仅是模拟示波器的性能和结构有了显著的改进，数字示波器的应用也日渐广泛。

【实验目的】
① 了解示波器的结构和工作原理。
② 掌握示波器的基本操作方法。
③ 利用示波器观察李萨如图形，学会一种测量简谐振动频率的方法。

【预习思考题】
① 时间/度开关旋钮和时间/度微调旋钮在示波器的什么位置？各有什么作用？
② 什么是李萨如图形？

【实验原理】

1. 示波管的结构和工作原理

示波管的结构示意图如图 3-26 所示。在灯丝 HH 中通以一定的电流将阴极 K 加热，阴极 K 就有电子发射出来，这些电子穿过控制栅极 G，在加速区（A_1、A_2、A_3）聚焦、加速后，飞向荧光屏，使屏上的荧光物质发光而形成亮点。调节阳极 A_2 的电压，可以改变 A_2 与 A_1、A_3 之间的电场，以改变电子束的收缩程度，从而控制荧光屏上光点直径的大小，这个过程称为聚焦。

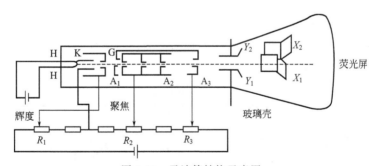

图 3-26　示波管结构示意图

H—钨丝加热电极；K—阴极；G—控制栅极；A_1，A_2，A_3—阳极；Y_1、Y_2—垂直偏转板；X_1、X_2—水平偏转板

为了控制荧光屏上亮点的位置，示波管内装有两对相互垂直的偏转板，即 X 轴（X_1、X_2）偏转板和 Y 轴（Y_1、Y_2）偏转板。如果在偏转板上加有电压，电子束通过偏转板时将受电场力的作用而发生偏转，荧光屏上亮点的位置也随之改变。

如图 3-27（a）所示，如果在 X 轴偏转板上加一锯齿波电压（Y 轴偏转板上不加任何电压），这时荧光屏上的亮点由 A 匀速地向 B 移动，到 B 后又马上返回 A，并不断重复这一过程。把电子射线沿 X 轴方向从左到右做匀速移动的过程称为扫描。由于荧光材料具有一定的余辉时间，于是在荧光屏上呈现出一条水平的扫描亮线。

此时再在 Y 轴偏转板上加一正弦交流信号电压，如图 3-27（b）所示，则电子束不仅受到水平场力的作用，而且还受到竖直方向的电场力的作用。若正弦交流信号电压与

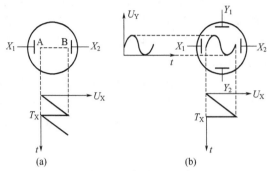

图 3-27　扫描原理图

锯齿波电压的周期完全相同，或者后者是前者的整数倍，则荧光屏上可显示出一个或整数个完整的正弦波波形。由此可见，在 X 轴偏转板上加一锯齿波电压的情况下，示波管荧光屏上所显示的波形就是加在 Y 轴偏转板上的待测信号的波形，这就是示波器显示波形的基本原理。

为了观测幅度不同的信号，示波器内设有放大和衰减系统。对输入的小信号进行放大；对输入的大信号进行衰减，以便在荧光屏上显示出适中的波形。

2. 李萨如图形

如果示波器的 X、Y 轴同时输入的都是正弦交流信号，荧光屏上亮点的轨迹将是两个相互垂直的简谐振动合成的结果。当两个正弦交流信号的频率相等或成简单整数比时，亮点的轨迹为一稳定的曲线，这种图形称为李萨如图形，如表 3-25 所示。

李萨如图形的形状与 X、Y 轴输入的正弦交流信号的频率之间有一个简单的关系式，即

$$\frac{f_Y}{f_X} = \frac{N_X}{N_Y} \tag{3-75}$$

式中，f_X、f_Y 分别为 X、Y 轴输入的两个正弦交流信号电压的频率；N_X、N_Y 分别为 X、Y 轴线对李萨如图形的切点数。利用李萨如图形的这一特征，就可用已知信号电压的频率（如 f_Y）测量未知信号电压的频率（如 f_X）。

表 3-25　李萨如图形

$f_Y : f_X$	1 : 1	1 : 2	1 : 3	2 : 3	2 : 1
李萨如图形					
N_X	1	1	1	2	2
N_Y	1	2	3	3	1
$N_Y : N_X$	1 : 1	2 : 1	3 : 1	3 : 2	1 : 2

【实验仪器】

1. XJ 4317 型二踪示波器

XJ 4317 型二踪示波器如图 3-28。

（1）电源开关（POWER）　用于接通和关断仪器的电源，按入为接通。

（2）电源指示灯　发光二极管，当仪器电源接通时发亮。

（3）亮度控制（INTEN）　用于调节扫描光迹的亮度。

（4）聚焦控制（FOCUS） 用于调节显示光迹的清晰度至最佳。

（5）光迹旋转控制（TRACE ROTATION） 用于调节光迹和示波管坐标水平刻度线平行。

（6）探极校准信号连接器 它提供幅度约为 0.2V，频率约 1kHz 的方波电压。

（7）水平位移控制（POSITION） 用于调节扫描的水平移位。

（8）触发电平控制（LEVEL） 控制扫描起点在触发信号幅度上被触发一点的位置。

（9）扫速扩展控制 最快速度可扩展到每度 20ns。

（10）触发极性选择开关 正（＋）：扫描从触发信号的正斜率触发；负（－）：扫描从触发信号的负斜率触发。

（11）触发方式选择（TRIGGER） 自动（AUTO）；常态（NORM）。

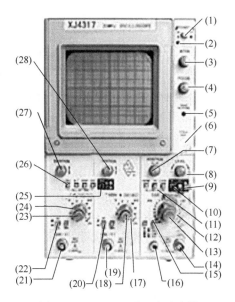

图 3-28 XJ 4317 型二踪示波器

（12）时间/度开关（t/div） 用来选择扫描速度，为 1-2-5 进制。顺时针旋足为 X-Y 工作方式，通道 1 输入信号为外 X 信号，送至水平放大器输入端，通道 2 输入信号作为垂直信号输入垂直放大器。

（13）时间/度微调（VARIABLE） 用于控制连续可变不校准时基速率，顺时针旋足为校准位置（CAL）。

（14）外触发输入连接器（EXT TRIG INPUT） 提供连接外信号到触发电路。

（15）触发源选择开关 市电（LINE）；内（INT）；外（EXT）。

（16）接地连接器 提供仪器底板接地与外界的连接。

（17）通道 2 电压/度开关（CH2 V/div） 以 1-2-5 进制选择垂直偏转系数。

（18）通道 2 电压/度微调控制器（VARIABLE） 用于控制连续可变不校准偏转系数，变化范围在电压/度挡级之间，顺时针旋足为校准位置（CAL）。

（19）通道 2 或 Y 输入连接器（CH2 OR Y） 用于外信号输入到垂直通道 2 的输入端。

（20）通道 2 输入耦合开关。

（21）通道 1 或 X 输入连接器（CH1 OR X） 用于外信号输入到垂直通道 1 的输入端。

（22）通道 1 输入耦合开关。

（23）通道 1 电压/度微调控制器（VARIABLE）。

（24）通道 1 电压/度开关（CH1 V/div） 以 1-2-5 进制选择垂直或水平偏转系数。

（25）通道 2 极性选择开关（INVERT） 按钮弹出，通道 2 正相，按钮压入，通道 2 倒相。

（26）垂直方式选择开关（VERTICAL MODE）。

（27）通道 1 位移控制（POSITION） 用于调节通道 1 显示光迹的垂直位置。

（28）通道 2 位移控制（POSITION） 用于调节通道 2 显示光迹的垂直位置。

2. 信号发生器

AS101E 型函数信号发生器如图 3-29。

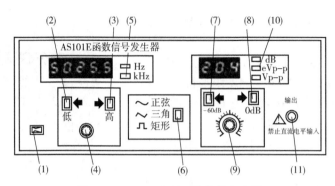

图 3-29 AS101E 型函数信号发生器

（1）电源开关。

（2）频段递减选择按键　每按一次按键，转换至较低频率。

（3）频段递增轻触按键　每按一次按键，转换至较高频率。

（4）频率调节旋钮　先选择好频段后，再调节频率调谐即可得到所需频率。

（5）频率单位显示　五位数码管显示，频率单位为 Hz、kHz。

（6）函数波形选择按键　每按一次，转换一个波形。

（7）输出幅度固定衰减器衰减递增选择按键　每按一次，增加衰减量 20dB。

（8）输出幅度固定衰减器衰减递减选择按键　每按一次，减小衰减量 20dB。

（9）输出幅度调节　该旋钮按顺时针方向旋转，输出幅度加大，反之减少，总的调节幅度为 20dB。

（10）输出幅度显示　三位数码管显示输出幅度峰峰值或 dB 值。

（11）信号输出端　由此输出，输出阻抗 50Ω。

【实验步骤】

1. 检查示波器的工作情况

① 将部分旋钮和开关预先选好挡位，做好通电前的准备工作。

② 接通电源，指示灯亮。等待数秒后，荧光屏上就会出现一条绿色的亮线。此时就可以检查下列各旋钮的作用。

旋转"亮度控制"旋钮，观察扫描亮线的亮度是否变化，并使亮度适中。

转动"聚焦控制"旋钮，将扫描亮线聚成一条边缘清晰的精细亮线。

分别转动"通道 1 位移控制"和"通道 2 位移控制"旋钮，扫描线应能左右和上下移动。将扫描亮线调至荧光屏的中间部位。

③ 检查探极校准信号。

输出波形：矩形波。

电压幅度：约 $0.2V_{P-P}$。

频率：约 1kHz。

2. 观察信号波形

① 打开信号发生器预热 15min，进入稳定工作状态。了解各部分旋钮作用。

② 用导线将信号发生器"正弦波"和示波器"通道 1 或 X 输入连接器"相连，调节观察波形，并记录于表 3-26。

③ 用导线将信号发生器"三角波"和示波器"通道 1 或 X 输入连接器"相连，调节观察波形，并记录于表 3-26。

④ 用导线将信号发生器"方波"和示波器"通道 1 或 X 输入连接器"相连，调节观察波形，并记录于表 3-26。

3. 观察李萨如图形

① 调节出"正弦波"波形。

② 时间/度开关顺时针旋到 X-Y 位置。

③ 用导线将示波器的"通道 2 或 Y 输入连接器"和信号发生器背后的"100Hz 输出端"连接。

④ 调节不同频率比的李萨如图形，并记录于表 3-27。

【注意事项】

① 为了保护荧光屏不被灼伤，使用示波器时，光点亮度不能太强，而且也不能让光点长时间停在荧光屏的同一点上。

② 实验过程中，如果短时间不使用示波器，可将"亮度控制"旋钮逆时针旋至尽头，使光点消失。不要经常通断示波器，以免缩短示波器的使用寿命。

③ 在实验时，应先打开示波器的开关，再打开信号发生器的开关；做完实验后，应先关闭信号发生器的开关，再关闭示波器的开关，以免损坏仪器。

【数据记录与处理】

数据记录在表 3-26、表 3-27 中。

表 3-26　信号波形图

信　号	波　形　图
正弦波	
方波	
三角波	

表 3-27　不同频率比的李萨如图形

频率比 $f_Y : f_X$	f_Y/Hz	f_X/Hz		李萨如图形
		理论值	读数值	
1 : 1	100			
1 : 2	100			
1 : 3	100			
2 : 3	100			
2 : 1	100			

【思考题】

① 示波器上图形不断向右跑，扫描频率是偏高还是偏低？

② 观察李萨如图形时，能否用示波器的"整步"调节将图形稳定下来？

实验 9　用电桥测低电阻

电阻器的应用极其广泛，它的主要物理特征是变电能为热能，在电路中起控制和改变电路参数的作用。通常来说，使用万用表可以粗略测量电阻阻值，并很容易判断出电阻的好坏。电阻可用来分压、分流（限流），它与电容一起可以组成滤波器及延时电路，它和电感、电容可组成振荡电路；对信号来说，交流与直流信号都可以通过电阻，所以，在电子电路中用偏置电阻来确定工作点，进行电路的阻抗匹配等。在工程中，常需要精确测量金属材料的电阻率以及电机、变压器绕组的电阻和低阻值线圈电阻。

电桥在电磁测量中有着广泛的应用。电桥可以测量电阻、电容、电感、温度、频率及压力等许多物理量。采用直流电桥测量中低电阻比较简便而精确。

实验 9- I　单臂电桥测电阻

【实验目的】

① 了解单臂电桥的原理及桥式电路的特点。

② 学习自组单臂电桥测电阻的方法。

③ 初步掌握箱式电桥的使用方法。

【预习思考题】

① 什么叫电桥平衡？电桥平衡的条件是什么？

② 如何用自组直流电桥测未知电阻？

③ 怎样用直流箱式电桥测未知电阻？

【实验原理】

直流单臂电桥又称惠斯通电桥，其原理电路如图3-30。图中四个电阻 R_1、R_2、R_x 和 R 组成电桥的四个臂。在对角线 A 和 C 之间接入电源 E，在另一条对角线 B 和 D 之间用检流计 G 搭桥连接，用于直接比较桥的两端 B、D 的电位。调节 R 使 B 点和 D 点的电位相等，则 $U_{BD}=0$，使得检流计的指针指零，电桥达到平衡。此时有

$$I_1 R_1 = I_2 R_2 \tag{3-76}$$

$$I_1 R = I_2 R_x \tag{3-77}$$

两式相除得 $\quad \dfrac{R}{R_1}=\dfrac{R_x}{R_2} \Rightarrow R_x=\dfrac{R_2}{R_1}R \tag{3-78}$

通常称 R_1、R_2 为比率臂，R 为比较臂，R_x 为未知电阻。令 $\beta=\dfrac{R_2}{R_1}$ 称为比率。由式(3-78)可知，只要知道比率及 R 的阻值，即可算出 R_x 的电阻值。

电桥法测电阻比伏安法测电阻误差小，其误差主要来自两个方面。一是桥臂电阻带来的误差。由于电桥存在着接线电阻、接触电阻、漏电阻和接触电位差等，将给测量结果带来误差，因此直流单臂电桥不适宜测阻值过小（小于 1Ω），而适合测量中等阻值（10～10^5 Ω）的电阻，对这类电阻上述原因对测量结果的影响可以忽略不计。二是电桥灵敏度带来的误差。平衡条件式(3-76)的成立，依赖于检流计指零的判断。由于判断时存在着视差，因而给测量结果引进一定的误差。这个影响的大小取决于电桥的灵敏度。所谓电桥的灵敏度是这样定义的，在已经平衡的电桥里，当调节 R 变动 ΔR 时，检流计的指针离开平衡时位置 Δd

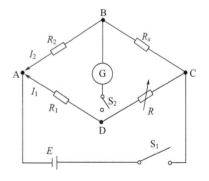

图 3-30　直流单臂电桥原理图

格，则定义电桥灵敏度 S（格/Ω）为

$$S = \frac{\Delta d}{\Delta R} \tag{3-79}$$

S 表示改变单位电阻时，检流计指针偏转的格数。S 愈大，表示电桥愈灵敏，测量的精度就愈高。提高检流计的灵敏度和适当加大电桥的工作电压（或电流），均有利于提高电桥的灵敏度。

【实验仪器】

三个电阻箱，滑线变阻器，指针式检流计，直流稳压电源，多用表，开关，直流单臂箱式电桥，导线。

QJ-24 直流单臂箱式电桥的电路原理如图 3-31 所示，面板图如图 3-32 所示。对电桥各部件的功能和使用方法作如下说明。

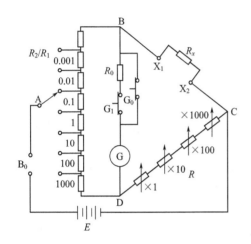

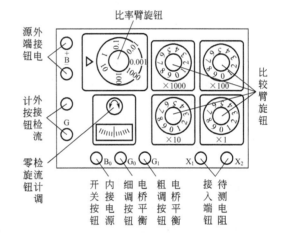

图 3-31 QJ-24 直流单臂箱式电桥电路原理图　　　图 3-32 QJ-24 直流单臂箱式电桥面板

（1）比率臂　相当于图 3-30 的 R_2 和 R_1，由 8 个精密电阻组成，总阻值 1kΩ，度盘示值 $\beta = \dfrac{R_2}{R_1}$（比率）分为 0.001、0.01、0.1、1、10、100、1000 七挡。

（2）比较臂　比较臂由四个十进位电阻器盘组成，最大阻值为 9999Ω，最小步进值为 1Ω。调节 β 和比较臂电阻 R，使电桥平衡，则待测电阻 R_x 的阻值为

$$R_x = \beta R \tag{3-80}$$

（3）X_1 和 X_2　X_1 和 X_2 为待测电阻 R_x 的接入端。

（4）G　外接检流计端钮。

（5）B_0 和 B　B_0 为内接电源开关按钮，仪器内装有 4.5V 电源 。B 为外接电源端钮，使用外接电源时，应先接"—"极。外接高灵敏度的检流计和大于 4.5V 的电源都可以提高电桥的灵敏度。

（6）检流计　用于指示电桥平衡。测量前应预先调好零位。G_1 是电桥平衡粗调按钮，此时有限流电阻 R_0 与检流计串联。粗调平衡后，再按下细调按钮 G_0 进行调节。

应当注意，在用电桥测电阻前，应先用多用表测电阻的阻值，然后选取合适的比率（使 R 有四位有效数字），并将比较臂的旋钮旋到适当位置上。以避免因电桥远离平衡状态而使通过检流计的电流太大而烧坏检流计或使检流计指针折断。

【实验步骤】

1. 用自组直流单臂电桥测电阻

① 按图 3-33 布置好实验仪器。图中 R_1、R_2 和 R 为电阻箱；R_0 为滑线变阻器，开始时变阻器的电阻值调到最大，直流电源的输出电压选择 4~6V。

② 照图 3-33 接好电路。先用多用表粗测待测电阻 R_x 的阻值。根据 R_x 的粗测值，选择合适的比率 β 和比较臂电阻 R 的近似值。

③ 闭合开关 S_1，断开开关 S_2，粗调比较臂 R 的阻值，使电桥达到平衡，并在调整过程中逐渐减小限流电阻 R_0，反复调整，使之达到平衡。

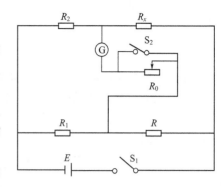

图 3-33 自组直流单臂电桥电路图

④ 闭合开关 S_2，细调 R 的阻值，使电桥达到平衡，记下 R 的阻值。

⑤ 由式(3-78)计算出 R_x。

⑥ 重复步骤②、③、④、⑤，测量另外两只电阻的阻值，并将测量结果填入表 3-28。

2. 用直流单臂箱式电桥测电阻

① 放平电桥，调节检流计调零旋钮，使其指针指零。

② 用多用表测量未知电阻 R_x 的阻值，然后将 R_x 接入 X_1 和 X_2 端钮之间。

③ 根据 R_x 的粗测值，选用合适的比率（使测量结果的有效数字尽可能多），并将比较臂的旋钮旋到适当的位置上。

④ 将 B_0 按下并锁住，用跃接法按下 G_1，用逐步逼近法调节比较臂 R，使电桥平衡。松开 G_1，再按下 G_0，细调 R 使电桥再次达到平衡。记录 R 的阻值。

⑤ 由式(3-80)算出 R_x 的值。

⑥ 重复步骤②、③、④、⑤，测量另外两只电阻的阻值，并将测量结果填入表 3-29。

⑦ 测量完毕，将 G_0 和 B_0 按钮放松。

【注意事项】

① 在用自组电桥测电阻时，选取电源电压要防止流过电阻箱的电流超过载流能力。

② 由于检流计十分灵敏，不允许通过较大电流，因此在测量时要特别注意以下问题：一是待测电阻要先粗测；二是在调节电桥平衡时，若检流计指针偏转到两个端点位置，切忌长时间按住 B_0 和 G_0（或 B_0 和 G_1）两个按钮调节比较臂 R，以避免烧坏检流计。待测电阻未接入电桥前，严禁按下 B_0 和 G_0（或 B_0 和 G_1）按钮，否则也会损坏检流计。

③ 不能用箱式电桥测量带电线路或带电元件。

【数据记录与处理】

数据记录在表 3-28、表 3-29 中。

表 3-28　用自组直流单臂电桥测电阻

待测电阻	多用表粗测值/Ω	R_2/Ω	R_1/Ω	β	R/Ω	R_x/Ω
R_{x1}						
R_{x2}						
R_{x3}						

表 3-29　用直流单臂箱式电桥测电阻

待测电阻	多用表粗测值/Ω	β	R/Ω	R_x/Ω
R_{x_1}				
R_{x_2}				
R_{x_3}				

【思考题】

① 电桥灵敏度的高低对测量有何影响？

② 自组电桥测电阻时，开关 S_2 的作用是什么？滑线电阻 R_0 起什么作用？在测量过程中它将如何变化？

③ 用直流单臂箱式电桥测电阻时，为什么要用跃接法按 G_1、G_0 按钮？操作按钮 B_0、G_0 和 G_1 的顺序是什么？

实验 9-Ⅱ　双臂电桥测低电阻

【实验目的】

① 掌握双臂电桥测低电阻的原理和方法。

② 会用双臂电桥测量导体的电阻率。

【预习思考题】

① 双臂电桥为什么能测量低值电阻？

② QJ-44 型直流双臂电桥的按钮 B、G 应如何使用？

③ 用 QJ-44 型直流双臂电桥测量电感性电路时，按钮 B、G 又应如何操作？

【实验原理】

1. QJ-44 型直流双臂电桥

用惠斯通电桥测量中等阻值的电阻时，可以忽略导线本身的电阻和接点处的接触电阻（即附加电阻，一般约为 $10^{-3}\Omega$）的影响，但是如果用它来测量金属电导率、电机和变压器中线圈的低电阻（$10^{-4}\sim11\Omega$），就不可能再得到较为精确的测量结果。QJ-44 型直流双臂电桥是一种测量低电阻的常用仪器，是对惠斯通电桥加以改进而形成的直流双臂电桥（又称为开尔文电桥），它的适用范围在 $10^{-5}\sim11\Omega$ 之间，其原理如图 3-34 所示。图 3-34 与图 3-30 相比，主要变化是在惠斯通电桥基础上增加了两个电阻 R_3、R_4，组成一个新的电阻比率臂，并使 R_3、R_4 分别与原有比率臂中的 R_1、R_2 做同步的增、减变化。当电桥平衡时，可以消除连接 R_x 与 R_S 的附加电阻 r 对 R_x 测量的影响。这种双比率臂电桥称为双臂电桥。在图 3-34 中 R_x（或 R_S）都有四个接线端，这种接线方式称为四端电阻。图 3-34 中标出的 r_1、r_2、r_3、r_4、r 为支路上的附加电阻。

在图 3-34 中，当 $I_G=0$ 时，$U_D=U_{B_1}$，此时电桥处于平衡状态，根据电压回路方程可知 $U_{P_1P_2B_1}=U_{P_1D}$，$U_{B_1B_2D_1}=U_{DD_1}$。

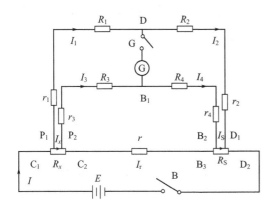

图 3-34　QJ-44 型直流双臂电桥的工作原理

$$I_1 = I_2, I_3 = I_4, I_x = I_S, I_r = I_x - I_3$$

$$\left.\begin{array}{l} R_x I_x + I_3(r_3 + R_3) = I_1(r_1 + R_1) \\ I_S R_S + I_4(r_4 + R_4) = I_2(r_2 + R_2) \\ I_3(r_3 + R_3) + I_4(r_4 + R_4) = I_r r \end{array}\right\} \tag{3-81}$$

由于 R_1、R_2、R_3、R_4 的阻值都足够大，即有 $r_1 \ll R_1$，$r_2 \ll R_2$，$r_3 \ll R_3$，$r_4 \ll R_4$，因此附加电阻对 R_1、R_2、R_3、R_4 影响可以完全忽略不计。

整理以上方程得

$$\left.\begin{array}{l} I_x R_x + I_3 R_3 = I_1 R_1 \\ I_x R_S + I_3 R_4 = I_1 R_2 \\ I_3(R_3 + R_4) = (I_x - I_3)r \end{array}\right\} \tag{3-82}$$

联立求得

$$R_x = \frac{R_1}{R_2} R_S + \frac{R_4 r}{R_3 + R_4 + r}\left(\frac{R_1}{R_2} - \frac{R_3}{R_4}\right) \tag{3-83}$$

从式（3-82）第二项中可以看出，只需满足 $\dfrac{R_1}{R_2} = \dfrac{R_3}{R_4}$ 的条件，第二项就可等于零，则连接 R_x 与 R_S 电路中的附加电阻 r 对 R_x 测量的影响就被消除。通常将电桥做成一种特殊结构，即两对比率臂采用双十进制电阻箱，这种电阻箱把两个相同的十进制电阻 R_1、R_3（R_2、R_4）的转臂连接在同一转轴上，使得在任何位置都满足 $R_1 = R_3$、$R_2 = R_4$，即条件 $\dfrac{R_1}{R_2} = \dfrac{R_3}{R_4}$ 满足。$\dfrac{R_1}{R_2}\left(\text{或} \dfrac{R_3}{R_4}\right)$ 称为比率臂的倍率，$R_S = $ 步进读数＋滑线盘读数。

式（3-82）可改为

$$R_x = \frac{R_1}{R_2} R_S \tag{3-84}$$

$$\text{电阻值 } R_x = \text{倍率读数} \times (\text{步进读数＋滑线盘读数}) \tag{3-85}$$

2. 测量导体的电阻率

一段导体的电阻与该导体材料的物理性质有关，与它的几何形状有关。实验指出，导体的电阻与导体长度 l 成正比，与其横截面面积 S 成反比。即

$$R_x = \rho \frac{l}{S} \tag{3-86}$$

式中，比例系数 ρ 就是导体的电阻率。它的大小表示导电材料的性质，可按下式求得

$$\rho = R_x \frac{S}{l} = R_x \frac{\pi d^2}{4l} \tag{3-87}$$

式中，d 为圆形导体的直径。

【实验仪器】

QJ-44 型直流双臂电桥，R_x 型四端金属电阻器，游标卡尺或千分尺。

QJ-44 型直流双臂电桥板面如图 3-35 所示。图中，$G_{外}$ 是外接指零仪插座端钮，C_1、C_2 是被测电阻的电流端接线端钮，P_1、P_2 是被测电阻的电压端接线端钮，B 是工作电源按钮，G 是指零仪按钮，S_1 是晶体管检流计放大电路的工作电源开关。电桥的工作电源电压为 1.5V（外接电源提供的电压应在 1.5～2V 之间）。晶体管检流计放大电路的工作电源电压为 9V（6F22 型的 9V 积层电池）。电路图中其他各部分都可与面板图上的部件一一对应。

QJ-44 型直流双臂电桥的测量分为五个有效量程，其中准确度等级 $a = 0.2$ 的，有 1～

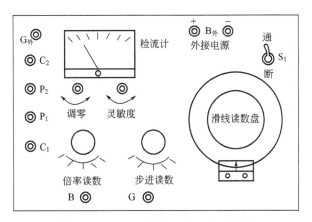

图 3-35 QJ-44 型直流双臂电桥板面图

11Ω、$0.1\sim1.1\Omega$、$0.01\sim0.11\Omega$ 三个量程；$a=0.5$ 的，有 $0.001\sim0.011\Omega$ 量程；$a=1$ 的，有 $0.00001\sim0.0011\Omega$ 量程。使用的温度范围为 $5\sim45℃$。电桥在环境温度为 $(20\pm1.5)℃$，相对湿度在 $25\%\sim80\%$ 的条件下，各量程的允许误差极限为 $|\Delta|=a\%\cdot R_{max}$，式中 R_{max} 是电桥在某量程中的满刻度读数。桥路中的电流放大器和检流计相连，组成了高灵敏度检流计，检流计的灵敏度可通过调节灵敏度旋钮改变。因此，在 $0.01\sim11\Omega$ 的测量范围内，在额定的电压下，当被测量电阻变化允许一个极限误差时，检流计指针偏离零位不小于 1 格，能满足测量准确度的要求。

【实验步骤】

① 将待测金属棒插入 R_X 型四端金属电阻器的螺孔内，然后旋紧压紧螺钉，将 I、U、U、I 四个接线端钮分别与 QJ-44 型双臂电桥上的 C_1、P_1、P_2、C_2 四个接线端钮相连。

② 在 QJ-44 型双臂电桥外壳底部的电池盒内，装入 1.5V 1 号电池（R20）4～6 节并联使用，和 6F22 型的 9V 积层电池 2～3 节并联使用。若使用外接直流 1.5～2V 的工作电源，应预先把电池盒中的 1.5V 电池（R20）全部取出。打开晶体管检流计放大电路的工作电源开关 S_1，预热 5min。

③ 将灵敏度旋钮沿逆时针方向旋到最小，调节调零电位器，使得检流计指针指在零位上。估计被测电阻阻值的大小，选择适当的倍率。先按下 B，再按下 G，调节"步进读数"与滑线读数盘，使电桥达到平衡。然后适当提高灵敏度，并随即调节电桥再次平衡。按照下式：

$$电阻值\,R_x=倍率读数\times(步进读数+滑线盘读数)$$

计算出被测电阻的阻值，测量 3 次，取平均值。

④ 按钮 B、G 一般应间歇使用，不应锁住。电桥使用完毕后 B、G 按钮都应断开，晶体管检流计放大电路的工作电源开关 S_1 应置于"断"的位置，以避免消耗电能，同时也能防止内部元件发热影响测量精度。

⑤ 从 R_X 型四端金属电阻器的刻度尺上读取待测金属棒的长度。再用游标卡尺或千分尺在圆形导体 3 个不同的地方测量直径，取其平均值。由式(3-82) 算出 ρ 的值，并按

$$|\Delta R|=a\%\times R_{max}$$

$$\frac{\Delta\rho}{\rho}=\frac{\Delta R}{R}+\frac{\Delta l}{l}+\frac{2\Delta d}{d}$$

估算待测量 ρ 的相对误差 E_r 和测量误差（绝对误差）

$$\Delta\rho = E_{\mathrm{r}}\rho$$

【注意事项】

① 测量时不要过于追求高灵敏度，增加调平衡的难度。

② 测量中改变灵敏度时，会引起检流计的指针偏离零位，应随时调节检流计的指针回到零位。

③ 使用电感性电路的直流电阻时，应先按下 B，再按下 G，断开时应先断开 G，后再断开 B。

④ 测量 0.1Ω 以下阻值时，按钮应间歇使用（即点按）。

⑤ 测量 0.1Ω 以下阻值时，R_X 型四端金属电阻器的 I、U、U、I 四个接线端分别与 QJ-44 型双臂电桥上的 C_1、P_1、P_2、C_2 四个接线端相连，连接线的电阻在 0.005～0.01Ω 之间。测量其他阻值时，连线电阻值可为 0.05Ω。各接线端必须干净、接牢，避免接触不良。

⑥ 按钮 B、G 一般应间歇使用，不应锁住。电桥使用完毕后 B、G 按钮都应断开，晶体管检流计放大电路的工作电源开关 S_1 应置于"断"的位置，以避免消耗电能，同时也能防止内部元件发热影响测量精度。

【数据记录与处理】

数据记录在表 3-30 中。

表 3-30　用直流双臂箱式电桥测电阻　　　　　　　环境温度 t = ____℃

材　料	d/mm				倍率读数	步进读数＋滑线盘读数			$\overline{R}/\Omega$	l/cm	$\rho/\Omega \cdot \mathrm{m}$
	1	2	3	$\overline{d}$		1	2	3			
铜棒											
铁棒											
铝棒											

$$|\Delta R| = a\% \times R_{\max}; \quad \frac{\Delta\rho}{\rho} = \frac{\Delta R}{R} + \frac{\Delta L}{L} + \frac{2\Delta d}{d}; \quad \Delta R_{铜} = \underline{\quad\quad} \Omega; \quad \Delta R_{铁} = \underline{\quad\quad} \Omega;$$

$\Delta R_{铝} = \underline{\quad\quad} \Omega$；$\Delta\rho_{铜} = \underline{\quad\quad} \Omega \cdot \mathrm{m}$；$\Delta\rho_{铁} = \underline{\quad\quad} \Omega \cdot \mathrm{m}$；$\Delta\rho_{铝} = \underline{\quad\quad} \Omega \cdot \mathrm{m}$。

最终测量结果 $R_{铜} = \overline{R}_{铜} \pm \Delta R_{铜} = \underline{\quad\quad\quad\quad\quad\quad\quad\quad\quad\quad} \Omega$

$\quad\quad\quad\quad\quad R_{铁} = \overline{R}_{铁} \pm \Delta R_{铁} = \underline{\quad\quad\quad\quad\quad\quad\quad\quad\quad\quad} \Omega$

$\quad\quad\quad\quad\quad R_{铝} = \overline{R}_{铝} \pm \Delta R_{铝} = \underline{\quad\quad\quad\quad\quad\quad\quad\quad\quad\quad} \Omega$

$\quad\quad\quad\quad\quad \rho_{铜} = \overline{\rho}_{铜} \pm \Delta\rho_{铜} = \underline{\quad\quad\quad\quad\quad\quad\quad\quad\quad\quad} \Omega \cdot \mathrm{m}$

$\quad\quad\quad\quad\quad \rho_{铁} = \overline{\rho}_{铁} \pm \Delta\rho_{铁} = \underline{\quad\quad\quad\quad\quad\quad\quad\quad\quad\quad} \Omega \cdot \mathrm{m}$

$\quad\quad\quad\quad\quad \rho_{铝} = \overline{\rho}_{铝} \pm \Delta\rho_{铝} = \underline{\quad\quad\quad\quad\quad\quad\quad\quad\quad\quad} \Omega \cdot \mathrm{m}$

【思考题】

① 双臂电桥与单臂电桥有哪些异同？

② 为什么双臂电桥能消除接触电阻的影响，试简要说明。

【创新实践】电桥电路演示仪（专利号：ZL201020607235.4）

在电子线路教学中，讲授电阻电桥、电容电桥和电感电桥时，缺少直观演示仪器。基于此创新设计电桥电路演示仪，用于演示电阻电桥、电容电桥和电感电桥桥臂元件参数发生变

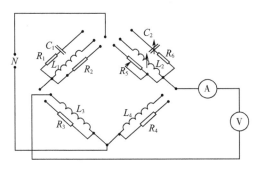

图 3-36　电桥电路演示仪

化时，其输出端电流、电压变化情况，如图 3-36 所示。

本装置的创新思路：在同一装置上，可根据需要选择电阻、电容和电感三种不同性质的电桥，演示桥臂元件参数发生变化时，其输出端电流、电压的变化情况，若接入示波器，还可观察波形变化。

信号输入端 N 和电桥输入端相连，电阻 R_1 和电容 C_1 串联后再和电感 L_1、电阻 R_2 并联，电阻 R_3 和电感 L_3 并联，电阻 R_4 和电感 L_4 并联，电阻 R_6 和可变电容 C_2 串联后再和可变电感 L_2、可变电阻 R_5 并联，电流表 A、电压表 V 串联后连接到电桥输出端。

"电桥电路演示仪"（专利号 ZL201020607235.4）的详细说明，请登录国家知识产权局专利检索及分析查询网 http://pass-system.cnipa.gov.cn/查阅。

实验 10　线性与非线性电阻特性曲线测定

电阻是电学中常用的物理量，利用欧姆定律测定导体电阻的方法称为伏安法，它是测量电阻的基本方法之一。当一个元件两端加上电压时，元件内就会有电流通过，将通过元件的电流随电压变化的情况在图上画出来，得到的就是该元件的伏安特性曲线。若元件的伏安特性曲线呈直线，则称它为线性元件（或称其为定值电阻），电阻值为定值；若呈曲线，即它的电阻是变化的，则称其为非线性电阻。非线性电阻伏安特性所反映出来的规律总是与一定的物理过程相联系，利用非线性元件的这一特性，可以研制各种新型的传感器、换能器，在温度、压力、光强等物理量的检测和自动控制方面都有广泛的应用。对非线性电阻特性及规律进行研究，有助于加深对有关物理过程、物理规律及其应用的理解和认识。

【实验目的】
① 学习常用电磁学仪器仪表的正确使用及简单电路的连接方法。
② 掌握用伏安法测量电阻及其误差分析的基本方法。
③ 学习测量线性电阻和非线性电阻的伏安特性。
④ 学习用作图法处理实验数据，并对所得伏安特性曲线进行分析。

【预习思考题】
① 什么叫电流表内接和外接，什么情况下电流表应该内接或外接？
② 怎样测量非线性电阻的伏安特性曲线？
③ 实验过程中应注意哪些问题？

【实验原理】
电阻是导体材料的重要特性，伏安法是电阻测量常用的基本方法之一。所谓伏安法，就是运用欧姆定律，测出电阻两端的电压 U 和其上通过的电流 I，根据

$$R = \frac{U}{I} \tag{3-88}$$

即可求得阻值 R。也可运用作图法，作出伏安特性曲线，从曲线上求得电阻的阻值。对某些

电阻，其伏安特性曲线为直线，称为线性电阻，如常用的碳膜电阻、线绕电阻、金属膜电阻等。还有一些元件，伏安特性曲线为曲线，称为非线性电阻元件，如晶体二极管、稳压管、热敏电阻等。非线性电阻元件的阻值是不确定的，只有通过作图法才能反映它的特性。

用伏安法测电阻，原理简单，测量方便，但由于电表内阻接入的影响，此法会带来一定系统误差。

在电流表内接法中，如图 3-37（a）所示。由于电压表测出的电压值 U 包括了电流表两端的电压，因此，测量值要大于被测电阻的实际值。

$$由 \qquad R = \frac{U}{I_x} = \frac{U_x + U_{mA}}{I_x} = R_x + R_{mA} = R_x\left(1 + \frac{R_{mA}}{R_x}\right) \tag{3-89}$$

可见，电流表内阻不可忽略，它给测量带来一定的误差。

在电流表外接法中，如图 3-37（b）所示，由于电流表测出的电流 I 包括了流过电压表的电流，因此，测量值要小于被测电阻的实际值。

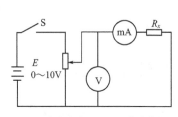

（a）电流表内接法测电阻伏安特性

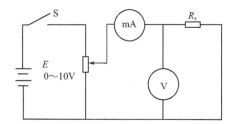

（b）电流表外接法测电阻伏安特性

图 3-37　测电阻伏安特性

$$由 \qquad R = \frac{U_x}{I} = \frac{U_x}{I_x + I_V} = \frac{1}{\frac{1}{R_x} + \frac{1}{R_V}} = \frac{R_x}{1 + \frac{R_x}{R_V}} \tag{3-90}$$

可见，电压表内阻不是无穷大也会给测量带来一定的误差。

上述两种连接电路的方法，都给测量带来一定的系统误差，即测量方法误差。

为了减小上述误差，必须根据待测阻值的大小和电表内阻的不同，正确选择测量电路。当 $R_x \gg R_{mA}$ 且 $R_x < R_V$ 时，选择电流表内接法。当 $R_x \ll R_V$ 且 $R_x > R_{mA}$ 时，选择电流表外接法。$R_x \gg R_{mA}$，$R_x \ll R_V$ 时，两种接法均可。

经过以上选择，可以减小由于电表接入带来的系统误差，但电表本身的仪器误差仍然存在，它取决于电表的准确度等级和量程，其相对误差为

$$\frac{\Delta R_x}{R_x} = \frac{\Delta U}{U_x} + \frac{\Delta I}{I_x} \tag{3-91}$$

式中，ΔI 和 ΔU 为电流表和电压表允许的最大示值误差。

【实验仪器】

电阻元件伏安特性测量实验仪：该仪器集成了 0~20V 可调直流稳压电源；直流数字电压表，量程为 2V/20V 可调，内阻为 1MΩ；直流数字毫安表，量程为 200μA/2mA/20mA/200mA 可调，其相对应内阻分别为 1kΩ、100Ω、10Ω、1Ω；待测 240Ω/2W 金属膜电阻、待测稳压管（5.6V）、待测小灯泡（12V/0.1A）等。

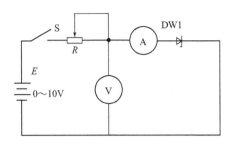

图 3-38 测稳压管特性曲线电路

【实验步骤】

1. 测量金属膜电阻的伏安特性

（1）电流表内接法 根据图 3-37（a）连接好电路。金属膜电阻 R_x 为 240Ω，每改变一次电压 U 值，读出相应的电流 I 值，填入表 3-31 中，作出伏安特性曲线，并从曲线上求得电阻值。

（2）电流表外接法 根据图 3-37 连接好电路，每改变一次电压 U 值，读出相应的电流 I 值，填入表3-32中，作出伏安特性曲线，并从曲线上求得电阻值。

2. 测量稳压管的伏安特性

（1）测量稳压管的正向特性

① 按图 3-38 连接电路，E 为 0～10V 可调直流稳压电源，R 为限流电阻。R 阻值调到最大，可调稳压电源的输出为零。

② 增大电源输出电压，使电压表的读数逐渐增大，观察加在稳压管上电压随电流变化的现象，通过观察确定测量范围，即电压与电流的调节范围，见表 3-33。

③ 测定稳压管的正向特性曲线，不应等间隔地取点，即电压的测量值不应等间隔地取，而是在电流变化缓慢区间，电压间隔取得疏一些，在电流变化迅速区间，电压间隔取得密一些。如测试的 2CW14 型稳压管，电压在 0～0.7V 区间取 3～5 个点即可。

（2）测量稳压管的反向特性

① 将稳压管反接。

② 定性观察被测稳压管的反向特性，通过观察确定测量反向特性时电压的调节范围（即该型号稳压管的最大工作电流 $I_{x\max}$ 所对应的电压值），见表 3-34。

③ 测量反向特性，同样在电流变化迅速区域，电压间隔应取得密一些。

3. 测量小灯泡的伏安特性

给定一只 12V/0.1A 小灯泡，已知 $U_H=12V$，$I_H=100mA$，起始电流为 20mA，毫安表内阻为 1Ω，电压表内阻为 1MΩ。要求：

① 自行设计测量伏安特性的线路；

② 测量小灯泡的伏安特性；

③ 绘制小灯泡的伏安特性曲线；

④ 判定小灯泡是线性元件还是非线性元件。

【注意事项】

① 使用电源时要防止短路，接通和断开电路前应使输出为零，先粗调然后再慢慢微调。

② 测量金属膜电阻的伏安特性时，所加电压不得使电阻超过额定输出功率。

③ 测量稳压管伏安特性时，电路中电流值不应超过其最大稳定电流 $I_{x\max}$。

【数据记录与处理】

数据记录在表 3-31～表 3-34 中。

表 3-31 电流表内接法测金属膜电阻特性

电压/V										
电流/mA										

表 3-32　电流表外接法测金属膜电阻特性

电压/V							
电流/mA							

根据电表内阻的大小，分析上述两种测量方法中，哪种电路的系统误差小。

表 3-33　稳压管的正向特性

电压/V							
电流/mA							

表 3-34　稳压管的反向特性

电压/V							
电流/mA							

【思考题】

① 用伏安法测电阻时，如何根据电阻值的大小选择电流表内接或者外接？

② 要安全使用电压表、电流表、电阻箱及滑线变阻器，应注意哪些问题？

实验11　薄透镜焦距测量

透镜是光学基本元件，其应用十分广泛，放大镜、显微镜、望远镜、相机镜头等仅是透镜在日常生活工作中的一般应用。透镜焦距是反映其光学特性的重要物理量。人眼的晶状体相当于凸透镜，视网膜相当于光屏，物体发出（反射出）的光线经过晶状体这个凸透镜在视网膜上形成倒立、缩小的实像，分布在视网膜上的视神经细胞受到光的刺激，再把这个信号传输给大脑，只有这样人才能看到清晰的物体。当晶状体变凸时，物体成像在视网膜前，人只能看到模糊的物体，这就是近视，需用凹透镜进行矫正；同样，当晶状体变凹时，物体成像在视网膜后，人也只能看到模糊的物体，这就是远视（老花眼），需用凸透镜进行矫正。要配制合适的眼镜，就要较为精确地测量出晶状体这个凸透镜的焦距，也就是验光过程。通过测量透镜的焦距，有助于掌握透镜成像规律，了解光学仪器的光路结构，学习光学仪器调整技术，提高实际操作技能。

【实验目的】

① 学会简单光学系统的共轴调节。

② 掌握薄透镜焦距测量的几种方法。

【预习思考题】

① 怎样用自准直法、物距像距法和位移法测定凸透镜焦距？

② 怎样测定凹透镜焦距？

③ 怎样进行光学元件的共轴调节？

【实验原理】

1. 薄透镜的成像公式

所谓薄透镜是指其厚度比两折射面的曲率半径小得多的透镜。在近轴光线的条件下，薄透镜（包括凸透镜和凹透镜）成像的规律可表示为

$$\frac{1}{s}+\frac{1}{s'}=\frac{1}{f}$$

(3-92)

式中，s 表示物距；s' 表示像距；f 表示透镜的焦距。

s、s'、f 均从透镜的光心算起。对于凸透镜，s、s'、f 均取正号；对于凹透镜，s'、f 取负号。下面介绍薄透镜焦距的测量。

（1）用自准直法测凸透镜的焦距　如图 3-39 所示，位于凸透镜焦平面上的物体发出的光，经凸透镜折射后，变成平行光。平行光到达平面反射镜 M 被反射回去，又经凸透镜折射而成像于原物所在的焦平面上，这样，物与凸透镜之间的距离即为凸透镜的焦距。

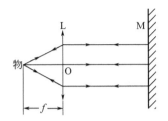

图 3-39　用自准直法测凸透镜焦距

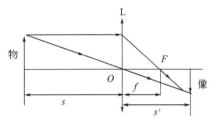

图 3-40　用物距像距法测凸透镜焦距

（2）用物距像距法测凸透镜焦距　根据透镜成像理论，用像屏找到像的位置，如图 3-40，测出物距 s，像距 s'，代入成像公式(3-92)，即可求出焦距 f。

（3）位移法（共轭法）测凸透镜的焦距　如图 3-41 所示，取物与像屏之间的距离 $A > 4f$，且在实验过程中保持不变。移动待测透镜 L，当它距物为 s_1 时，像屏上出现一个放大的清晰的实像；当它距物为 s_2 时，在像屏上得到一个缩小的清晰的实像。根据成像公式及几何关系可得

$$\frac{1}{s_1} + \frac{1}{A - s_1} = \frac{1}{f} \tag{3-93}$$

$$\frac{1}{s_1 + l} + \frac{1}{s_2'} = \frac{1}{f} \tag{3-94}$$

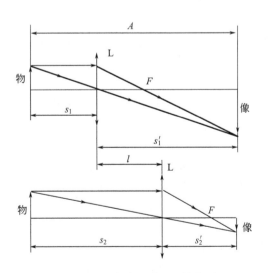

图 3-41　用位移法测凸透镜焦距

由共轭法得

$$s_1 = \frac{A - l}{2} \tag{3-95}$$

将式(3-95)代入式(3-93)得

$$\frac{2}{A-l}+\frac{2}{A+l}=\frac{1}{f}$$

即
$$f=\frac{A^2-l^2}{4A} \tag{3-96}$$

式中，A 为物与像屏之间的距离；l 为先后两次成像透镜所移动的距离。

（4）用物距像距法测凹透镜的焦距　由透镜成像公式可知，只要测出物距 s 和像距 s'，代入式(3-92)，透镜的焦距即可算出。因为凹透镜是发散透镜，它只能使物体成虚像，致使像距 s' 不能直接测量。为此，借助一凸透镜，将物点置于凸透镜 L_1 的主光轴上，使物点成像于 B_1 点，如图 3-42 所示。然后将凹透镜 L_2 放于 L_1 和 B_1 之间，这时光线的实际会聚点将移到 B_2 点。根据光路传播的可逆性，如果将物置于 B_2 点处，则由物点发出的光线经过 L_2 折射后，所成的虚像将在 B_1 点。

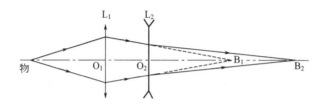

图 3-42　用物距像距法测凹透镜的焦距

将式(3-92)改写成

$$f=\frac{ss'}{s+s'} \tag{3-97}$$

由上式可见，只要测出物距 $s=O_2B_2$，像距 $s'=-O_2B_1$（虚像取负值），就可以算出凹透镜的焦距（由于是凹透镜，所以算出的焦距 f 是负值）。

2．光学元件的共轴调整

在光学实验中，经常要用到多个光学元件，为了获得好的像质或好的实验条件，必须使它们的光轴重合，即共轴。共轴调整是做好光学实验的必要前提。光具座上光学元件的共轴调整可分两步进行。

（1）粗调　将光源、物、透镜和像屏安装到光具座的导轨上，先将它们靠拢，凭目测，调节它们的高低、左右，使各个光学元件的中心大致在一条与导轨平行的直线上，并使物、透镜、像屏的平面相互平行且与导轨垂直。此过程称为粗调。

（2）细调　使物和像屏之间的距离 $A>4f$，缓缓地将凸透镜从物移到像屏，在移动过程中，屏上将先后获得一次放大和一次缩小的清晰实像，若成像的中心重合，则表明该光学系统达到共轴要求。若大像中心在小像中心上方，说明透镜位置偏高，应将透镜调低。反之，应将透镜调高。上述步骤反复进行，逐步逼近。

应当注意，当光学系统中有两个或两个以上透镜（如用物距像距法测凹透镜的焦距）时，必须逐个进行上述调整。先将第一个透镜（凸透镜）调节好，记下像中心在像屏上的位置，然后加上另一个透镜（凹透镜），再次观察成像情况，对后一透镜作上下、左右位置调整，使像中心仍落在第一次成像记下的中心位置上。切不可两透镜同时进行调整。

【实验仪器】

光源，光具座，凸薄透镜，凹薄透镜，平面镜，物（物屏），像屏。

【实验步骤】

1. 用自准法测凸透镜的焦距

① 在光具座上按图 3-39 依次放置好光源、物、凸透镜和平面镜，使各光学元件平面相互平行且与导轨垂直。打开光源并照亮物。

② 调节各个元件共轴。

③ 沿导轨移动凸透镜，直到物上获得一个等大、倒立的清晰实像（该实像与物是重合的，不便于观察，当调到像的大小与物接近时，可将平面镜偏转一个角度，使像落在物的旁边，以便比较。此操作并不影响透镜和物的距离）。记下凸透镜和物的位置，算出凸透镜的焦距 f。

④ 重复步骤②、③，测量 5 次，将数据记入表 3-35。求出凸透镜焦距的平均值 $\overline{f}$ 和 f 的标准误差 σ_f，并写出测量结果 $f = \overline{f} \pm \sigma_f$。

2. 用物距像距法测凸透镜焦距

① 在光具座上按图 3-40 依次放置好光源、物、凸透镜和像屏，使各光学元件平面相互平行且与导轨垂直。打开光源并照亮物。

② 根据用自准直法测出的凸透镜焦距，将物放在离透镜一倍焦距以上的位置，然后移动像屏，在像屏上得到清晰的实像，读出此时物、透镜、像屏的位置，记入表 3-36。

③ 改变物与透镜之间的距离，再测量 4 次，计算每次求出的焦距 f，求出 $\overline{f}$ 和 f 的标准误差，并写出测量结果。

3. 用位移法测凸透镜焦距

① 取物和像屏之间的距离 $A > 4f$，调节各元件的高低使之共轴。固定并记录物和像屏的位置，算出 A 的数值。

② 沿导轨移动凸透镜，使像屏上先后获得放大和缩小的清晰实像，读取两次成像时凸透镜的位置，算出 l 的数值。将 A 和 l 代入式(3-96) 中，算出凸透镜的焦距 f。

③ 改变 A 的数值，重复上述测量步骤 5 次，将测量数据记入表 3-37，求出凸透镜焦距的平均值 $\overline{f}$。

4. 用物距像距法测凹透镜焦距

① 在光具座上按照图 3-42 依次放置好光源、物、凸透镜、滑座（用于安装凹透镜）和像屏。打开电源，调节各元件共轴。

② 调节凸透镜的位置，使物与 O_1 点的距离大于 $2f_1$，固定物和凸透镜（以后不再移动），并记下物屏和凸透镜的位置。

③ 移动像屏，直到在像屏上获得清晰缩小的实像 B_1，记下像屏位置。

④ 在凸透镜和像屏之间放入待测焦距的凹透镜。调节其光轴位置，使之与原系统共轴。

⑤ 移动像屏，直到在像屏上获得清晰实像 B_2，记下凹透镜和像屏位置，算出物距 $s(O_2 B_2)$ 和像距 $s'(-O_2 B_1)$，将 s 和 s' 代入式(3-97)，求出凹透镜的焦距 f。

⑥ 改变物和凸透镜之间的距离，重复步骤②～⑤，测量 5 次。将数据填入表 3-38 中，求出凹透镜焦距的平均值 $\overline{f}$。

【注意事项】

① 注意用电安全。

② 注意保护透镜，切勿用手指或其他物品接触透镜的光学表面。

③ 每项实验都要认真调节各元件的共轴。

【数据记录与处理】

表 3-35　用自准法测凸透镜焦距

次数	物位置 s/cm	透镜位置 L/cm	f/cm
1			
2			
3			
4			
5			

$\overline{f} = $ _____ cm　$\sigma_f = $ _____ cm　$f = \overline{f} \pm \sigma_f = $ _____ cm

表 3-36　用物距像距法测凸透镜焦距

次数	物位置/cm	透镜位置/cm	像屏位置/cm	物距/cm	像距/cm	f/cm
1						
2						
3						
4						
5						

$\overline{f} = $ _____ cm　$\sigma_f = $ _____ cm　$f = \overline{f} \pm \sigma_f = $ _____ cm

表 3-37　用位移法测凸透镜焦距

次数	物位置/cm	像屏位置/cm	透镜位置/cm 成放大像	透镜位置/cm 成缩小像	A/cm	l/cm	f/cm
1							
2							
3							
4							
5							

$\overline{f} = $ _____ cm

表 3-38　用物距像距法测凹透镜焦距

次数	物位置/cm	凸透镜位置/cm	像 B_1 位置/cm	凹透镜位置/cm	像 B_2 位置/cm	s/cm	s'/cm	f/cm
1								
2								
3								
4								
5								

$\overline{f} = $ _____ cm

【思考题】

① 什么是共轴调节？如何对光学元件进行共轴调节？若光学系统没有达到共轴要求，对测量结果有何影响？

② 用位移法测量凸透镜焦距实验中，为什么要求 $A>4f$？若不然会产生什么后果？

实验 12　用模拟法描绘静电场

模拟法是科学研究的一种方法，它不直接研究物理现象或过程本身，而用与这些现象或过程相似的模型来进行研究。模拟法本质上是用一种易于实现、便于测量的物理状态或过程，模拟不易实现、不便测量的状态或过程，只要这两种状态或过程有一一对应的两组物理量，并且它们所满足的数学形式基本相同。一般说来，静电测量要比直流电测量复杂。尽管稳恒电流场与静电场是本质上不同的物理现象，但是在一定条件下导电介质中稳恒电流场与静电场的描述具有类似的数学方程，因而可以用稳恒电流场来模拟静电场。

【实验目的】

① 了解模拟法描绘静电场的理论依据。

② 学会用模拟法研究静电场，在坐标纸上描绘静电场分布的方法。

③ 描绘几种静电场的等势线，根据等势线画出电场线。

【预习思考题】

① 为什么能用稳恒电流场模拟静电场？

② 简述 THME-1 型静电场描绘仪的基本组成及使用方法。

③ 实验过程中应注意哪些问题？

【实验原理】

1. 模拟法描绘静电场的理论依据

带电体在其周围空间所产生的电场，可用电场强度 E 和电势 V 的空间分布来描述。为了形象地表示电场的分布情况，常采用等势面和电场线来描述电场。电场线是按空间各点电场强度的方向顺次连成的曲线，等势面是电场中电势相等的各点所构成的曲面。电场线和等势面是相互正交的，有了等势面图形就可以画出电场线，反之亦然。测量静电场，指的是测绘出静电场中等势面和电场线的分布图形。

要直接对静电场进行测量是相当困难的。首先静电场不会有电流存在，这样一来磁电式电表就失去了效用，其次是仪器和测量探针引入静电场时，必将在静电场的作用下出现感应电荷，而感应电荷产生的电场与原电场叠加，必使原电场发生畸变，得到的结果必然严重失真。所以，直接测量是不可行的，只有采取间接的方法，仿造另一个场，使它与原静电场相似，当用探针对这种模拟场进行测量时，它不受干扰，就可间接测量被模拟的静电场。

用模拟法描绘静电场的方法之一是用电流场代替静电场。本实验采用稳恒电流场模拟描绘静电场。由电磁学理论可知，电解质（或水溶液）中稳恒电流场与电介质（或真空）中静电场具有相似性。

在静电场的无源区域中，电场强度矢量 E 满足

$$\oint E \, dS = 0 \tag{3-98}$$

$$\oint E \, dl = 0 \tag{3-99}$$

在电流场的无源区域中，电流密度矢量 $\boldsymbol{J}$ 满足

$$\oint \boldsymbol{J} \, \mathrm{d}l = 0 \tag{3-100}$$

由式(3-98)～式(3-100)可以看出，静电场中电场强度矢量 $\boldsymbol{E}$ 和电流场中电流密度矢量 $\boldsymbol{J}$ 所遵循的物理规律具有相同的数学形式，所以这两种场具有相似性。在相似的场源分布和相似的边界条件下，它们的解的表达式具有相同的数学模型。描绘静电场的几个矢量（$\boldsymbol{D}$，$\boldsymbol{E}$，ε）与描绘稳恒电流场的几个矢量（$\boldsymbol{J}$，$\boldsymbol{E}$，σ）具有一一对应关系。

电流场中有许多电势彼此相等的点，测出这些电势相等的点，描绘成面就是等势面，这些面也是静电场中的等势面。在平面图中等势面则可表示为等势线，根据电场线和等势线正交的关系，即可画出电场线，这些电场线上每一点的切线方向就是该点静电场的方向，这就可以用等势线和电场线形象地表示静电场的分布。

2. 同轴带电圆柱面电场的模拟

现在用同轴带电圆柱面具体说明稳恒电流场和静电场的相似性。

（1）静电场　设同轴圆柱面是"无限长"的，内、外半径分别为 R_1 和 R_2，电荷线密度为 $+\lambda$ 和 $-\lambda$，圆柱面间介质的介电常数为 ε，如图 3-43 所示。

根据高斯定理，同轴圆柱面间的电场强度 E 为

$$E = \frac{\lambda}{2\pi\varepsilon r} \tag{3-101}$$

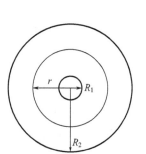

图 3-43　同轴圆柱面

式中，r 为圆柱面间任一点距轴心的距离。

若取外圆柱面的电势为零，则内圆柱面的电势 V_0 就是两圆柱面间的电势差

$$V_0 = \int_{R_1}^{R_2} E \, \mathrm{d}r = \int_{R_1}^{R_2} \frac{\lambda}{2\pi\varepsilon} \times \frac{\mathrm{d}r}{r} = \frac{\lambda}{2\pi\varepsilon} \ln \frac{R_2}{R_1} \tag{3-102}$$

在两圆柱面间任一点 $r(R_1 \leqslant r \leqslant R_2)$ 的电势 $V(r)$ 是

$$V(r) = \frac{\lambda}{2\pi\varepsilon} \ln \frac{R_2}{r} \tag{3-103}$$

比较上两式，可得

$$V(r) = V_0 \frac{\ln\left(\dfrac{R_2}{r}\right)}{\ln\left(\dfrac{R_2}{R_1}\right)} \tag{3-104}$$

（2）电流场　为了计算电流场的电势差，先计算两圆柱面间的电阻，然后计算电流，最后计算两点间的电势差。设导电介质厚度为 t，电阻率为 ρ，则任意半径 r 到 $r+\mathrm{d}r$ 圆柱面间电阻为

$$\mathrm{d}R = \rho \frac{\mathrm{d}r}{S} = \frac{\rho}{2\pi t} \times \frac{\mathrm{d}r}{r} \tag{3-105}$$

将式(3-105)积分得到半径为 r 到半径为 R_2 圆柱面间电阻为

$$R_{rR_2} = \frac{\rho}{2\pi t} \int_r^{R_2} \frac{\mathrm{d}r}{r} = \frac{\rho}{2\pi t} \ln\left(\frac{R_2}{r}\right) \tag{3-106}$$

同理，可得到半径为 R_1 到半径为 R_2 圆柱面间电阻为

$$R_{12} = \frac{\rho}{2\pi t}\int_{R_1}^{R_2}\frac{\mathrm{d}r}{r} = \frac{\rho}{2\pi t}\ln\left(\frac{R_2}{R_1}\right) \tag{3-107}$$

则从内圆柱面到外圆柱面间的电流为

$$I_{12} = \frac{V_0}{R_{12}} = \frac{2\pi t V_0}{\rho\ln\left(\frac{R_2}{R_1}\right)} \tag{3-108}$$

半径为 r 的圆柱面的电势为

$$V(r) = I_{12}R_{rR_2} = \frac{R_{rR_2}}{R_{12}}V_0 \tag{3-109}$$

将式(3-106)、式(3-107)代入式(3-109)，得

$$V(r) = V_0\frac{\ln\left(\frac{R_2}{r}\right)}{\ln\left(\frac{R_2}{R_1}\right)} \tag{3-110}$$

比较式(3-104)和式(3-110)，可知静电场与电流场的电势分布是相同的。

由式(3-110)可得等位线分布公式

$$r = R_2\left(\frac{R_2}{R_1}\right)^{-\frac{V(r)}{V_0}} \tag{3-111}$$

由于稳恒电流场与静电场具有这种等效性，因此欲测绘静电场的分布，只要测绘相应的稳恒电流场的分布就可以了。

【实验仪器】

本实验用 THME-1 型静电场描绘实验仪来测量电流场中各点的电势分布。描绘仪由0～12V 可调电源、高阻抗输入数字电压表、电极板、探针等组成，如图 3-44 所示。下面对各部分进行介绍。

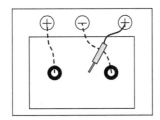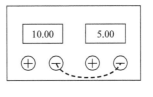

图 3-44 THME-1 型静电场描绘实验仪示意图

(1) 电极板 电极板是将不同形状的金属电极固定在导电玻璃板上制成。导电玻璃是在普通玻璃上镀覆一层均匀厚度的导电薄膜制成。电极与导电玻璃之间采用低电阻导电橡胶，以保证电极与导电玻璃之间良好的电接触。电极板侧面装有 2 个电压输入插座，可分别与电源的两极相连。导电玻璃的反面有方格坐标，可用于记录等势线上的坐标点。

(2) 探针 探针由一表棒组成，为保证探针与导电玻璃之间良好的电接触，在表针测试端头部套有一导电橡胶头，实验时应保证探针与玻璃有良好的软接触。

(3) 描绘仪电源 描绘仪电源可提供 0～12V 连续可调的稳定电压，并由数字电压表显示其电压值。实验时将电源电压输出连接到电极板的电压输入端。探针连接到测试表头输入端，当电极加电压后，将探针在导电玻璃表面移动，测试电压表就会显示对应坐标点的电势

值。测等势线时，先设定一个电势值（如 1V、2V、…），右手握住探针在导电玻璃表面平稳移动，记下相同电势的坐标点并在方格纸上记录之，连接相应的等势点就形成等势线。取不同的电势设定值，按以上操作步骤，则可得到不同电势值的等势线。根据等势线与电场线正交的关系，即可由等势线得到相应电场线的分布图。

【实验步骤】

1. 描绘两个带电系统静电场的等势线和电场线

① 取两个点电荷的电极板，接入电源。

② 取两极间的电势差为 10V，分别记录 1V、3V、5V、7V、9V 的等势线各点的坐标（用实验室提供的方格纸记录等电势点）。每条等电势线至少取 10 个等电势点。

③ 将电势相等的点连成光滑的曲线即成为一条等势线。共描绘 5 条等势线。

④ 根据电场线与等势线正交的关系画出相应的电场线分布图。

⑤ 将电极板改为点电荷与条形电极，条形电极与条形电极。重复步骤②、③、④。

2. 描绘同轴带电圆柱面电极间的等势线和电场线

① 取同轴带电圆柱面电极板，接入电源。

② 取电势差 $V_0 = 10V$，记录 $V = 2V$、4V、6V、8V 的等电势线各点的坐标。每条等电势线至少取 10 个等电势点。

③ 分别描绘各等电势线和电场线。

④ 用式（3-111）理论公式计算各条等电势线的半径 r，与记录的坐标相比较。将结果填入表 3-39。

【注意事项】

① 实验过程中，应使探头与导电玻璃板保持良好接触，同时应避免重压，否则容易造成导电橡胶探头破裂。

② 在实验过程中，从导电玻璃板观察到的等势点与在方格纸上记录的点的对应关系不能搞错，否则，描出的等势线会出现较大的偏差。

【数据记录与处理】

表 3-39　模拟法描绘同轴带电圆柱面电极间的等势线的分布

电压/V	2	4	6	8
r_s/m				
r_1/m				
$E_r = \dfrac{r_s - r_1}{r_1} \times 100\%$				

注：r_s 为实验描出的等势线半径；r_1 为由式（3-111）计算的等势线半径。

【思考题】

① 电场线与等势线有何关系？电场线起于何处？止于何处？

② 电压表内阻对测量结果有何影响？

③ 本实验可否采用交流电源？

④ 静电场的空间分布是三维的，为什么可以用二维平面的稳恒电流场来模拟？

⑤ 实验时电源电压取不同值，等势线的形状是否发生变化？电场强度和电势是否发生变化？

实验 13　电位差计的使用

电位差计是电磁学测量中用来测量电动势或电位差的主要仪器之一，其测量结果稳定可靠、精准度高。由于电位差计采用等电位原理进行测量，所以被测对象原来的电位数值也就不会发生改变。电位差计与标准电阻配合还可以精确测量电流、电阻和功率等，也可以用于校准精密电表和直流电桥等直读式仪表，有的电器仪表厂则用它来确定产品的准确度和定标。电位差计在非电参量（如温度、压力、位移和速度等）的电测法中也占有极其重要的地位。

实验 13-Ⅰ　线式电位差计的使用

【实验目的】

① 学习和掌握电位差计的补偿原理、结构和特点。

② 学习用十一线电位差计来测量未知电动势或电位差的方法和技巧。

③ 培养学生正确连接电学实验线路、分析线路和实验过程中排除故障的能力。

【预习思考题】

① 什么是补偿原理？电位差计与补偿原理有何关系？

② 什么叫电位差计的定标？

③ 如何用十一线电位差计测未知电动势？

【实验原理】

1. 补偿原理

补偿原理利用一个电压或电动势去抵消另一个电压或电动势，其原理可用图 3-45 来说明。两个电源 E_n 和 E_x 正极对正极，负极对负极，其中 E_n 为可调标准电源电动势，E_x 为待测电源电动势，中间串联一个检流计 G 构成闭合回路。如果要测电源 E_x 的电动势，可通过调节电源 E_n，使检流计读数为零，电路中没有电流，表明 $E_x = E_n$，E_x 两端的电位差和 E_n 两端的电位差相互补偿，这时电路处于补偿状态。若已知补偿状态下 E_n 的大小，就可确定 E_x。这种利用补偿原理测电位差的方法称为补偿法，该电路称为补偿电路。

由上可知，为了测量 E_x，关键在于如何获得可调节的标准电源，并要求电源：①便于调节；②稳定性好，能够迅速读出其准确的数值。

2. 电位差计原理

根据补偿法测量电位差的实验装置称为电位差计，其测量原理可分别用图 3-46 和图3-47来说明。图 3-46 为电位差计定标原理图，其中 ABCD 为辅助工作回路，由电源 E、限流电阻 R、11m 长粗细均匀电阻丝 AB 串联成一闭合回路；MN 为补偿电路，由标准电池 E_{n0} 和检流计 G 组成。电阻箱 R 用来调节辅助工作回路中的工作电流 I 的大小，通过调节 I 来调整每单位长

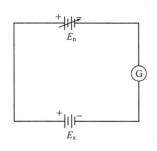

图 3-45　补偿原理说明

度电阻丝上电位差 V_0 的大小。M、N 为电阻丝 AB 上的两个活动触点，可以在电阻丝上移动，以便从 AB 上取得适当的电位差来与补偿电路的电位差补偿，它相当于图 3-45 中的可调标准电源电动势 E_n。当回路接通时，根据欧姆定律可知，电阻丝 AB 上任意两点间的电压与两点间的距离成正比。因此，当把补偿电路中的 E_{n0} 更换为待测电动势 E_x 时，改变 M、

N 的间距，使检流计 G 读数为零，此时 M、N 两点间的电压就等于待测电动势 E_x。要测量电动势（电位差）E_x，必须分两步进行。

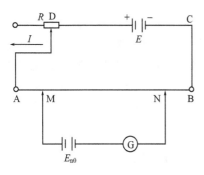

图 3-46　电位差计定标原理图

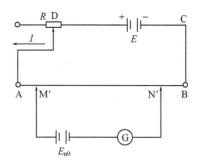

图 3-47　电位差计测量原理图

（1）定标　利用标准电源 E_{n0} 高精确度的特点，使得 ABCD 辅助工作回路中的工作电流 I 能准确地达到某一标定值 I_0，这一调整过程叫电位差计的定标。

本实验采用滑线式十一线电位差计，电阻 R_{AB} 是 11m 长粗细均匀的电阻丝。根据定标原则，按图 3-46 连线，移动滑动触头 M、N，将 M、N 之间的长度固定在 L_{MN} 上，调节工作电路中的电阻 R，使流过检流计 G 的电流为零，此时

$$E_{n0} = V_{MN} = I_0 R_{MN} = I_0 \frac{\rho}{S} L_{MN} \tag{3-112}$$

式中，V_{MN}、R_{MN} 分别为 M、N 两点间的电位差和电阻值。保持 ABCD 辅助工作回路中的工作电流不变，因电阻 R_{AB} 是均匀电阻丝，令

$$V_0 = \frac{\rho}{S} I_0 \tag{3-113}$$

则有

$$E_{n0} = V_0 L_{MN} \tag{3-114}$$

很明显 V_0 是电阻丝 R_{AB} 上单位长度的电压降，称为工作电流标准化系数，单位是 V/m。在实际操作中，只要确定 V_0，也就完成了定标过程。

由式（3-114）可知，当 V_0 保持不变时（即 ABCD 辅助工作回路中的工作电流保持不变），可以用电阻丝 M、N 两点间的长度 L_{MN}（力学量）来反映待测电动势 E_x（电学量）的大小。为此，必须确定 V_0 的数值。为使读数方便起见，取 V_0 为 0.1V/m、0.2V/m、…、1.0V/m 等数值。由于 $V_0 = \frac{\rho}{S} I_0$，而且电阻丝阻值稳定，所以只有调节 ABCD 辅助工作回路中的工作电流 I_0 的大小，才能得到所需的 V_0 值，这一过程通常称作"工作电流标准化"。

（2）测量 E_x　测量待测电动势 E_x 的过程与工作电流标准化的过程正好相反。

当定标结束后，按图 3-47 连线，调节 M′、N′ 之间长度 $L_{M'N'}$，使 M′、N′ 两点间电位差 $V_{M'N'}$ 等于待测电动势 E_x，达到补偿，此时流过检流计 G 的电流为零。即

$$E_x = V_{M'N'} = I_0 \frac{\rho}{S} L_{M'N'} \tag{3-115}$$

结合式（3-113）得

$$E_x = V_0 L_{M'N'} \tag{3-116}$$

【实验仪器】

1. 直流电位差计实验仪

实验仪集成了 4.5V 直流稳压电源、1.0186V 标准电动势、E_{x1}、E_{x2} 两个待测电动势、数字检流计 G、0～999Ω 可调变阻器（电阻箱）、保护电阻等。

2. 滑线式十一线电位差计

本实验利用的是十一线电位差计，如图3-48所示，它具有结构简单、直观、便于分析讨论等优点，适宜学生做实验。其中电阻丝 AB 长 11m，往复绕在木板的十一个接线插孔 0、1、2、…、10 上，每两个插孔间电阻丝长为 1m，插头 M 可选插入孔 0、1、2、…、10 中任一孔，电阻丝附在带有毫米刻度的米尺上，触头 N 可在它上面滑动。

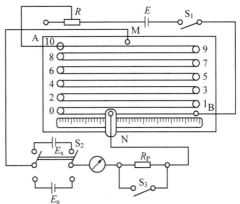

图 3-48　电位差计实验装置图

电路中标准电源 E_n 和检流计 G 都不能通过较大电流，但在测量时，可能因接头 M、N 之间的电位差 V_{MN} 和 E_n（或 E_x）相差较大而使标准电源和检流计中通过较大电流，因此在回路中串接一只大电阻 R_p，但这样就降低了电位差计的灵敏度，即可能接头 M、N 之间电位差 V_{MN} 和 E_n（或 E_x）还没有完全平衡，由于大电阻 R_p 的存在，检流计无明显偏转。因此，在电位差计平衡后，还应合上 S_3 以提高电位差计的灵敏度，由于电阻 R_p 起保护标准电源和检流计的作用，故称为保护电阻。

【实验步骤】

① 按图 3-48 连接线路。R 用电阻箱，注意电源正负极的连接。

② 定标。取 $V_0 = 0.1000$V/m。将 MN 间长度 L_{MN} 固定在 10.186m 处，断开 S_3，合上 S_1。将 S_2 倒向 E_n，调整 R 使检流计大致指零，合上 S_3 并反复调 R，直到检流计再次指零。此时，$V_0 = 0.1000$V/m。

③ 测量未知电动势 E_x。断开 S_3，将 S_2 倒向 E_x，合上 S_1。调整 MN 间长度，使检流计大致指零，合上 S_3 并反复调 MN 之间距离，直到检流计再次指零，记下此时 L_x，则待测电池电动势 $E_x = V_0 L_x$。

④ 适当调整 R，重复步骤②、③连续测量五次，将结果填入表 3-40。

【注意事项】

① 十一线电位差计实验板上的电阻丝不要随意去拨动，以免影响电阻丝的长度和粗细均匀程度。

② 本实验中的标准电源不允许通过大电流，否则将使电动势下降，与标准值不符；不允许用一般电压表或多用表去测量它的电动势，更不允许把它作为电源使用，否则会损坏该标准电源。

③ 线路中的稳压电源 E、标准电池 E_n、待测电池 E_x 的极性均不能接反。

④ 实验完成后，应先断开标准电池接线，再拆除电路。

【数据记录与处理】

数据记录在表 3-40 中。

表 3-40　用线式电位差计测电池的电动势

室温＿＿＿℃；$E_n=$＿＿V

次数	1	2	3	4	5
L_{MN}/m					
L_x/m					
E_x/V					

$\overline{E_x}=$＿＿＿＿＿＿＿V

【思考题】

① 为什么用伏特计测量电位差时，所得之值必小于未接伏特计时的初始值？用什么方法可以测得精确的电位差？

② 为什么要进行电位差计工作电流标准化的调节，V_0值的物理意义是什么？V_0值选取的根据是什么？当工作电流标准化后，在测量 E_x 时，电阻箱为什么不能再调节？

③ 决定十一线电位差计准确度的因素是什么？

④ 保护电阻是为了保护什么仪器？如何使用？

实验 13-Ⅱ　箱式电位差计的使用

【实验目的】

① 掌握用箱式电位差计测量电动势的基本方法。

② 用箱式电位差计测量热电偶温差电动势，为热电偶定标。

【预习思考题】

① 箱式电位差面板各旋钮、开关及端头的功能是什么？

② 热电偶的构造及温差电动势是怎样产生的？

③ 思考测量过程中应注意的问题。

【实验原理】

实验原理见实验 13-Ⅰ。

【实验仪器】

UJ-31 型电位差计、直流稳压电源、标准电池、检流计、热电偶、温度计。

1. 箱式电位差计简介

UJ-31 型电位差计面板如图 3-49 所示。旋钮 R_1、R_2、R_3用来调节工作电流，其中 R_1为粗调，R_2为中调，R_3为细调；旋钮 R_s用来调节标准电池电动势温度补偿。被测电动势数值标示于转盘Ⅰ（×1mV）、Ⅱ（×0.1mV）、Ⅲ（×0.001mV）上，当电位差计处于补偿状态时，电动势的数值可从三个转盘上读得。转换开关 S_0 有"×1"和"×10"两挡。当测量 1V～17mV 时，S_0 置于"×1"挡上；当测量 10V～170mV 时，S_0 置于"×10"挡上。转换开关 S_2 置于"标准"位置时，作校准电位差计用；置于"未知 1"或"未知 2"位置时，作测量未知电动势用；置于"断"位置上，作切断补偿回路用。标有 S_1 的是"粗"和"细"两个按钮，按下"粗"按钮时，有几千欧的保护电阻与检流计串联使用；按下"细"按钮时，保护电阻被短路；"短路"按钮与检流计并联，按下此按钮，摆动的检流计指针便迅速停下来。

2. 热电偶

热电偶是用铜和康铜两种不同的金属焊接成。图 3-50 所示的闭合回路中，当 1、2 两端

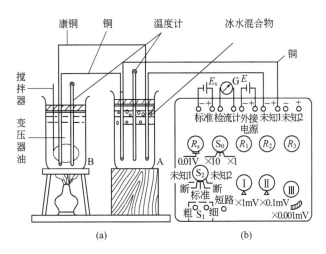

图 3-49　用 UJ-31 型电位差计测定温差电动势装置图

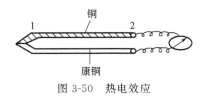

图 3-50　热电效应

的温度不同时，回路中就会产生温差电动势，就有电流流动，这种由热能转换为电能的现象称为热电效应，这一对导体的组合就称为热电偶。热电偶的温差电动势 E 决定于两接点的温度差 t_1-t_2，E 与 t_1-t_2 的关系通常比较复杂，在常温下温差电动势的近似公式为

$$E = \alpha(t_1 - t_2) \tag{3-117}$$

式中，α 为温差热电系数，它表示 1、2 两端的温度差为 1K 时所产生的电动势，其大小与两种金属的材料有关。在国际单位制中，α 的单位为 V/K。

温差电动势很小，主要用于测量技术。其方法是先对热电偶定标，将冷端 2 置于冰水混合液中，即 $t_2 = 0℃$。热端 1 放在温度 t_1 可以变化的且能测定的容器中，用电位差计测出各个 t_1 所对应的温差电动势 E 的大小，然后根据所得数据，以 $\Delta t = t_1 - t_2$ 为横坐标，E 为纵坐标，作出 E-Δt 定标曲线。

【实验步骤】

① 将 UJ-31 型电位差计的转换开关 S_2 拨在"断"的位置，并使按钮全部松开，再将 S_0 拨在"×1"挡，R_s 拨在室温下算得的 $E(t)$ 标准电动势数值上（由实验室给出的表格查得）。按图 3-49 实验装置接好线路，注意标准电池、待测的温差电动势和直流稳压电源的极性。外接直流稳压电源的输出电压调到 5.7～6.4V 之间。

② 对变压器油加热，并不断搅拌。当温度升至 250℃ 时，停止加热，在冷却过程中进行测量。

③ 在进行步骤②的同时，将转换开关 S_2 拨到"标准"位置，按下"粗"按钮，利用变阻器 R_1（粗）、R_2（中）、R_3（细）依次调节工作电流使检流计 G 上通过的电流为零。再按下"细"按钮，进一步调节 R_2（中）、R_3（细），使检流计电流为零，此时工作电流已标准化，即电位差计已调至校正状态。

④ 将转换开关 S_2 拨到"未知 1"上，按下"粗"按钮，调节转盘Ⅰ、Ⅱ、Ⅲ，使检流计电流为零，再将"细"按钮按下，进一步调节转盘Ⅱ、Ⅲ，使检流计电流为零。这时，转盘Ⅰ、Ⅱ、Ⅲ上读数之和与转换开关 S_0 上倍率的乘积就是"未知 1"电动势的数值。同时记录热电偶热端 t_B 和冷端 t_A 的温度值，记入表 3-41 中。

⑤ 重复步骤③、④，共测出 9 组数据。以 Δt 为横坐标，E 为纵坐标，作出 E-Δt 定标曲线。并用图解法算出温度每升高 1K 时温差电动势的增值，也即是温差热电系数 α。

【注意事项】

① 电位差计的调节必须按规定步骤进行，外接直流稳压电源调至 $5.7 \sim 6.4\text{V}$ 之间，不得超过。

② 油温很高，实验中要注意安全。

③ 线路中极性不可接反。

④ 实验完成后，应先断开标准电池接线，再拆除外接电源连线。

【数据记录与处理】

数据记录在表 3-41 中。

表 3-41 用 UJ-31 型电位差计测热电偶温差电动势

$t_\text{A} = $ _____ ℃

$t_\text{B}/℃$									
$\Delta t/℃$ $(\Delta t = t_1 - t_2)$									
E/mV									

$\alpha = $ _____ mV/K

【思考题】

① 实验中若发现检流计指针总偏向一边，无法调到平衡，试分析产生此现象的原因有哪些？

② 如何应用箱式电位差计测电阻？简述其步骤。

实验 14 多用表的使用

多用表又称万用表、三用表、复用表，是一种多功能、多量程、体积小、使用方便的测量仪表。万用表是电子测量、故障检查中最常用的工具之一。

一般万用表可测量直流电流/电压、交流电流/电压、电阻、电容、音频电平、二极管正向压降、电感量及半导体的一些参数。因此，学会使用万用表是学生应该掌握的一项基本技能。

【实验目的】

① 了解万用表的基本构造，掌握万用表的基本使用方法。

② 能用万用表来判断黑箱内的基本元件类型（例如电阻、电容、二极管、电感器）。

③ 通过对元件基本类型的判断，能简单了解电路故障产生的原因。

【预习思考题】

电阻、电容、晶体二极管等一些基本元件的元件特性是什么？如果电路中有这样一些不知名的元件，如何判断它们的类型？

【实验原理】

万用表由表头、测量电路及转换开关三个主要部分组成。

1. 表头

表头结构参见第二章第三节，它是万用表进行测量时的公用部分。万用表的主要性能指标基本上就取决于表头的性能。表头的灵敏度是指表头指针满刻度偏转时流过表头的直流电流值，这个值越小，表头的灵敏度越高。在测电压时，内阻越大，其性能就越好。

2. 测量电路

测量电路是用来把各种被测量转换为适合表头测量的微小直流电流的电路，它由电阻、半导体元件及电池组成，能将各种不同的被测量（如电流、电压、电阻等）、不同的量程，经过一系列的处理（如整流、分流、分压等）统一变成一定量限的微小直流电流，输入表头进行测量。

3. 转换开关

转换开关作用是用来选择各种不同的测量线路，以满足不同种类和不同量程的测量要求。转换开关一般有两个，分别标有不同的挡位和量程。

常见的万用表有指针万用表和数字万用表。

【实验仪器】

数字万用表，暗箱，定值电阻，电容，晶体二极管，白炽灯（220V），灯泡（6V），电键，滑动变阻器，导线若干，学生直流电源、交流电源。

先介绍一下数字万用表的基本使用方法。

1. 准备

按下电源开关，观察液晶显示是否正常，有否电池缺电标志出现，若有则要先更换电池。

2. 使用

（1）交流、直流电流的测量　根据测量电流的大小选择适当的电流测量量程和红表笔的插入孔。当要测量的电流大小不清楚的时候，先用最大的量程来测量，然后再逐渐减小量程来精确测量。值得注意是：测量直流电流时，红表笔接触电压高的一端，黑表笔接触电压低的一端，使电流从红表笔流入万用表，再从黑表笔流出。

（2）交流、直流电压的测量　红表笔插入"V/Ω"插孔中，根据电压的大小选择适当的电压测量量程，黑表笔接触电路"地"端，红表笔接触电路中待测点。特别要注意，数字万用表测量交流电压的频率很低（45～500Hz），中高频率信号的电压幅度应采用交流毫伏表来测量。

（3）电阻的测量　红表笔插入"V/Ω"插孔中，根据电阻的大小选择适当的电阻测量量程，红、黑两表笔分别接触电阻两端，观察读数即可。特别是，测量在路电阻（在电路板上的电阻）时，应先把电路的电源关断，以免引起读数抖动。禁止用电阻挡测量电流或电压（特别是交流220V电压），否则容易损坏万用表。

另外，利用电阻挡还可以定性判断电容的好坏。先将电容两极短路（用一支表笔同时接触两极，使电容放电），然后将万用表的两支表笔分别接触电容的两个极，观察显示的电阻读数。若一开始时显示的电阻读数很小（相当于短路），然后电容开始充电，显示的电阻读数逐渐增大，最后显示的电阻读数变为"1"（相当于开路），则说明该电容是好的。若按上述步骤操作，显示的电阻读数始终不变，则说明该电容已损坏（开路或短路）。特别注意的是，测量时要根据电容的大小选择合适的电阻量程，例如 $47\mu F$ 用 200k 挡，而 $4.7\mu F$ 则要用 2M 挡等。

（4）晶体二极管导通电压检测　在这一挡位，红表笔接万用表内部正电源，黑表笔接万用表内部负电源。两表笔与二极管的接法如图 3-51 所示。

若按图 3-51(a) 接法测量，则被测二极管正向导通，万用表显示二极管的正向导通电压，单位是 mV。通常好的硅二极管正向导通电压应为 500～800mV，好的锗二极管正向导通电压应为 200～300mV。假若显示"000"，则说明二极管击穿短路，假若显示"1"，则说

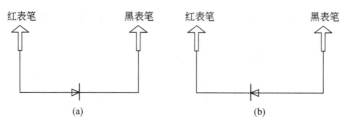

图 3-51　测量晶体二极管

明二极管正向不通。若按图 3-51（b）接法测量，应显示"1"，说明该二极管反向截止，若显示"000"或其他值，则说明二极管已反向击穿。

（5）短路检测　将功能、量程开关转到"·)))"位置，两表笔分别接入测试点，若有短路，则蜂鸣器会响。

【实验步骤】

① 万用表使用说明书的研读及相关资料的查找（实验前先完成）。通过阅读说明书了解所用多用表的结构、工作原理、功能，以及使用注意事项。

② 自己设计一简单电路，用万用表电流、电压挡进行测量，熟悉其功能的使用。

③ 用多用表正确判断电学暗箱中（电阻、电容、二极管等）常用元件的名称，并测量其基本参数。

【数据记录与处理】

本实验属于技能训练型实验，在操作过程中发现问题，总结经验。写出实验过程中的体会和感受。

平常接触的电学元（器）件主要有电阻、电容、电感、开关、晶体二极管、电池等。如果黑箱内只有其中一个元件，如何判断其种类？可以根据手边的检测仪器，例如多用电表，检测在它能检测范围内的元件。图 3-52 所示为判断电学元件的程序。

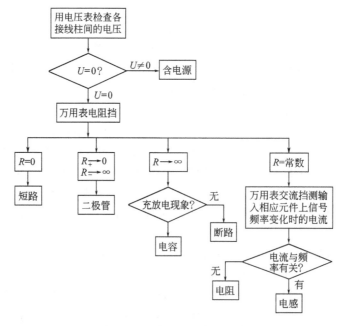

图 3-52　判断电学元件的程序

① 首先必须判断箱内有无电源。判断的方法是用电压表去测量，只有在确认不含电源的情况下才能继续实验，以免损坏仪表。

② 用欧姆表检测接线柱的两端，其中对电容的检测，只有在电容量足够大的情况下才能看到充电现象；对电感元件，只采用多用电表是难以检测的。

③ 如果提供交流电流表（或电压表、示波器）、信号源、电阻箱等，可以用测感抗和容抗的方法来判断是否有电感或电容元件，也可估测元件的参数。

④ 对电池参数的测量，可以应用闭合电路欧姆定律。

实验15　分光计的使用

分光计又称光学测角仪，是一种用于角度（如反射角、折射角、偏向角、衍射角等）精确测量的典型光学仪器。通过角度的测量，可以测定光学材料的折射率、光栅常数、光波波长、色散率等许多物理量，在光学实验中应用非常广泛。分光计装置较精密，结构较复杂，调节要求也较高，对初学者来说有一定难度，实验过程中，不仅要根据其基本结构和测量原理，严格按调节要求和步骤耐心操作，同时还要注意体会、分析，才能领会调节方法的科学性，方可获得高精度的测量结果。

分光计的基本光学结构是许多光学仪器（如棱镜光谱仪、光栅光谱仪、单色仪等）的基础，分光计的调节方法和技巧在光学实验中具有一定的代表性，因而学会分光计的调节和使用，对使用其他更复杂、精密的光学仪器（如单色仪、摄谱仪等）具有重要的指导意义。

【实验目的】

① 了解分光计的结构，学会调节和使用分光计。

② 掌握测量三棱镜的顶角的方法。

【预习思考题】

① 在分光计调节使用过程中，要注意什么事项？

② 为什么读数时要在两游标处同时读数？

【实验原理】

1. 分光计结构原理

本实验仪器是JJY-1型分光计。分光计主要包括望远镜、载物平台、准直管（即平行光管）和读数装置四部分。如图3-53所示。

（1）望远镜　它由物镜和目镜组成，是用来观察和确定光线前进方向的。物镜装在镜筒的一端，目镜装在镜筒另一端的套筒中，套筒可在镜筒中前后移动，以达到对物镜调焦。分光计的目镜有两种，一种是阿贝目镜，另一种是高斯目镜，它们均属于自准

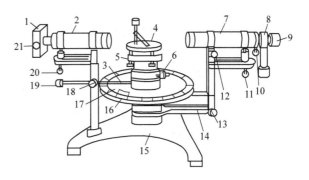

图3-53　JJY-1型分光计结构

1—狭缝装置；2—准直管；3—制动架；4—载物台；

5—载物台调节螺丝；6—载物台锁紧螺丝；7—望远镜；

8—阿贝式自准直目镜；9—目镜视度调节手轮；

10—望远镜锁紧螺丝；11—望远镜光轴斜度调节螺丝；

12—望远镜光轴水平转动调节螺丝；

13—望远镜微调螺丝；14—制动架；15—底座；

16—度盘；17—游标盘；18—游标盘微调螺丝；

19—游标盘止动螺丝；20—准直光管光轴高低调节螺丝；

21—狭缝宽度调节手轮

直目镜。本实验装置采用的是阿贝目镜。在目镜与物镜之间，目镜的焦平面附近装有十字分划板，在分划板与目镜之间下方装有反射小棱镜，棱镜靠近分划板的表面镀上一层不透明薄膜，并在薄膜上刻有一个空心透光的十字窗。绿色的照明光线经小棱镜向分划板的方向反射，由于棱镜靠近分划板的那一表面镀了一层不透明的薄膜，只有空心十字部分透过，形成作为物的亮绿色十字。从目镜观察小棱镜，在视场中挡掉了一部分光线，故呈现出绿色的棱镜的阴影，而透光的十字呈现黑色，如图3-54。显然，应用自准直法调节望远镜对无穷远聚焦时，透光的十字投射到分划板上，分划板上绿色十字在望远镜光轴下方，经望远镜物镜和平面镜再反射回来，绿十字的像对称地落在望远镜光轴的上方，即绿十字像与调整刻线重合。

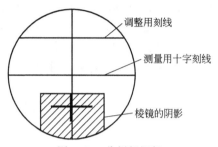

图 3-54　分划板视场

　　望远镜安装在支臂上，支臂与转座固定在一起，套在主刻度盘上，因此望远镜可绕分光计中心轴转动。为精细调节望远镜转过的角度，在望远镜的转动机构中还设置了微调螺丝，并可用止动螺丝把望远镜锁定在任一调整好的位置。望远镜的俯仰状况则通过俯仰度调节螺丝进行调节。

　　（2）载物平台　又称棱镜台，它用来放置光学元件，如三棱镜、光栅等。载物平台套在游标内盘上，可绕通过平台中心的铅直轴（即仪器转轴）转动和升降。平台的下方有三个调节螺丝，可用来调节平台的倾斜度，松开平台下的锁紧螺丝，可使平台沿仪器转轴升降。

　　（3）准直管　准直管用来产生平行光，故又称平行光管，它固定在底座的立柱上。准直管的一端装有固定狭缝的套管，狭缝的宽度是可调的，其范围约为 0.02～2mm。准直管的另一端装有消色差物镜，当狭缝恰好位于物镜的焦平面上时，则狭缝发出的光线经准直管物镜出射后为平行光，被望远镜接收后，观察者从望远镜的目镜中看到的是狭缝的像。

　　（4）读数装置　读数装置由外边主刻度圆盘和内盘的两个对称游标组成。外边主刻度盘可以通过离合机构与望远镜锁合，随望远镜一起转动，也可与望远镜分离而独自转动。刻度盘上有 0°～360° 的圆刻度线，最小分度值为 0.5°（30′）。内盘上相隔 180° 的地方设有两个游标。主刻度盘上的 29 个分格对应游标的 30 个分格，因此分光计最小读数为 1′。读数方法按游标读取，以游标零线为准，从刻度盘上找到与游标零线对应的地方，读出"度"数值，再找游标上与刻度盘刻线刚好重合的刻线，读出"分"数值。为了提高读数的精度，消除刻度盘中心和游标盘中心不重合引起的偏心差，需在两游标处同时读数，对所得的角度差取平均值。

　　2. 自准直法测量三棱镜的顶角

　　将待测棱镜放在载物台上，并固定载物台，打开望远镜的目镜小灯，旋转望远镜，使它对准棱镜一个折射面，用自准直法调节其光轴使与此折射面严格垂直，使绿色十字的反射像和调整刻线完全重合，记录刻度盘上两游标对应的读数 A_1，A_2；再转动望远镜，按同样方法使它的光轴垂直于棱镜另一折射面，记录两游标对应的读数 B_1，B_2。同一游标两次读数之差等于棱镜顶角 α 的补角，即

$$\alpha = 180° - \frac{1}{2}(|B_1 - A_1| + |B_2 - A_2|) \qquad (3\text{-}118)$$

【实验仪器】

JJY-1 型分光计，钠灯，三棱镜。

【实验步骤】

1. 分光计的调节

分光计是在平行光中进行观察和测量的，因此要求：

① 分光计的光学系统（准直管和望远镜）要适应平行光；

② 从刻度盘上读出的角度要符合观察现象中的实际角度，这就要求观测系统的读数平面、观察平面和待测光路平面相互平行，否则，测得的角度与实际角就会有差异。

调节时首先进行粗调，目视载物台面基本水平（等高）和望远镜与准直管光轴平行，在粗调基础上再按以下步骤进行细调。

（1）目镜调焦　目镜调焦的目的是使眼睛通过目镜很清楚地看到分划板上的刻线。

调焦方法：先把目镜调焦手轮旋出，然后一边旋进一边从目镜中观察，分划板像由不清晰到清晰到不清晰即可停止旋进，再将调焦手轮慢慢旋出，直到分划板像回到最清晰处为止。

（2）望远镜的调焦　望远镜的调焦是将目镜分划板上的十字线调整到物镜的焦平面上，也就是望远镜对无穷远调焦。其方法如下：

① 接通电源；

② 把望远镜调到适中位置；

③ 在载物台中央放上光学平行平板，其反射面对着望远镜，且与望远镜光轴垂直；

④ 通过对载物台调水平和转动，从目镜中观察可以看到一亮斑，这时，前后移动目镜，使亮十字线成像清晰，然后利用载物台上调平螺钉和载物台微调机构，把这个亮十字线调节到与分划板上方十字线重合，往复移动目镜，使亮十字与分划板十字线无视差的重合。

（3）调整望远镜光轴垂直于主轴

① 调整望远镜光轴位置，使反射回来的亮十字与分划板精确地成像在十字线上。

② 把游标盘连同载物台平行平板旋转 180°，这时亮十字线与十字丝可能在垂直方向上产生位移，即亮十字线可能偏高或偏低。

③ 调整载物台调平螺钉，使位移减少一半。

④ 调整望远镜光轴，使垂直方向位移完全消除。

⑤ 把游标盘连同载物台、平行平板再转过 180°，检查其重合程度。重复步骤③和④使偏差得到完全校正。

（4）将分划板十字线调成水平和垂直　当载物台连同光学平行板相对于望远镜旋转时，观察亮十字是否水平地移动，如果分划板的水平刻线与亮十字的移动方向不平行，可转动目镜，使二者平行，注意不要破坏望远镜的调焦，调好后将目镜锁紧。

2. 调节三棱镜两个折射面与分光计转轴平行

三棱镜按图 3-55 的位置放在载物台上，折射面 AB 垂直于 b_1、b_2 的连线，折射面 AC 垂直于 b_1、b_3 的连线，望远镜对准折射面 AB，调节 b_1 或 b_2，使绿十字发出的光由 AB 面返回后在分划板上成清晰的像，且与调整刻线重合。转动载

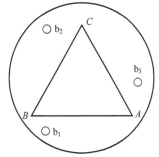

图 3-55　三棱镜放在载物平台上示意图

物台，使折射面 AC 对准望远镜，调节 b_3，采用逐次逼近法，直到 AC 面和 AB 面发射回望远镜的绿十字像与调整刻线重合为止。这时棱镜折射面 AB 和 AC 均与仪器转轴平行。

3. 测量三棱镜的顶角 α

① 调好游标盘的位置，使游标在测量过程中避免平行光管或望远镜挡住，锁紧游标盘和载物台的止动螺钉。

② 使望远镜对着 AB 面，锁紧刻度盘与转座的止动螺钉。

③ 通过微调使亮十字丝完全重合。

④ 记下两个游标所示刻度盘的读数值 A_1、A_2。

⑤ 松开转座止动螺钉，旋转望远镜，使其对准 AC 面，然后锁紧转座止动螺钉。

⑥ 重复④、⑤项，得两个游标所示盘的读数值 B_1、B_2。

⑦ 按式(3-118)计算顶角 α。

⑧ 重复测量三次，求其平均值。

【注意事项】

① 分光计是精密仪器，调节螺钉较多，在不清楚这些螺钉的作用和用法之前，切不要乱拧，以免损坏分光计。当望远镜和载物台等无法转动时，切勿强制转动，应分析原因后再适当调节。

② 严禁用手触摸或随意擦拭三棱镜等光学元件的光学面，若有污渍，请使用专用擦镜纸轻轻擦拭。严防三棱镜跌落摔坏。

③ 当分光计的调节完成后，测量时只能水平转动载物台、望远镜，否则会破坏分光计的基本调节，基本调节一旦破坏，必须再从头开始精确调节分光计。

④ 用分光计测量数据前，务必检查几个制动螺钉是否锁紧，否则会测出错误的结果。

⑤ 测量过程中转动望远镜时，力只能作用在望远镜的支臂上，不能推拉望远镜的目镜；对准测量位置时，应正确使用望远镜转动的微调螺钉，提高测量准确度。

⑥ 调节望远镜俯仰角时，不能直接用手粗野上抬望远镜的镜筒，只能使用望远镜光轴斜度调节螺钉细心调节，否则会损坏望远镜与支架连接处的弹簧片。

【数据记录与处理】

数据记录在表3-42中。

表3-42　测量三棱镜顶角

次　数	A_1	A_2	B_1	B_2	α
1					
2					
3					

三棱镜顶角 $\bar{\alpha}=$ _____。

【思考题】

① 用分光计进行观测时，为什么要求读数平面、观察平面和待测光路平面互相平行？

② 读数平面、观察平面和待测光路平面是怎样形成的？

③ 测角 α 时，望远镜由 A_1 经零刻线转到 B_1，例如 $A_1=340°20'30''$，$B_1=16°1'15''$，试写出计算 α 的通用公式。

综合性实验

实验16　简谐振动运动规律研究与弹簧劲度系数测量

简谐振动是质点在回复力作用下在平衡位置附近做周期性的往复运动。简谐振动是周期运动中最简单、最基本且最具代表性的振动形式。

为了提高测量的准确度，对本实验采用的实验装置，在原焦利秤装置的基础上进行了改进。采用新型的带有指示针加反射镜的弹簧位置游标读数器读取位移，采用开关型集成霍尔传感器测量弹簧的振动周期，运用静态伸长法来测量弹簧的劲度系数。

【实验目的】

① 研究简谐振动的运动规律，验证胡克定律，测量弹簧的劲度系数。

② 了解并掌握开关型集成霍尔传感器的基本工作原理及其应用。

③ 测量两根不同弹簧的劲度系数，加深对弹簧劲度系数与其线径、外径、材料等的关系的了解（选做）。

【预习思考题】

① 什么样的装置可以看作弹簧振子？弹簧振子的振动是简谐振动吗？

② 如何确保弹簧振子沿竖直方向振动？不沿竖直方向振动会有什么样的结果？

【实验原理】

① 弹簧振子在外力作用下将产生形变（伸长或缩短）。在弹性限度内由胡克定律知：外力 F 和它的形变量 Δy 成正比，即

$$F = k\Delta y \tag{4-1}$$

式中，k 为弹簧的劲度系数，它取决于弹簧的形状、材料的性质。通过测量 F 和 Δy 的对应关系，就可由式(4-1)推算出弹簧的劲度系数 k。

② 将质量为 M 的物体挂在垂直悬挂于固定支架上的弹簧的下端，构成一个弹簧振子，若物体在外力作用下（如用手下拉，或向上托）离开平衡位置少许，然后释放，则物体就在平衡点附近做简谐振动，其周期为

$$T = 2\pi \sqrt{\frac{M + PM_0}{k}} \tag{4-2}$$

式中，P 为待定系数，它的值近似为 $1/3$，可由实验测得；M_0 为弹簧本身的质量，PM_0 被称为弹簧的有效质量。因此通过测量弹簧振子的振动周期 T，就可由式(4-2)计算出弹簧的劲度系数 k。

③ 开关型集成霍尔传感器。如图 4-1 所示，开关型集成霍尔传感器是一种磁敏开关。"U_+"端和"U_-"端间加 5V 直流电压，"U_+"端接电源正极、"U_-"端接电源负极。当

垂直于该传感器的磁感应强度大于某值 B_{OP} 时，传感器处于"导通"状态，这时"U_{out}"端和"U_-"端之间输出电压极小，近似为零。当磁感强度小于某值 B_{rP}（$B_{rP} < B_{OP}$）时，传感器处于"截止"状态，"U_{out}"端和"U_-"端之间输出电压等于"U_+"端和"U_-"端间所加的电源电压。将磁开关的输出信号输入周期测定仪，就可以测量物体运动的周期或运动所经历的时间。

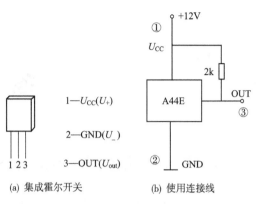

(a) 集成霍尔开关　　(b) 使用连接线

图 4-1　开关型集成霍尔传感器

【实验仪器】

毫秒计数仪，开关型集成霍尔传感器，新型焦利秤，砝码组（500mg 砝码 10 片，20g 砝码 1 个，50g 砝码 1 个）。具体实验装置如图 4-2 所示。

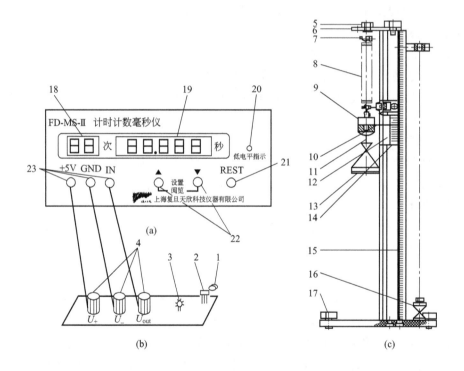

图 4-2　测量弹簧劲度系数的实验装置

1—小磁钢；2—开关型集成霍尔传感器；3—白色发光二极管；4—霍尔传感器管脚接线柱；5—调节旋钮（调节弹簧与主尺之间的距离）；6—横臂；7—吊钩；8—弹簧；9—初始砝码；10—小指针；11—挂钩；12—小镜子；13—砝码托盘；14—游标尺；15—主尺；16—重锤（调节立柱铅直）；17—水平调节螺丝；18—计数显示；19—计时显示；20—低电平指示；21—复位键；22—设置/阅览功能按键；23—电源信号接线柱

【实验步骤】

1. 用静态伸长法研究简谐运动的规律并测弹簧的劲度系数 k

① 调节底板的三个水平调节螺丝，使铅锤尖端对准基准的尖端。

② 在主尺顶部安装弹簧，再依次挂入吊钩、初始砝码，使小指针被夹在两个初始砝码中间，下方的初始砝码通过吊钩和金属丝连接砝码托盘，这时弹簧已被拉伸一段距离。

③ 调整小游标的高度，使小游标左侧的基准刻线大致对准指针，锁紧固定小游标的锁紧螺钉，然后调整视差，先让指针与镜子中的虚像重合，再调节小游标上的调节螺母，通过主尺和游标尺读取读数（读数原理和方法与游标卡尺相同）。

④ 先在砝码托盘中放入 0.5g 砝码，然后再重复实验步骤③，读出此时指针所在的位置值。先后放入 10 个 0.5g 砝码，通过主尺和游标尺依次读出每个砝码被放入后小指针的位置，再依次把这 10 个砝码取下拖盘，记下对应的位置值。

⑤ 根据每次放入或取下砝码时弹簧所受的重力和对应的拉伸值，绘出外力和形变量之间的曲线图，算出弹簧的劲度系数。

2. 动态测量弹簧简谐振动周期并计算弹簧的劲度系数

① 取下弹簧下的砝码托盘、吊钩和校准砝码、指针，挂入 20g 砝码，铁砝码下吸有磁钢片（磁极需正确摆放，否则不能使霍尔开关传感器导通）。

② 把传感器附板夹入固定架中，固定架的另一端由一个锁紧螺丝把传感器附板固定在游标尺的侧面。

③ 分别把霍尔传感器固定板上的 U_+、U_-、U_{out} 与计时器的 U_+、U_-、U_{in} 用导线连接起来，打开计时器。

④ 调整霍尔传感器固定板的方位与横臂的方位，使磁铁与霍尔传感器正面对准，并调整小游标的高度，以便小磁钢片在振动过程中能触发霍尔传感器。

⑤ 向下拖动砝码并拉伸一定距离，使小磁钢面贴近霍尔传感器的正面，传感器被触发。霍尔传感器固定板中的白色发光二极管发光，然后松开手，让砝码来回振动，此时发光二极管在闪烁。

⑥ 计数器停止计数后，记录计时器显示的数值。

⑦ 要求测量 10 个全振动的周期，重复实验 5 次，取平均值。

⑧ 根据公式 $T=2\pi\left(\dfrac{M+\dfrac{1}{3}M_0}{k}\right)^{1/2}$，求出弹簧的劲度系数（$M_0$ 为弹簧质量，弹簧等效质量为 $M_0/3$）。

【注意事项】

实验时弹簧需有一定伸长，即弹簧每圈之间要拉开些，否则会带来较大的误差，所以用拉伸法测量时，对线径为 0.4mm 的弹簧，砝码托盘在初始时不需放入砝码，对线径为 0.6mm 的弹簧，需在砝码托盘中事先放入 20g 砝码；用振动法测量时，对线径为 0.4mm 的弹簧，应挂入 20g 砝码，对线径为 0.6mm 的弹簧，应挂入 50g 左右的砝码。

【数据记录与处理】

数据记录在表 4-1 中。

表 4-1 弹簧劲度系数测定

静 态 伸 长 法				动 态 振 动 法
M/g	Y(增)/cm	Y(减)/cm	$\overline{Y}$/cm	10T/s
0				
0.5				
1.0				
1.5				
2.0				砝码质量＋
2.5				磁钢片质量
3.0				
3.5				
4.0				
4.5				
5.0				$\overline{T}=$

$T=2\Delta t_右$ （或 $T=2\Delta t_左$）

实验 17　不良导体热导率的测量

热导率（又称导热系数）是表征材料热传导性质的重要物理量。热传导是热交换的三种基本形式（热传导、热对流和热辐射）之一，它涉及工程热物理、材料科学、固体物理及能源、环保等研究领域。材料的热导率不仅与构成材料的物质种类密切相关，而且还与它的微观结构、温度、湿度、压力及杂质含量相联系。在科学实验和工程设计中，所用材料的热导率都需要用实验来精确测定。本实验采用稳态平板法对材料的热导率进行测量。

【实验目的】
① 掌握采用稳态平板法测量不良导体（橡胶）热导率的方法。
② 了解热电偶温度传感器，巩固游标卡尺、物理天平的使用技能。

【预习思考题】
一定质量的物体与外界存在温差时，将会进行热量交换，热量交换由哪些因素决定？

【实验原理】
本实验采用稳态平板法进行测量。其原理如图 4-3 所示，A 为发热盘，B 为待测样品，C 为铜质散热盘。设均质圆盘形平板样品 B 的截面面积为 $S_B=\pi R_B^2$，厚度为 h_B，当传热达到稳态时，样品上下面的温度 T_1 和 T_2 的值将不随时间改变，忽略侧面散热的影响，那么由傅里叶定律可知在 Δt 时间内通过截面 S_B 传递的热量 ΔQ 满足

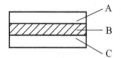

图 4-3　稳态平板法测量原理

$$\frac{\Delta Q}{\Delta t}=-\lambda S_B\frac{T_2-T_1}{h_B}$$ (4-3)

式中，$\frac{T_2-T_1}{h_B}$ 为温度梯度；λ 为样品的热导率，W/(m·K)；负号表示热量沿温度降低的方向传递。

在稳定导热的情况下，可以认为通过样品平板的传热率 $\dfrac{\Delta Q}{\Delta t}$ 等于铜质散热盘 C 的散热率，即等于温度为 T_2 的散热盘 C 在单位时间内向环境中散发的热量。因此，可以由铜质散热盘 C 的散热率求解样品的热导率。若对铜质散热盘 C 直接加热到高于温度 T_2 后，使其暴露在环境中散热，并测出铜质散热盘 C 的温度与时间的关系，则在单位时间内通过单位面积向环境的散热为

$$\frac{1}{2S_C+2\pi R_C h_C}mc\left.\frac{\Delta T}{\Delta t}\right|_{T=T_2} \tag{4-4}$$

式中，$S_C=\pi R_C^2$ 为铜质散热盘 C 底面的面积；R_C 为其半径；h_C 为其厚度；c 为铜的比热容；m 为盘 C 的质量；$\left.\dfrac{\Delta T}{\Delta t}\right|_{T=T_2}$ 为 $T=T_2$ 时温度随时间的变化率。

式（4-4）应当与同一环境下稳定传热时，通过铜质散热盘 C 单位面积的散热率相等，即

$$\frac{1}{2S_C+2\pi R_C h_C}mc\left.\frac{\Delta T}{\Delta t}\right|_{T=T_2}=\frac{1}{S_C+2\pi R_C h_C}\times\frac{\Delta Q}{\Delta t} \tag{4-5}$$

由式（4-3）和式（4-5）消去 $\dfrac{\Delta Q}{\Delta t}$ 得

$$\lambda=\frac{R_C+2h_C}{2R_C+2h_C}\times\frac{mc}{\pi R_B^2}\times\frac{h_B}{T_1-T_2}\times\left.\frac{\Delta T}{\Delta t}\right|_{T=T_2} \tag{4-6}$$

【实验仪器】

FD-TC-Ⅱ型热导率测定仪，数字电压表，热电偶，保温杯，橡胶圆盘样品，游标卡尺，卷尺，物理天平，计时器，冰块。

【实验步骤】

1. 基本仪器安装

按图 4-4 安装及连线。

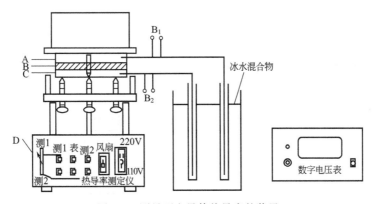

图 4-4　测量不良导体热导率的装置

① 取下固定螺丝，将样品放在加热盘与散热盘中间，然后固定，调节底部的三个微调螺母，使样品与加热盘、散热盘良好接触。

② 将热电偶的两个插头插在热导率测定仪的测 2 上，将冷端放在装有冰水混合物的保温杯中，热端插在散热盘的小插孔上，将另一热电偶插在表盘的测 1 上，冷端也放在保温杯的另一细管内，热端插入加热盘的小插孔中。

③ 插好加热盘的电源插头，再将输出线的一端与数字电压表相连，另一端插在表盘的

中间位置，同时接好热导率测定仪与数字电压表的电源。

2. 稳态操作过程

① 接通电源，打开各仪器的开关。

② 先将电热板电源电压开关 S 打在 220V 挡，待 $U_1 = 4.00\text{mV}$ 后，即可将开关拨至 110V 挡，待 U_1 降至 3.5mV 左右时，通过手控调节电热板开关 S 的电压 220V、110V 挡或 0V 挡，使 U_1 读数变化在 $\pm 0.03\text{mV}$ 范围内，同时每隔 2min 记下样品上圆盘 A 和下圆盘 C 的电压输出数值 U_1 和 U_2（通过查表可以知道样品上下圆盘 A 和 C 的温度 T_1 和 T_2 的数值），待 V_2 的数值在 10min 内不变即可认为已达到稳定状态，记下此时的 V_1 和 V_2 值。

③ 记下稳态时的 U_1 和 U_2 值后，移去样品，让发热盘 A 的底面与散热盘 C 直接接触。使 C 的输出电压（温度）上升到比 U_2 高出 0.4mV（即高出 10℃）左右时，再将发热盘 A 移开，让铜盘 C 全部暴露在环境中自然冷却，电扇仍处于工作状态，每隔 15s 记一次散热盘的温度，选取邻近 U_2 的温度数据，求出 C 在 T_2 的冷却速率 $\dfrac{\Delta T}{\Delta t}\bigg|_{T=T_2}$。

3. 基本测量

① 用游标卡尺测量样品 B 的高度 h_B 和直径 D_B，不同位置各测 6 次，取平均值。

② 用游标卡尺测量散热盘 C 的高度 h_C 和直径 D_C，不同位置各测 6 次，取平均值。

③ 用物理天平采用交换法测散热铜盘 C 的质量。散热铜盘质量 $m = \sqrt{m_1 m_2}$。

【注意事项】

① 安置圆筒、圆盘时，须使放置热电偶的洞孔与保温瓶、数字电压表位于同一侧。热电偶插入小孔时，要抹上少量硅油，并插到洞孔底部，使热电偶测温端与铜盘接触良好。热电偶冷端插在滴有硅油的细玻璃管内，再将玻璃管浸入冰水混合物中。

② 在实验过程中，若要移开加热盘，应先关闭电源，移开加热盘时，手应握住固定轴转动，以免烫伤手；实验结束后，切断电源，保管好测量样品，不要使样品两端面划伤，以致影响实验的精度。

③ 数字电压表出现不稳定时，应先检查各个环节的接触是否良好，再检查电压表是否良好。

【数据记录与处理】

数据记录在表 4-2 中。

表 4-2　样品 B、散热盘 C 的测量参数

测 量 次 数	样品 B		散热盘 C		散热盘 C 质量/g
	厚度 h_B/mm	直径 D_B/mm	厚度 h_C/mm	直径 D_C/mm	
1					
2					$m_1 =$
3					
4					
5					$m_2 =$
6					
平均值					

稳态时，插入样品上下表面的热电偶的电动势：

$U_1 = $ _____ mV，$U_2 = $ _____ mV

通过查表换算出上下表面的温度：$T_1 = $ _____ ℃，T_2 _____ ℃

自拟表格，每隔15s记录一次散热盘冷却时的电动势，计算出 $T = T_2$ 的冷却率。代入实验原理中的表达式计算样品的热导率。

【思考题】

① 测量C盘的冷却速率时，如果在其上覆盖样品，对实验有什么影响？为什么？

② 实验中热电偶的冷端是否一定要放在冰水混合物中？如果不放在冰水混合物将会有什么影响？数据将如何处理？

附表：铜-康铜热电偶分度表（表4-3）

表 4-3　铜-康铜热电偶分度表（参考端温度为0℃）

分度号：CK

温度/℃	0	1	2	3	4	5	6	7	8	9	10	温度/℃
	热电动势/mV											
0	0.000	0.039	0.078	0.117	0.156	0.195	0.234	0.273	0.312	0.351	0.391	0
10	0.391	0.430	0.470	0.510	0.549	0.589	0.629	0.669	0.709	0.749	0.789	10
20	0.789	0.830	0.870	0.911	0.951	0.992	1.032	1.073	1.114	1.155	1.196	20
30	1.196	1.237	1.279	1.320	1.361	1.403	1.444	1.486	1.528	1.569	1.611	30
40	1.611	1.653	1.695	1.738	1.780	1.882	1.865	1.907	1.950	1.992	2.035	40
50	2.035	2.078	2.121	2.164	2.207	2.250	2.294	2.337	2.380	2.424	2.467	50
60	2.467	2.511	2.555	2.599	2.643	2.687	2.731	2.775	2.819	2.864	2.908	60
70	2.908	2.953	2.997	3.042	3.087	3.131	3.176	3.221	3.266	3.312	3.357	70
80	3.357	3.402	3.447	3.493	3.538	3.584	3.630	3.676	3.721	3.767	3.813	80
90	3.813	3.859	3.906	3.952	3.998	4.044	4.091	4.137	4.184	4.231	4.277	90
100	4.277	4.324	4.371	4.418	4.465	4.512	4.559	4.607	4.654	4.701	4.749	100
110	4.479	4.796	4.844	4.891	4.939	4.987	5.035	5.083	5.131	5.179	5.227	110
120	5.227	5.275	5.324	5.372	5.420	5.469	5.517	5.566	5.615	5.663	5.712	120
130	5.712	5.761	5.810	5.859	5.908	5.957	6.007	6.056	6.105	6.155	6.204	130
140	6.204	6.254	6.303	6.353	6.403	6.452	6.502	6.552	6.602	6.652	6.702	140
150	6.702	6.753	6.803	6.853	6.903	6.954	7.004	7.055	7.106	7.156	7.207	150
160	7.207	7.258	7.309	7.360	7.411	7.462	7.513	7.564	7.615	7.666	7.718	160
170	7.718	7.769	7.821	7.872	7.924	7.975	8.027	8.079	8.131	8.183	8.235	170
180	8.235	8.287	8.339	8.391	8.443	8.495	8.548	8.600	8.652	8.705	8.757	180
190	8.757	8.810	8.863	8.915	8.968	9.021	9.074	9.127	9.180	9.233	9.286	190
200	9.286	9.339	9.392	9.446	9.499	9.553	9.606	9.659	9.713	9.767	9.830	200

实验18　空气介质中声速的测量

声波是机械波，它能在气体、液体和固体中传播。把振动频率在20Hz～20kHz的声波称为"可闻声波"，频率低于20Hz的称为"次声波"，频率超过20kHz的声波称为"超声波"。其传播速度决定于媒质的状态和性质（密度和弹性模量）。因此通过对在某种媒质中传播的声波波速的测量，就可以了解被测媒质的特性或状态变化，这在工业生产与科学实验上有广泛的实用意义。

本实验是利用压电陶瓷的逆压电效应，通过信号发生器信号的激励引起振动，发出超声波。同时利用压电陶瓷正压电效应做成声电换能器来接收该超声波，并用示波器进行测试。同性质的压电陶瓷有共同的谐振点，选用一只压电陶瓷用作发射，另一只频率特性一致压电陶瓷用作接收，利用共振干涉法、相位比较法和时差法进行声速的测量，这是一种非电量的电测方法。

【实验目的】

① 测量声波在空气中的传播速度，了解声波的一些特性。

② 通过实验加深对振动合成、波动干涉等理论知识的理解。

③ 了解压电换能器的原理和功能。

【预习思考题】

在生活中，应用到许多超声波技术和次声波技术，试具体举出一些实例。

【实验原理】

声波的传播速度 v 与其频率 f 和波长 λ 的关系为

$$v = \lambda f \tag{4-7}$$

由上式可以看出，在实验中，只要测出声波的频率 f 和波长 λ，就可以算出声速 v。由于实验中使用音频信号发生器驱动的压电陶瓷超声换能器为声源，所以音频信号发生器的频率即为声波的频率，并可用数字频率计直接测量出来。声波的波长可由示波器配合声速测定仪而测得。具体测量的方法有两种，一种是共振干涉法（驻波法），另一种是相位比较法（行波法）。

1. 压电陶瓷超声换能器

（1）压电效应 某些固体电介质，当受到沿一定方向的压力或张力作用而变形时，电介质内部发生极化，在受力方向的两表面上会产生符号相反的束缚电荷，从而产生电势差，电势差的方向随着压力与张力的交替而改变，当外力消失时，电介质两表面上的束缚电荷亦随此而消失，其电势差随此为零，这种现象称为压电效应。压电效应还有逆效应：当施加电场时，该电介质会发生机械形变，且随所加电场方向的交替而产生伸与缩，所以常把它称为电致伸缩效应。具有压电效应的物质很多，如天然形成的石英晶体、人工制造的压电陶瓷、锆钛酸铅等。

（2）压电陶瓷超声换能器 压电陶瓷超声换能器是由压电陶瓷片和轻重两种金属组成。

压电陶瓷片是由压电材料（如钛酸钡）做成的。它在受到应力 T 作用时，便会在 T 方向产生一个内电场，电场强度 E 和应力 T 有线性关系

$$E = gT \tag{4-8}$$

式中，g 为比例系数。反之，当有电压 U 加在压电陶瓷片上时，陶瓷片的伸缩形变 S 与 U 也有线性关系

$$S = dU \tag{4-9}$$

式中，d 为压电常量，它与材料的性质有关。可见，若对换能器输入正弦交流信号，压电陶瓷片就会产生伸缩，从而使换能器变为声波的波源。反之，它也可以使声压的变化转换为电压的变化。由此可以看出，压电陶瓷片既可把电能转换成机械能，也可把机械能转换成电能。

换能器是在压电陶瓷片的前后两面胶粘上两块金属组成的夹心型振子，其头部用轻金属

做成喇叭形，尾部用重金属做成锥形，中部为压电陶瓷环，环中间穿过螺钉。这种结构增大了辐射面积，增强了振子与介质的耦合作用。由于振子的纵向伸缩直接影响头部金属作同样的纵向伸缩振动（对尾部重金属作用小），所以发射的声波具有方向性强、平面性好的特点。

2. 共振干涉法（驻波法）

当两列振动方向、频率相同，并且振幅相同、传播方向相反的声波相遇时，产生一种特殊干涉现象，形成驻波。对于波 $y_1 = A\cos\left(\omega t - \dfrac{2\pi x}{\lambda}\right)$，波 $y_2 = A\cos\left(\omega t + \dfrac{2\pi x}{\lambda}\right)$，当它们相遇时，叠加后形成波 y_3

$$y_3 = 2A\cos\left(\frac{2\pi x}{\lambda}\right)\cos\omega t \tag{4-10}$$

式中，ω 为声波的角频率；t 为经过的时间；x 为相遇点到波源的距离。

由此可见，叠加后的声波幅度随距离按 $\cos\left(\dfrac{2\pi x}{\lambda}\right)$ 变化。

压电陶瓷换能器 S_1 作为声波发射器，它由信号源供给频率为数千周的交流电信号，由逆压电效应发出一平面超声波，而换能器 S_2 则作为超声波的接收器，正压电效应将接收到的声压转换成电信号，该信号输送到示波器，在示波器上可以看到一组由声压信号产生的正弦波形。波源 S_1 发出的声波，经介质传播被 S_2 接收，S_2 在接收声波信号的同时并反射部分声波信号，如果接收面（S_2）和发射面（S_1）平行，入射波将在接收面上被反射，沿原路返回，入射波与反射波发生干涉形成驻波。所以在示波器上观察到的波形，实质上是这两个相干波合成后在声波接收器 S_2 处的振动情况。移动 S_2 位置（即改变 S_2 与 S_1 之间的距离），从示波器中的显示会发现，当 S_2 在某些位置时振幅有最小值或最大值。根据波的干涉理论可以知道，任何两相邻的振幅最大值的位置之间（或两相邻的振幅最小值的位置之间）的距离均为 $\lambda/2$。而超声波的频率又可由声波测试仪信号源频率显示窗口直接读出。在连续多次测量相隔半波长的 S_2 的位置变化及声波频率 f 以后，运用逐差法处理测量的数据，计算出声速。

3. 相位比较法（行波法）

波传播的是波源的振动状态。沿波传播方向的任何两点，当其振动状态与波源的振动状态相同时，则两点间的距离就是波长的整数倍。利用这个原理，可以精确地测量波长。

声波发射器发射的波通过媒质传播到接收器时，波源处的波与接收处的波的相位差为 φ，φ 和角频率 ω、传播时间 t 之间有如下关系

$$\varphi = \omega t \tag{4-11}$$

同时有，$\omega = 2\pi/T$，$t = \dfrac{1}{v}$，$\lambda = Tv$（式中 T 为周期），代入式（4-11）得

$$\varphi = 2\pi l/\lambda \tag{4-12}$$

当 $l = n\lambda/2(n = 1,2,3,\cdots)$ 时，即得 $\varphi = n\pi$。

实验时，利用示波器的李萨如图形来观察，通过改变发射器与接收器之间的距离，可观察到相位的变化，如图 4-5 所示。而当相位差改变 π 时，相应的距离 l 的改变量即为半个波长。由波长和频率值可求出声速。

4. 时差法测量原理

以上两种方法测声速，都是用示波器观察波谷和波峰，或观察两个波间的相位差，原理是正确，但存在读数误差，较精确测量声速的方法是时差法，时差法在工程得到广泛的应用。它是将调制脉冲的电信号加到发射换能器上，声波在介质中传播，经过 t 时间后，到达

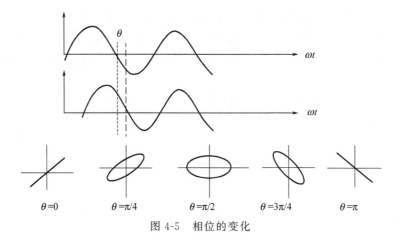

图 4-5 相位的变化

l 距离处的接收换能器，用 $v=l/t$ 求出声波在介质中传播的速度。

【实验仪器】

SV5 型声速测量组合仪、SV5 型声速测定专用信号源、示波器、300mm 游标卡尺一把。

【实验步骤】

1. 仪器安装及连线

根据不同的测量法，按图 4-6 连线专用信号源、测试仪、示波器。

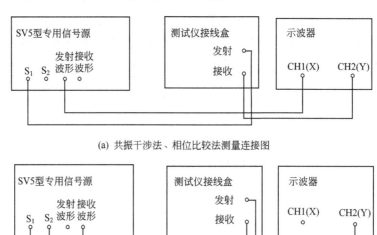

(a) 共振干涉法、相位比较法测量连接图

(b) 时差法测量连接图

图 4-6 测量连接图

2. 谐振频率的调节

根据要求初步调节好示波器。将专用信号源输出的正弦信号频率调节到换能器的谐振频率，以使换能器发射出较强的超声波，能较好地进行声能与电能的相互转换，以得到较好的实验效果，方法如下。

① 将专用信号源的"发射波形"端接至示波器，调节示波器，能清楚地观察到同步的正弦波信号。

② 调节专用信号源上的"发射强度"旋钮，使其输出电压在 25V 左右，然后将换能器的接收信号接至示波器，调整信号频率（25～45kHz），观察接收波的电压幅度变化，在某一频率点处（因不同的换能器和介质的不同，频率在 34.5～39.5kHz 之间）电压幅度最大，此频率即是压电换能器 S_1 和 S_2 相匹配频率点，记录此频率 f_i。

③ 改变 S_1 和 S_2 的距离，使示波器的正弦波振幅最大，再次调节正弦信号频率，直至示波器显示的正弦波振幅达到最大值。共测 5 次取平均频率 f。

3. 共振干涉法、相位比较法、时差法测量声速

（1）共振干涉法（驻波法）测量波长　测试仪的测试方法设置到连续方式。根据实验原理 2，确定最佳工作频率。观察示波器，找到接收波形显示的最大值时，从数显尺上或机械刻度上读取 S_2 的位置，记为 X_0。然后，向着同方向转动距离调节鼓轮，这时波形的幅度会发生变化（同时在示波器上可以观察到来自接收换能器的振动曲线波形发生相移），逐个记录示波器振幅最大时 S_2 所处的位置 X_1，X_2，…，X_9 共 10 个点，则单次测量的波长 $\lambda_i = 2|X_i - X_{i-1}|$。用逐差法处理这 10 个数据，即可得波长 λ。

（2）相位比较法（李萨如图法）测量波长　测试仪的测试方法设置在连续方式，确定最佳工作频率。对于单踪示波器，测试仪接线盒的接收端接到"Y"，专用信号源的发射波形端接收到"EXT"外触发端；双踪示波器的接线按图 4-6 连接，并将 T/DIV 旋钮打到"X-Y"显示方式，调节示波器直到出现李萨如图形。转动距离调节鼓轮，观察波形为一定角度的斜线，记下 S_2 的位置 X_0，再向前或者向后（必须是一个方向）移动 S_2，使换能器 S_2 的振动波形相移 2π。示波器重复显示该特定角度的斜线图形，并记录换能器 S_2 对应的位置 X_1，X_2，…，X_9。根据 $\lambda_i = 2|X_i - X_{i-1}|$ 用逐差法处理数据，即可得到波长 λ。

（3）时差法测量声速（空气介质）　测量空气声速时，将专用信号源上"声速传播介质"置于"空气"位置，固定发射换能器，然后将话筒插头插入接线盒中的插座中。

测试方法设置在脉冲波方式。将 S_1 和 S_2 之间的距离调到 ≥50mm。开启数显表头电源，并置 0，再调节接收增益，使示波器上显示的接收波信号幅度在 300～400mV（峰-峰值），以使计时器工作在最佳状态。然后记录此时的距离值和显示的时间值 L_{i-1}，t_{i-1}（时间由声速测试仪信号源时间显示窗口直接读出）；移动 S_2，记录这时的距离值和显示的时间值 L_i，t_i，则声速 $v_1 = (L_i - L_{i-1})/(t_i - t_{i-1})$。

记下介质温度 t（℃）。

【数据记录与处理】

① 自拟表格记录实验数据，表格要便于用逐差法求相应位置的差值和计算 λ。

② 计算出共振干涉法和相位比较法测得的波长平均值 λ 及其标准偏差 S_λ，同时考虑仪器的示值读数误差为 0.01mm，写出波长的测量结果。

【思考题】

① 声速测量中共振干涉法、相位比较法、时差法有什么异同之处？

② 为什么要在谐振频率条件下进行声速测量？如何调节和判断测量系统是否处于谐振状态？

③ 声音在不同介质中传播有何区别？声速为什么会不同？

实验 19　电表的改装和校正

常用的直流电流表和直流电压表都有一个共同的部分——磁电式微安表，通常称为"表头"。实际上电流表（或电压表）都是根据分流（或分压）原理，在表头上并联（或串联）

适当值的分流（或分压）电阻，扩大表头量程而制成。

在实际工作中经常会出现现有电表的量程不能满足测量需要的情况，必须扩大现有电表的量程才能进行测量。扩大已有电表的量程或改变其测量用途，就是对电表进行改装；校正就是对改装电表的准确性、精确度等进行验证，以便对测量值修正，使改装表具有实际应用价值。

【实验目的】

① 学习用比较法测量微安表的内阻。

② 掌握电表扩大量程的原理和方法。

③ 学会对改装表进行校正和绘制校正曲线。

【预习思考题】

① 什么叫比较法？在本实验中体现在什么地方？

② 怎样把内阻为 4000Ω，量程 $100\mu A$ 的直流表头改装成量程为 1V 的直流电压表？

【实验原理】

1. 微安表改装成电流表

微安表的量程 I_g 很小，在实际使用中，若测量较大的电流，就必须扩大其量程。扩大量程的方法是在微安表的两端并联一分流电阻 R_s，如图 4-7 所示。这样就使大部分被测电流从分流电阻上流过，而通过微安表的电流不超过原来的量程。

设微安表的量程为 I_g，内阻为 R_g，改装后的量程为 I，由图 4-7，根据欧姆定律可得

$$(I-I_g)R_s = I_g R_g \tag{4-13}$$

$$R_s = \frac{I_g R_g}{I - I_g} \tag{4-14}$$

若 $I = nI_g$，则

$$R_s = \frac{R_g}{n-1} \tag{4-15}$$

由式(4-15) 可见，要想将微安表的量程扩大至原来量程的 n 倍，那么只需在表头上并联一个分流电阻，其电阻值为 $R_s = \dfrac{R_g}{n-1}$。

2. 微安表改装成电压表

微安表虽然可以测量电压，但是它的量程为 $I_g R_g$ 是很低的。在实际使用中，为了能测量较高的电压，在微安表上串联一个附加电阻 R_H，如图 4-8 所示。这样就可使大部分电压降在串联附加电阻上，而微安表上的电压降很小，仍不超过原来的电压量程 $I_g R_g$。

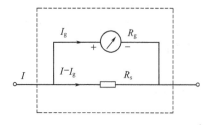

图 4-7 微安表改装成电流表

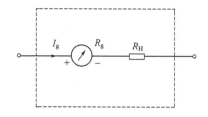

图 4-8 微安表改装成电压表

设微安表的量程为 I_g，内阻为 R_g，欲改装电压表的量程为 U，由图 4-8，根据欧姆定律可得

$$I_g(R_g+R_H)=U$$

$$R_H=\frac{U}{I_g}-R_g \tag{4-16}$$

由式（4-16）可见，要想将量程为 I_g 的微安表改装成量程为 U 的电压表，只需在表头上串联一个分压电阻，其电阻值 $R_H=\dfrac{U}{I_g}-R_g$。

3. 改装表的校正

把表头改装成电流表、电压表后，都要经过校验并对改装表定标。对电流表和电压表的校验可以接入准确度高的标准表来比较，同时测量一定的电流（或电压），看其指示值与相应的标准值（从标准电表读出）相符的程度。改装后的电流表和电压表的校正电路分别如图 4-9 和图 4-10 所示。

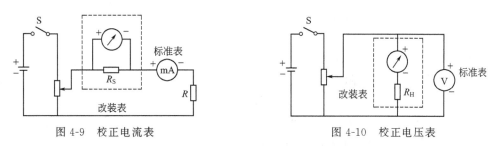

图 4-9　校正电流表　　　　　　　　　　图 4-10　校正电压表

根据电表改装的量程和测量值的最大绝对误差，可以计算改装表的标称误差，即

$$标称误差=\frac{最大绝对误差}{量程}\times100\%\leqslant a\% \tag{4-17}$$

根据标称误差的大小，将电表分为不同的等级。即在式（4-17）中 $a=\pm0.1$、±0.2、±0.5、±1.0、±1.5、±2.5、±5.0，所以根据最大相对误差的大小就可以定出电表的等级。

例如：校准某电压表，其量程为 $0\sim30V$，若该表在 $12V$ 处的误差最大，其值为 $0.12V$，试确定该表属于哪一级？

【解】　　$标称误差=\dfrac{最大绝对误差}{量程}\times100\%=\dfrac{0.12}{30}\times100\%=0.4\%<0.5\%$

因为 $0.2<0.4<0.5$，故该表的等级属于 0.5 级。

电表的校准结果除用等级表示外，还常用校准曲线表示。即以被校电表的指示值为横坐标，以校正值（标准电表的指示值与被校表相应的指示值的差值）为纵坐标，两个校正点之间用直线段连接，根据校正数据做出呈折线状的校正曲线（不能画成光滑曲线）。如图 4-11 为某电压表的校正曲线。有了校正曲线，以后在使用这个校正过的电压表时，就可将表的示值加上从曲线上查出的修正值，得出待测量的实际值。这实际上是对电表误差的修正，从而获得较高的准确度。

【实验仪器】

微安表，滑线变阻器，旋转式电阻箱，直流稳压电源，毫安表，伏特表，单刀单掷开

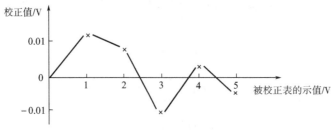

图 4-11　电压表校正曲线

关，双刀双掷开关。

【实验步骤】

1. 用比较法测量微安表的内阻

① 按图 4-12 接好线路，将滑线变阻器的滑动头 C 靠近 B 端。电源的取值为 $E \geqslant 2\text{V}$。R 的取值为 $R \geqslant 20000\Omega$。

② 合上开关 S_1，将双刀双掷开关 S_2 接到待测表上，调节滑线变阻器，使比较表电流在一较大示值处，记为 I_0（I_0 不得小于 $70\mu\text{A}$）。

③ 把 S_2 打到旋转式电阻箱 R_1 一侧，保持变阻器的阻值不变，调节电阻箱上的电阻（由高电阻逐渐减小），使比较表中的电流再次显示 I_0，此时旋转式电阻箱上的电阻值 R_1 等于待测微安表的内阻 R_g，即 $R_g = R_1$。

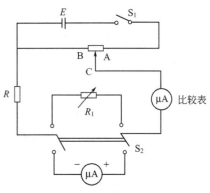

图 4-12　表头内阻的测量

2. 电流表的改装和校正

① 将量程为 $100\mu\text{A}$ 的微安表改装成量程为 100mA 的毫安表。根据式(4-15)计算出 R_s 的数值，用电阻箱电阻作为 R_s（或由实验室给出自制电阻 R_s），按图 4-9 接好线路。电源的取值为 $E \geqslant 6\text{V}$。R 的取值为 $R \geqslant 60\Omega$。

② 将电流表从小到大校准 10 个刻度，然后电流从大到小重复一遍，即先为 10.0mA，20.0mA，$\cdots$，100.0mA，再为 100.0mA，90.0mA，$\cdots$，10.0mA。

③ 以改装电流表的示值 I 为横坐标，示值 I 的校正值 $\Delta I = I_s - I$ 为纵坐标，作出改装表的 ΔI-I 校正曲线。

3. 电压表的改装和校正

① 将量程为 $100\mu\text{A}$ 的微安表改装成量程为 1V 的电压表。根据式(4-16)计算出 R_H 的数值，按图 4-10 接好线路。电源的取值范围为 $2\text{V} > E > 1\text{V}$。

② 将电压表从小到大校准 10 个刻度，然后电压从大到小重复一遍，即先为 0.100V，0.200V，$\cdots$，1.000V；再调为 1.000V，0.900V，$\cdots$，0.100V。

③ 以改装电压表的示值 U 为横坐标，示值 U 的校正值 $\Delta U = U_s - U$ 为纵坐标，作出改装电压表的 ΔU-U 校正曲线。

【注意事项】

① 实验中注意电表的正负极性，按照电路图正确连线，检查无误后方可接通电源。

② 在拆除线路或重新连接电路前，必须首先将"电压调节"旋钮旋至最小位置，再关闭电源。通电前须检查"电压调节"旋钮处于最小位置，然后慢慢调高电压至适当值。

③ 严禁在电源接通的情况下进行线路的拆除和重新连接操作。

④ 闭合开关之前，使滑动变阻器的滑动头 C 位于 B 端，使第二个回路中的电压为零，并且根据实验内容将控制电阻调节到相应的阻值，以保证电表的安全。

⑤ 电阻箱的调节注意从大往小调，并防止电阻值突然减小。

⑥ 注意测量时不要超过电表的量程。

⑦ 校正曲线是折线图，不能画成光滑曲线。

【数据记录与处理】

数据记录在表 4-4、表 4-5 中。

表 4-4 电流表的改装和校正

$I_g =$ _____ μA；$R_g =$ _____ Ω；改装表量程 _____ mA；$R_s =$ _____ Ω。

I/mA	10.0	20.0	30.0	40.0	50.0	60.0	70.0	80.0	90.0	100.0
I_{s_1}/mA (0~100mA)										
I_{s_2}/mA (100~0mA)										
I_s/mA $I_s = \frac{1}{2}(I_{s_1}+I_{s_2})$										
ΔI/mA $\Delta I = I_s - I$										

表 4-5 电压表的改装和校正

$I_g =$ _____ μA；$R_g =$ _____ Ω；改装表量程 _____ V；$R_H =$ _____ Ω。

U/V	0.100	0.200	0.300	0.400	0.500	0.600	0.700	0.800	0.900	1.000
U_{s_1}/V (0~1V)										
U_{s_2}/V (1~0V)										
U_s/V $U_s = \frac{1}{2}(U_{s_1}+U_{s_2})$										
ΔU/V $\Delta U = U_s - U$										

【思考题】

① 校正电流表时，如果发现改装表的示值相对标准表的示值偏高，试问此时改装表的分流电阻 R_g 是偏大还是偏小？为什么？

② 校正电压表时，如果发现改装表的示值相对标准表的示值偏低，试问此时改装表的分压电阻 R_H 是偏大还是偏小？为什么？

实验 20 电子在电磁场中运动规律的研究

带电粒子在电场和磁场中的运动规律研究，在近代科学技术中发挥了重要作用，示波管、电视显像管、摄像管、雷达指示管和电子显微镜等的问世，都是这种研究的直接产物，都应用了电子束的聚焦和偏转。对电子在电磁场中运动规律的研究具有十分重要的意义。

近年来，医学上的同位素检查逐渐被人们认识和接受。医学同位素检查是通过回旋加速器产生高能质子轰击靶核（如氟核或碳核等），将其中一个中子击出，质子留下，生成半衰期很短（短的在 12min 左右，长的在 120min 左右）的放射性核素（如 F^{18}，C^{11} 等），再把它标记在生物生命代谢所必需的物质（如葡萄糖、蛋白质、核酸、脂肪酸）中，注入人体后，通过对该物质在代谢中的聚集情况来反映生命代谢活动的情况，从而达到诊断的目的。

【实验目的】

① 了解示波管的基本结构和各部分功能。

② 通过观察电子束的电偏转、电聚焦、磁偏转、磁聚焦等现象，研究带电粒子在电（磁）场中的运动规律。

③ 测量电子荷质比（粗测）。

【预习思考题】

① 若示波管加速电极的电压 U_2 一定，在调焦时，聚焦电极的电压 U_1 改变会不会影响电子枪射出电子的速度 v_z，为什么？

② 示波管的电偏转灵敏度与偏转板的哪几个几何量有关？如何提高电偏转灵敏度？为什么？

③ 实验时首先是调节"Y 调零"和"X 调零"旋钮，使得光点处于荧光屏原点。是否一定要调节到偏转电压 $U_{dy}=0$？

【实验原理】

1. 示波管基本结构及工作原理

如图 4-13 所示，示波管由电子枪、偏转系统和荧光屏三部分组成，其中电子枪是示波管的核心部分，它由阴极、栅极、第一加速阳极、聚焦电极和第二加速阳极等同轴金属圆筒（筒内膜片的中心有限制小孔）组成。在灯丝加 6.3V 的交流电对阴极加热，使之发射电子。栅极的工作电势低于阴极（约 $-5\sim-30$V），它可以限制通过栅极小孔的电子数量，调节电子束的强度，起到控制示波管的辉度作用，其电势由电势器 R_1 调节控制；第一阳极、第二阳极的电势远高于阴极的电势（约高 1300V），由电势器 R_3 调节控制，对从阴极逸出的电子加速，穿过栅极，并高速穿过第一阳极、聚焦极和第二阳极的限制孔，形成一电子束，最后打在荧光屏上，形成一可见亮点。聚焦极（相对于阴极）的电势大小介于阴极电势与阳极电势之间，由电势器 R_2 调节控制。第一阳极与聚焦极之间，以及聚焦极与第二阳极之间的电场对电子束起聚焦作用，使得从阴极发射出的不同方向的电

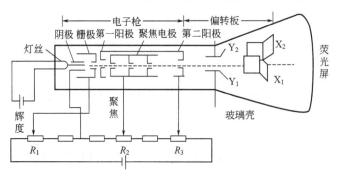

图 4-13　示波管示意图

子集聚成一个细小的平行电子束。偏转系统由水平偏转板 X_1、X_2，竖直偏转板 Y_1、Y_2 两对偏转板组成，板间分别加上电压，则产生横向和纵向偏转电场，使通过板间的电子束发生偏转。荧光屏是在示波管前端涂有一层荧光粉的玻璃屏，它用以显示电子束打在示波管端面的位置。

2. 电子束的加速与电偏转

为了描述电子的运动，选取一个直角坐标系。设沿电子枪轴线射出的电子运动方向为 Z 轴正方向，取示波管端面所在平面上的水平线、竖直线分别为 X 轴和 Y 轴。设由阴极表面逸出的电子初速度为零，经加速电场的作用，沿电子枪轴线方向加速，当到达第二加速阳极时，速度为 v_Z（即电子从电子枪"枪口"射出的速度）。加速电场对电子做的功，等于电子动能的增量，所以有

$$\frac{1}{2}mv_Z^2 = eU_2 \tag{4-18}$$

式中，U_2 为第二阳极对阴极的电势差——加速电压；e 为电子的电量（绝对值）；m 为电子的质量。

所有电子的最后射出速度 v_Z 是相同的，与电子枪内的电势起伏无关。电子枪射出的电子再穿过偏转板之间的空间，如果两偏转板之间的电势差为零，电子将以速度 v_Z 做匀速直线运动，最后打在荧光屏的中心（假定电子枪瞄准了中心）形成一个小亮点。如果偏转板之间加有电压，受电场力的作用，通过偏转板间的电子运动方向将发生偏转。如图 4-14 所示，一对板长为 l，板距为 d 的竖直偏转板 Y_1、Y_2，可看作平行板电容器（且忽略边缘效应）。设在竖直偏转板 Y_1、Y_2 之间加有电压 U_{dy}，则两板间的电

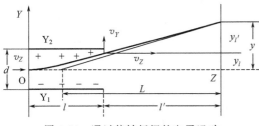

图 4-14　通过偏转板间的电子运动

场强度 $E_y = U_{dy}/d$，电子在沿 Y 轴方向受电场力的作用 $F_y = eE_y = eU_{dy}/d$，使得通过竖直偏转板 Y_1、Y_2 的电子产生垂直位移，而此时电子在 Z 轴方向没有作用力，速度分量 v_Z 不会改变，所以电子在 Y 轴偏转板间的运动时间为 $t_l = l/v_Z$，则电子在 Y 轴偏转板间运动时发生的垂直位移为

$$y_l = a_y t_l^2/2 = eU_{dy}l^2/(2mdv_Z^2)$$

电子射出 Y 轴偏转板至荧光屏的运动时间为 $t_{l'} = l'/v_Z$，垂直速度为 $v_y = a_y t_l$。电子离开 Y 轴偏转板后，不再受电场力作用，做匀速直线运动，至荧光屏的垂直位移为 $y_{l'} = v_y t_{l'}$。电子在荧光屏上的总位移为

$$y = y_l + y_{l'} = \frac{1}{2}a_y t_l^2 + v_y t_{l'} = \frac{eU_{dy}l}{mdv_Z^2}\left(\frac{l}{2} + l'\right)$$

取 $L = l' + l/2$（即 Y 轴偏转板中心至荧光屏的距离），并由式（4-18）消去 v_Z，可得

$$y = \frac{U_{dy}lL}{2dU_2} = \kappa\frac{U_{dy}}{U_2} \tag{4-19}$$

取 $\kappa = lL/2d$ 为电偏常数。式（4-19）表明垂直位移 y 与竖直偏转板间电压 U_{dy} 成正比，与加速电压 U_2 成反比。在加速电压 U_2 一定时，y 随偏转电压 U_{dy} 的增加而增大，两者是线性关系。定义单位偏转电压 U_{dy} 所引起的电子束在荧光屏上的位移 y 为示波管的电偏转灵敏度 S_y，即

$$S_y = \frac{y}{U_{dy}} = \frac{lL}{2dU_2} \tag{4-20}$$

DZS-B 电子束实验仪的 Y 轴偏转板各项参数为：板中心至荧光屏距离 137mm、板长 (6.0 ± 0.2)mm，板间距 2.0mm。

同理，对 X 轴偏转板也有相应的电偏转灵敏度，即 $S_x = \dfrac{x}{U_{dx}} = \dfrac{l_x L_x}{2d_x U_2}$，式中 l_x、d_x、L_x 为 X 轴偏转板相关的几何量。

3. 电聚焦

对运动电子的聚焦是所有阴极电子射线管都必须解决的问题，如示波管、显像管和电子显微镜等。在阴极射线管中，阳极相对栅极有很高的电势，产生加速电场，它对通过栅极的电子起加速作用。被加速的电子在向荧光屏运动的过程中将向四周发散，如果没有聚焦电场，在荧光屏上观察到的将不是一个很小的光点，而是模糊的一片亮斑。在电子运动的路径上，在聚焦极和第二阳极上加上适当的电压，就能在其之间产生一个等势面和电场线都是弯曲的聚焦电场。利用聚焦电场对电子的作用，可以使发散的电子束穿过电场后重新会聚，会聚成一细小的电子束，可见，这种电场对电子的作用就类似光线通过透镜那样产生会聚和发散，这种电器组合称为电子的静电透镜。

聚焦电极与第二阳极之间电场分布的截面如图 4-15 所示。虚线为等势线，实线为电力线，电场对 Z 轴是对称分布的。电子束中某个散离 Z 轴线的电子沿轨道 S 进入聚焦电场。在电场的前半区（左边），电子受到电场力 f 的作用，方向为电力线切线方向，f 可分解为垂直指向 Z 轴线的分力 f_x 和平行于 Z 轴线的分力 f_z（图 4-15 中 A）。f_x 的作用使电子运动向 Z 轴线靠拢，起聚焦作用；f_z 的作用使电子沿 Z 轴线方向得到加速度。电子到达电场的后半区（右边）时，同样会受到电场力 f' 的作用，可分为相应的垂直指向 Z 轴线的分力 f'_x 和平行于 Z 轴线的分力 f'_z 两个分量（图 4-15 中 B）。f'_x 使电子离开 Z 轴线，起散焦作用。但是，因为 f_z 和 f'_z 都是沿 Z 轴方向的作用力，所以电子在后半区的轴向速度比前半区的大得多。因此，在后半区电子受 f'_x 作用的时间极短，获得的离轴速度比在前半区获得的向轴速度小得多。总的效果是电子向轴线靠拢，整个电场起聚焦作用。聚焦作用的强弱可以通过改变聚焦电极与第二阳极之间的电势差来调节。

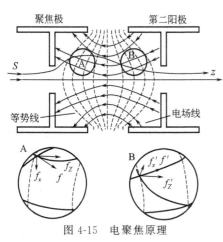

图 4-15　电聚焦原理

电子束的强度是通过栅极来控制的，从图 4-13 中可以看出，栅极屏蔽着阴极。栅极相对于阴极电势 V_s 为负值，且两者相距很近（约十分之几毫米），其间形成的电场阻碍电子向阳极运动。调节电势器 R_1，改变栅极与阴极间的电压，可以控制电子枪射出电子的数目，从而改变光屏上光点的亮度。当 V_s 负到有限的一定程度（等于栅极的截止电压电势 V_{s0}）时，可使电子射线截止，荧屏上看不到亮点。但是增大阳极加速电压 U_2，电子就可获得更大的轰击动能，光屏上的亮度也会提高。因此栅极的截止电压电势 V_{s0} 的大小与加速电压 U_2 有关。

4. 磁偏转

如图 4-16 所示，在示波管的电子枪和荧光屏之间加上一匀强横向磁场，磁场区域的长度为 l_B，磁感应强度为 B，磁场的方向垂直于纸面，指向读者。当电子以速度 v_Z 沿 Z 轴方向射入磁场时，将受洛伦兹力 f_B 的作用，则电子在磁场中做匀速圆周运动，由理论可得到

$f_B = ev_Z B = m \dfrac{v_Z^2}{R}$，轨道半径为 $R = \dfrac{mv_Z}{eB}$。电子穿过磁场后，则做匀速直线运动。最后打在荧光屏上。电子在离开磁场后的区域中的直线运动轨迹与 OZ 轴的夹角为 θ，由图 4-16 中的几何关系可得 $\sin\theta = \dfrac{l_B}{R} = \dfrac{l_B eB}{mv_Z}$。电子离开匀强磁场区域时，与 OZ 轴的距离为 d，其大小为 $d = R - R\cos\theta = \dfrac{mv_Z}{eB}(1-\cos\theta)$。电子最终在荧光屏上与 OZ 轴的距离为 $D = L\tan\theta + d$。如果偏转角度 θ 足

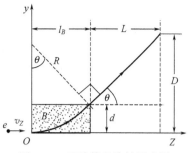

图 4-16　示波管磁偏转示意图

够小，则有 $\sin\theta \approx \tan\theta \approx \theta$ 和 $\cos\theta \approx 1 - \dfrac{\theta^2}{2}$，所以有 $\theta = \dfrac{l_B eB}{mv_Z}$。则偏转的距离为

$$D = L\theta + \frac{mv_Z}{eB} \times \frac{\theta^2}{2} = \frac{l_B eB}{mv_Z}\left(L + \frac{l_B}{2}\right) \tag{4-21}$$

又因为电子在加速电压 U_2 作用下，在进入磁场时，电子的速度 v_Z 为：$\dfrac{1}{2}mv_Z^2 = eU_2$

$$D = \frac{l_B eB}{\sqrt{2meU_2}}\left(L + \frac{l_B}{2}\right) \tag{4-22}$$

由于磁场强度 B 与通过磁偏转线圈的电流 I 成正比，在式（4-22）中除 I、U_2 以外，其他量都是常数。故式（4-22）又可以写为

$$D = k_B \frac{I}{\sqrt{U_2}} \tag{4-23}$$

由式（4-23）可知磁偏转的距离 D 与产生磁场的磁偏转线圈中通过的电流 I 成正比，与加速电压 U_2 的平方根成反比。式中 k_B 为磁偏常数。

5. 磁聚焦和电子荷质比的测量

由式（4-18）可知，电子枪射出的电子的速度为 $v_Z = \sqrt{2eU_2/m}$，在偏转板上没有加上偏转电压时，调节亮度和聚焦，可在荧光屏上得到一个小亮点。

将示波管置于长直螺线管中，螺线管产生的磁场方向与示波管的 Z 轴方向一致。当给示波管的任意一对偏转板加上偏转电压时，设 $U_{dy} > 0$，电子将获得一个与 Z 轴向垂直的速度分量 $v_\perp$，此时在荧光屏上便出现一长直线。在长直螺线管通过直流励磁电流 I 的情况下，在螺线管内便产生磁感应强度为 B 的磁场。众所周知，运动电子的速度分量 $v_\perp$，使得电子在磁场中要受到洛伦兹力 $F = ev_\perp B$ 的作用，方向与磁场方向（示波管的 Z 轴方向）垂直，并促使电子在垂直于磁场的平面内作匀速圆周运动。由 $F = ev_\perp B = mv_\perp^2/R$ 得到其圆周的半径为

$$R = \frac{mv_\perp}{eB} \tag{4-24}$$

电子旋转一周所需的时间

$$T = \frac{2\pi R}{v_\perp} = \frac{2\pi m}{eB} \tag{4-25}$$

电子在 Z 轴方向上的速度分量为 v_Z，所以电子在示波管中不仅做圆周运动，还要沿 Z 轴方向做匀速直线运动，电子的运动轨迹是一条螺旋线，其螺距用 h 表示，则有

$$h = v_Z T = \frac{2\pi}{B}\sqrt{\frac{2mU_2}{e}} \tag{4-26}$$

有趣的是，从式(4-25)、式(4-26)两式可以看出，电子运动的周期和螺距均与$v_\perp$、v_z无关。不难想象，电子在作等进螺线运动时，只要它们是从同电子枪射出，尽管各个电子的$v_\perp$大小各不相同，但经过一个周期以后，它们又会在距出发点一个螺距的地方重新相遇，这就是磁聚焦的基本原理。所以当Y轴偏转板至荧光屏距离为h的整数倍时，在荧光屏又出现一个亮点。

由式(4-26)可得

$$\frac{e}{m}=\frac{8\pi^2 U_2}{h^2 B^2} \tag{4-27}$$

长直螺线管的磁感应强度B，可以由下式计算

$$B=\frac{\mu_0 NI}{\sqrt{L^2+D^2}} \tag{4-28}$$

式中，L为螺线管的长度；D为螺线管的直径；N为螺线管内的线圈匝数，并代入式(4-27)，可得电子荷质比为

$$\frac{e}{m}=\frac{8\pi^2 U_2}{h^2 B^2}=\frac{U_2(L^2+D^2)}{2(NhI)^2\times10^{-14}}=K\frac{U_2}{I^2} \tag{4-29}$$

根据公式(4-29)保持加速电压U_2不变，测量聚焦电流I，其他参数由实验室给定，可以计算出电子荷质比的实验值。如$N=640\pm2$，$L=0.275\text{m}$，$D=0.0892\text{m}$，$h=0.145\text{m}$，$K=\frac{8\pi^2(L^2+D^2)}{(\mu_0 Nh)^2}=\frac{L^2+D^2}{2\times10^{-14}N^2h^2}=4.8527\times10^8$，荷质比公认值为

$$\frac{e}{m}=\frac{1.602177\times10^{-19}\text{C}}{0.91093897\times10^{-30}\text{kg}}=(1.7588047\pm0.0000049)\times10^{11}\text{C/kg}$$

【实验仪器】

实验仪器有DZS-B电子束实验仪、WYT-2B直流稳压电源、万用表。

1. DZS-B电子束实验仪

将示波管、控制电路、电源电路（不含励磁电源电路）、励磁电路以及电压测量等部分紧凑地组装在一个仪器箱里，它用于研究电子在电场和磁场中运动的多项实验。

（1）面板介绍　DZS-B电子束实验仪的面板如图4-17所示。

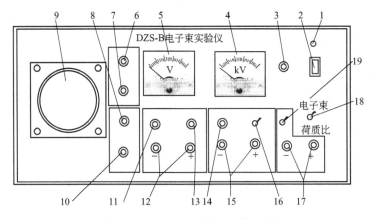

图4-17　DZS-B电子束实验仪面板

1—电源指示灯；2—电源开关；3—阳极电压调节旋钮；4—阳极电压表；5—聚焦电压表；6—聚焦旋钮；7—辉度调节旋钮；8—X轴调零旋钮；9—荧光屏；10—X轴调节旋钮；11—Y轴调零旋钮；12—Y偏转电压表插孔；13—Y轴调节旋钮；14—磁偏转调节旋钮；15—磁偏电流表插孔；16—磁偏换向开关；17—励磁电源插孔；18—电子束/荷质比切换开关；19—励磁换向开关

① 电源 电源开关、熔丝和外接电源三线插孔，按下电源开关 2，开关上电源指示灯 1 亮，说明接通电源。

② 电表 一只 kV 电压表 4，直接显示阳极电压，数值范围 600～1000V。一只 V 电压表 5，直接显示聚焦电压，数值范围 100～300V。

③ 调零、调节旋钮 X 轴调零旋钮 8、Y 轴调零旋钮 11 和 X 轴调节旋钮 10，用于调节示波管在不加偏转电压时，使光点处于荧光屏中心位置。Y 轴调节旋钮 13 和磁偏转调节旋钮 14 分别是在连接外接 Y 偏电压表和磁偏电流表的情况下，用于调节光点偏离中心的位置。

④ 示波管荧光屏 在荧光屏上的坐标格为 5mm×5mm，用于测量光点在 Y 轴向的位移，即电子束经过电场或磁场后到达荧光屏的偏移。

⑤ 高压控制 阳极电压旋钮 3，该旋钮调节阳极对阴极 K 的加速电压，以改变电子运动的加速。聚焦旋钮 6，改变聚焦电极对阴极 K 的电势差，改变光点大小。辉度旋钮 7，调节栅极与阴极电势差，改变光点的亮度。

⑥ 测量孔 Y 偏转电压表插孔 12，在电偏转实验中，用于外接 50V 直流电压表（万用表的 50V 直流电压挡）。磁偏电流表插孔 15，在磁偏转实验中，用于外接 50～500mA 直流电流表（万用表的 50～500mA 直流电流挡）。励磁电源插孔 17，在荷质比实验中，外接 WYT-2B 直流稳压电源，给长直螺线管提供励磁电流。

⑦ 切换开关 电子束/荷质比切换开关 18，按钮拨在"电子束"位置时，是做电、磁偏转实验。按钮拨在"荷质比"位置时，是做荷质比实验。磁偏换向开关 16，是在磁偏转实验中切换磁偏转线圈中的电流的方向，改变磁场方向，达到改变电子偏转的方向（光点是向上或下偏移）。励磁换向开关 19，在做荷质比实验中切换长直螺线管的励磁电流方向。

（2）主要参数

适用电源	～220V 50Hz	聚焦电压	100～300V
阳极电压	600～1000V	Y 偏电压	0～20V
磁偏电流	0～0.1A	示波管型号	8SJ31J
Y 偏至屏距	$h = 0.135$m	螺线管长度	$L = 0.275$m
螺线管平均直径	$D = 0.0892$m	总匝数	$N = 640 \pm 2$ 匝
适用环境	0～40℃ $RH85\%$		

2. WYT-2B 直流稳压电源

可提供一路 30V、2A 的直流稳压电源，电流可以在 0～2A 内连续可调。输出的电流大小由电流表显示，转换开关用来改变输出电压的极性。

【注意事项】

① 不得让栅极电压为零，即示波管辉度不可过大，且亮点不要长时间停留在一处，以免烧坏荧光物质。

② 连线时一定要先断开总电源，测量过程中不要触摸到插孔，以免高压触电。

③ 测量结束后，在关闭电源前，必须首先从电子束实验仪的励磁电源插孔中拔取连接线（卸下直流稳压电源负载电流）。

【实验步骤】

1. 连线与调试

① 接通电源，按下"电源开关"2，开关上"电源指示灯"1 亮，说明已接通电源。

② 使荧光屏上光点聚焦成一亮度适中的小圆点。将"电子束/荷质比切换开关"18 的按钮拨在"电子束"位置。顺时针调节辉度旋钮 7，观察荧光屏是否有光点，若发现光点将亮度调节到合适程度（不要过亮）。若没有光点，将辉度旋钮顺时针旋转，调节 X 轴调节旋钮 10 和 Y 轴调节旋钮 13，同时观察荧光屏上是否出现光点移动。如仍然没有发现光点，左右旋转 X 轴调节旋钮 10 和 Y 轴调节旋钮 13，旋至它们的中点位置附近，再调节 X 轴调零旋钮 8 和 Y 轴调零旋钮 11，直到光点出现在荧光屏上。

调节聚焦旋钮 6 和辉度旋钮 7，使荧光屏上光点为聚焦一亮度适中的小圆点。应注意：光点不能太亮，以免烧坏荧光屏。

2. 电偏转灵敏度的测量

① 光点调零。在 Y 偏转电压表插孔 12 上外接 50V 直流电压表。调节 Y 轴调节旋钮 13，使得偏转电压 $U_{dy} = 0$，然后调节 Y 轴调零旋钮 11 和 X 轴调零旋钮 8，使光点处于荧光屏原点（荧光屏的中心点）。光点调零后，在电偏转灵敏度测量的实验过程中 Y 轴调零旋钮 11 不宜再动。否则，电偏转灵敏度的测量中所测得的实验数据一律无效。

② Y 偏转电压表插孔 12 上外接 50V 直流电压表。在保持加速电压 U_2 分别等于 700V、800V、900V 不变的情况下，测量并记录 Y 轴方向位移 y 和相应的 Y 轴偏转电压 U_{dy}（万用表的读数）（每一个 U_2 值，且 y 正负对称测量 3 个点的偏转电压 U_{dy}）。

③ 由实验数据，针对不同加速电压 U_2，分别作出相应的 y-U_{dy} 关系直线。

④ 求 y-U_{dy} 直线的斜率，则得到加速电压 U_2 分别为 700V、800V、900V 的 Y 轴电偏转的偏转灵敏度 S_y。

⑤ 由已知的示波管参数 L、d、l 及测量值 U_2，按式（4-20）算出电偏转灵敏度的理论值，计算实验值的误差。

3. 磁偏转

① "电子束/荷质比切换开关"18 的按钮仍然拨在"电子束"位置。荧光屏上光点仍然聚焦成一亮度适中的小圆点。

② 光点调零，在磁偏电流表插孔 15 上外接 50～500mA 直流电流表（万用表的 50～500mA 直流电流挡或数字万用表 200mA 挡）。调节磁偏转调节旋钮 14，使得磁偏电流 $I = 0$，然后调节 Y 轴调零旋钮 11 和 X 轴调零旋钮 8，使光点处于荧光屏原点（荧光屏的中心点）。在磁偏转测量的实验过程中 Y 轴调零旋钮 11 就不宜再动。否则，磁偏转的测量中所测得的实验数据一律无效。

③ 在磁偏电流表插孔 15 上外接 50～500mA 直流电流表。在保持加速电压 U_2 分别等于 700V、800V、900V 不变的情况下，调节磁偏转调节旋钮 14，测量并记录 Y 轴方向位移 D 和相应的磁偏电流 I（万用表的读数）（每一个 U_2 值，且 y 正负对称测量 3 个点的磁偏电流 I）。

④ 由实验数据，针对不同加速电压 U_2（700V、800V、900V），分别作出相应的 D-I 关系直线，求 D-I 关系线的斜率。计算出磁偏转常数 k_B。

4. 荷质比的测定

① 先把直流稳压电源的输出电流调节旋钮按逆时针方向旋到底，输出电流为零。把直流稳压电源的输出端的正负接线插孔与 DZS-B 电子束实验仪的励磁电源插孔 17 的正负插孔对应连接，给电子束实验仪的长直螺线管提供励磁电流。

② 打开 WYT-2B 直流稳压电源（30V、2A）预热 3～5min。

③ 将电子束测试仪的"电子束/荷质比切换开关 18"置于荷质比位置，阳极电压调到大

于 700V。此时荧光屏上出现一条竖直线。

④ 逐渐加大直流稳压电源的输出电流，即加大长直螺线管的励磁电流，使荧光屏上的直线一边旋转一边缩短，直到变成一个小亮点。这时从直流稳压电源面板上的电流表读取聚焦电流 I（励磁电流）值，再将直流稳压电源的输出电流调回到零。切换励磁电流方向，重新从零开始增加励磁电流，可以观察到屏上的直线又反方向旋转并缩短，直到再变成一个小亮点，读取电流值，取其平均值，以此消除地磁场等的影响。

⑤ 改变阳极电压为 800V、900V，重复步骤④。

⑥ 聚焦和电子荷质比的测量结束，在关闭电源前，必须首先从电子束实验仪的励磁电源插孔 17 中拔取连接线（卸下直流稳压电源负载电流）。

【数据记录与处理】

数据记录在表 4-6～表 4-8 中。

表 4-6　电偏转灵敏度的测量

U_2	y 偏移							电偏转灵敏度 S_y
	−15.0mm	−10.0mm	−5.0mm	0	5.0mm	10.0mm	15.0mm	
	U_{dy}							
700V								
800V								
900V								
电偏常数	理论值 $\kappa=lL/2d$			实验值 $\kappa=$			误差 =	

表 4-7　磁偏转常数 k_B 的测量

U_2	D 偏移							磁偏转常数 k_B
	−15.0mm	−10.0mm	−5.0mm	0	5.0mm	10.0mm	15.0mm	
	I							
700V								
800V								
900V								
电偏常数	$\overline{k_B}=$							

表 4-8　电子荷质比的测量

U_2	I 励磁				
	$I_正$	$I_反$	$\overline{I}$	e/m	$\overline{e/m}$
700V					
800V					
900V					

$$K=\frac{8\pi^2(L^2+D^2)}{(\mu_0 Nh)^2}=\frac{L^2+D^2}{2\times10^{-14}N^2h^2}=4.8527\times10^8$$

$$公认值\frac{e}{m}=\frac{1.602177\times10^{-19}\text{C}}{0.91093897\times10^{-30}\text{kg}}=(1.7588047\pm0.0000049)\times10^{11}\text{C/kg}$$

$$\Delta=\frac{\overline{e}}{m}-\frac{e}{m}$$

【思考题】

① 为什么偏转板末端是向外张开的，而不是完全平行的？

② 本实验的误差主要在哪里（提示：地磁场没有考虑）？

③ 电聚焦和磁聚焦有什么不同，试简要说明。

实验 21　霍尔效应测磁场的分布

霍尔效应是导电材料中的电流在磁场相互作用，而霍尔效应是一种磁电效应现象。置于磁场中的载流体，若电流方向与磁场方向垂直，在洛伦兹力的作用下，在垂直于电流和磁场的方向上产生一个附加横向电场——即产生电动势，这一现象是美国物理学家霍尔于 1879 年在研究金属的导电机构时发现的，故称为霍尔效应，这个电势差也被称为霍尔电势差。

自从霍尔效应被发现 100 多年以来，它的应用经历了三个阶段：第一阶段是从霍尔效应的发现到 20 世纪 40 年代前期，由于材料和技术缘故，霍尔效应十分微弱，其应用研究处于停顿状态。第二阶段是从 20 世纪 40 年代中期，随着半导体材料、制造工艺和技术发展，特别是锗的采用，相继出现了用分立霍尔元件制造的各种磁场传感器。第三阶段是自 20 世纪 60 年代开始，随着集成电路技术的发展，出现了将霍尔半导体元件和相关的信号调节电路集成在一起的霍尔传感器，到 20 世纪 80 年代，随着超大规模集成电路的微机械加工技术的进展，霍尔元件从平面向三维方向发展，出现了三端口或四端口的霍尔传感器，实现了产品的系列化、加工的批量化、体积的微型化，霍尔集成电路出现以后，很快便得到了广泛应用。霍尔效应不仅广泛应用于自动化技术、检测技术、传感技术、信息处理以及半导体性能研究等方面，霍尔效应也是新能源研究方法之一，目前中国正积极致力于磁流体发电机研究。

实验 21-Ⅰ　用霍尔元件测量电磁铁极间空隙内磁场分布

【实验目的】

① 了解霍尔效应及霍尔元件相关参数的含义和作用，知道霍尔电压与工作电流、磁场的关系。

② 能运用霍尔效应测量磁感应强度及磁场分布。

③ 能正确绘制磁场分布图。

【预习思考题】

① 带电粒子在电场、磁场中运动时会受到电场力、洛伦兹力作用，它们的大小由哪些因素决定？方向如何判断？

② 霍尔元件的灵敏度与哪些因素有关？

③ 霍尔电压与工作电流、磁感应强度、励磁电流有怎样的关系？

【实验原理】

霍尔效应从本质上讲是运动的带电粒子在磁场中受洛伦兹力作用而引起的偏转。若带电粒子被约束在固体材料中，这种偏转就导致在垂直于电流和磁场的方向上出现正负电荷的积累，从而形成一个附加的横向电场，即霍尔电场。如图 4-18 所示，将一块长为 a、宽为 b、厚为 d 的 n 型半导体（导电载流子为电子）薄片放在均匀的磁场中，磁场方向沿 z 轴方向。当电流沿 y 轴方向通过半导体时，薄片内的电子以速度 v 沿 y 轴负方向运动，受到洛伦兹

力的大小为

$$f_H = evB \tag{4-30}$$

其方向沿 x 轴的方向。在洛伦兹力作用下，电子运动偏转，结果在半导体 A 端面积聚负电荷，同时在半导体 A' 端面出现等量正电荷。这样形成了一个沿 x 轴正方向的电场，即霍尔电场。前后两端面产生的电势差称为霍尔电压。随着端面上电荷的不断积累，相应的电场也不断增强。霍尔电场对电子作用力的大小 $f_E = eE_H = e\dfrac{U_H}{b}$，方向沿 x 轴负方向，与洛伦兹力方向相反。当电子所受电场力和洛伦兹力相平衡时，前后端面上的电荷积累达到稳定状态，此时有

$$e\frac{U_H}{b} = evB \tag{4-31}$$

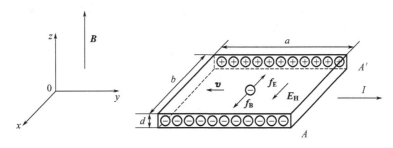

图 4-18　霍尔效应原理图

霍尔电压 U_H 为

$$U_H = vBb \tag{4-32}$$

设载流子浓度为 n，根据经典电子理论，电流 I 为

$$I = evnbd \tag{4-33}$$

由式（4-32）和式（4-33）得

$$U_H = \frac{IB}{end} = R_H\frac{IB}{d} = K_H IB \tag{4-34}$$

式中，$R_H = \dfrac{1}{en}$ 称为霍尔系数，$K_H = \dfrac{1}{end}$ 称为霍尔元件的灵敏度。

霍尔系数 R_H 由半导体材料载流子浓度 n、电量 e 决定。如果材料一定，R_H 是常数，在霍尔元件的厚度 d 也一定时，霍尔元件的灵敏度 K_H 也就是常数，在实用工程制中，单位为 $\mathrm{mV/(mA \cdot T)}$。一般要求 K_H 越高越好。因为 K_H 和载流子的浓度成反比，而半导体的载流子浓度比金属的载流子浓度低得多，所以用半导体材料制作的霍尔元件灵敏度比较高。K_H 还和霍尔元件的厚度成反比，所以霍尔元件都做得很薄，一般只有 $0.2\mathrm{mm}$ 左右。

半导体材料有 n 型（电子型）和 p 型（空穴型）两种，前者的载流子为电子，后者的载流子为空穴，相当于带正电的粒子。由图 4-18 可以看出，若半导体为 n 型，则 A' 面电势高；若半导体为 p 型，则 A 面电势高。知道了载流子的类型，可以根据霍尔电压 U_H 定出待测磁场的方向，反之，知道磁场的方向也可以确定半导体的类型。

式（4-34）表明，霍尔电压正比于工作电流 I 和磁感应强度 $\boldsymbol{B}$ 的大小，本实验是用霍尔元件测量电磁铁空隙间中心轴线上的磁场分布，将式（4-34）改写为

$$B = \frac{U_H}{K_H I} \tag{4-35}$$

由式（4-35）可见，在已知霍尔元件灵敏度K_H的情况下，选定适当的工作电流I，只要将霍尔元件放在电磁铁极间空隙中心轴线的不同位置，测量出相应的霍尔电压U_H，就可测量出中心轴线上的磁场分布情况。

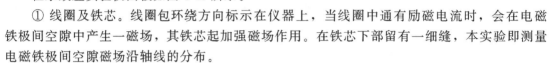

图 4-19　霍尔效应实验仪面板图

【实验仪器】

HL-5 型霍尔效应实验组合装置由实验仪和测试仪两部分组成。

1. 实验仪

霍尔效应实验仪面板如图 4-19 所示。

① 线圈及铁芯。线圈包环绕方向标示在仪器上，当线圈中通有励磁电流时，会在电磁铁极间空隙中产生一磁场，其铁芯起加强磁场作用。在铁芯下部留有一细缝，本实验即测量电磁铁极间空隙磁场沿轴线的分布。

② 霍尔元件。本实验仪采用的霍尔元件为 n 型半导体晶片材料，体积约为 6mm³，其灵敏度 K_H 标注在实验仪面板上。从霍尔原件引出的 4 根导线分别与面板上的"工作电流、霍尔电压"上方 4 个接线柱相连。

③ 二维移动标尺。二维移动标尺左端有两个调节旋钮，上方旋钮调节标尺纵向（上、下）空间位置，下方旋钮调节标尺横向（左、右）空间位置。霍尔原件固定在标尺支架的右端，故调节二维移动标尺的两个旋钮即可控制霍尔元件在电磁铁极间空隙的位置。

④ 工作电流换向开关和工作电流输入端接线柱。

⑤ 霍尔电压换向开关和霍尔电压输出端接线柱。

⑥ 励磁电流换向开关和励磁电流输入端接线柱。

2. 测试仪

霍尔效应测试仪面板如图 4-20 所示。

① "工作电流"，电流源，提供霍尔元件工作电流，LED 显示的最大输出电流为 10mA。输出电流大小可通过调节旋钮进行调节。

② "霍尔电压"，数字毫伏表，测量霍尔电势差，LED 显示的量程为 0～199.9mV，测量霍尔元件两端的

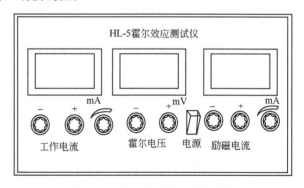

图 4-20　霍尔效应测试仪面板图

霍尔电压值。当显示器的数字前显示"－"号时，可通过切换霍尔电压换向开关，来改换毫伏表输入电压极性。

③ "励磁电流"，电流源　输出 0～1000mA 电流，为励磁线圈提供电流，输出电流大小可通过调节旋钮进行调节，是与工作电流彼此独立的电流源。

【实验步骤】

(1) 按仪器上的文字提示将霍尔效应实验仪和霍尔效应测试仪正确连接

① 使实验仪的三个换向开关处于断开状态。

② 将测试仪左下方供给霍尔元件工作电流的电流源输出端与实验仪上霍尔元件的工作电流输入端对应连接（红接线柱与红接线柱对应连接，黑接线柱与黑接线柱对应连接）。

③ 将测试仪中间的霍尔电压测量端与实验仪上霍尔电压输出端对应连接。

④ 将测试仪右下方的励磁电流源输出端与实验仪上励磁电流输入端对应连接。

注意：以上三组导线接线时切不要接错，否则可能将霍尔元件烧坏。

（2）测量电磁铁气隙内磁场沿中心轴的分布

① 打开霍尔效应测试仪，预热 10min。

② 调节二维移动标尺支架的两个旋钮，将霍尔元件置于电磁铁极间空隙中心位置。

③ 调节霍尔元件的工作电流 $I=10.0\text{mA}$。闭合"工作电流""霍尔电压"开关，"励磁电流"开关保持断开状态。此时线圈中没有电流通过，极间空隙磁感应强度为零，所以理论上霍尔电压 $U_\text{H}=0$。但由于实验环境、线圈铁芯剩磁、霍尔元件电压引线焊接点位置不完全对称等因素，数字毫伏表的读数可能不为零，此电压值记为 U_{H_0}。

④ 闭合"励磁电流"开关，调节励磁电流 $I_\text{H}=1000\text{mA}$。

⑤ 调节支架左下方旋钮，按表 4-9 要求改变霍尔元件在中心轴线的水平位置，从左向右逐点测量，测出不同位置的霍尔电压，记为 U_H1。

⑥ 再沿中心轴线反向从右向左调节霍尔元件位置，测出不同位置的霍尔电压 U'_{H_2}，则修正后的霍尔电压值为 $U_\text{H}=U'_\text{H}-U_{\text{H}_0}=\frac{1}{2}(U'_{\text{H}_1}+U'_{\text{H}_2})-U_{\text{H}_0}$。将以上测量数据填入表 4-9。

⑦ 根据式(4-35)计算出相应磁感应强度 B 的大小。以霍尔元件的位置 x 为横坐标，以磁感应强度 B 的大小为纵坐标，作出电磁铁极间空隙中的磁场沿中心轴线的分布图线。

【注意事项】

① 接线时切不要接错，否则一旦闭合开关，霍尔元件立即被烧坏。

② 整个实验过程中必须要保持工作电流和励磁电流不变。

【数据记录与处理】

霍尔元件工作电流 $I=10.0\text{mA}$；

励磁电流 $I_\text{M}=1000\text{mA}$；

霍尔元件灵敏度 $K_\text{H}=$ ＿＿＿＿＿＿＿＿＿ $\text{mV}/(\text{mA}\cdot\text{T})$；

磁场为零时的霍尔电压 $U_{\text{H}_0}=$ ＿＿＿＿＿＿＿＿＿ mV。

数据记录在表 4-9 中。

表 4-9 测量电磁铁气隙内磁场沿中心轴的分布

x/mm	$U'_{\text{H}_1}/\text{mV}$	$U'_{\text{H}_2}/\text{mV}$	$U'_\text{H}=\frac{1}{2}(U'_{\text{H}_1}+U'_{\text{H}_2})$	$U_\text{H}=U'_\text{H}-U_{\text{H}_0}$	B/T
0					
1					
2					
3					
4					
5					
10					
15					
20					
25					

x/mm	U'_{H_1}/mV	U'_{H_2}/mV	$U'_H = \dfrac{1}{2}(U'_{H_1}+U'_{H_2})$	$U_H = U'_H - U_{H_0}$	B/T
30					
35					
40					
41					
42					
43					
44					
45					
46					
47					
48					
49					
50					

【思考题】

如果磁感应强度 B 与霍尔元件 ab 平面不完全正交，测量值比实际值大还是小？为什么？

实验 21-Ⅱ　用霍尔元件测量通电长直螺线管内的磁场分布

【实验目的】

① 认识霍尔效应，了解霍尔效应产生的原理。

② 了解霍尔电压与工作电流、磁场的关系。

③ 学习测量霍尔传感器灵敏度的方法，并测量通电长直螺线管内的磁场分布。

【预习思考题】

① 带电粒子在电场、磁场中运动时会受到电场力、洛伦兹力作用，它们的大小由哪些因素决定？方向如何判断？

② 带电粒子垂直进入电场、磁场中的运动规律是怎样的？

③ 本实验是用霍尔元件测量通电长直螺线管内的磁场沿轴线的分布，基本思想是什么？

【实验原理】

由图 4-18 和式(4-34)得霍尔元件在无磁场作用（$B=0$）时，$U_H=0$，但是实际情况用数字电压表测量时并不为零，这主要是由于半导体材料结晶不均匀、各电极不对称等引起附加电势差，该电势差 U_0 称为剩余电压。

随着科技的发展，新的集成化霍尔元件不断被研制成功。本实验采用的 SS95A 型集成霍尔传感器，如图 4-21 所示是一种高灵敏度集成霍尔传感器，它由霍尔元件、放大器和薄膜电阻剩余电压补偿器组成。测量时输出信号大，并且剩余电压的影响已被消除。

一般的霍尔元件有四根引线，两根为提供霍尔元件输入电流的"电流输入端"，接在可调的电源回路内；另两根为霍尔元件的"霍尔电压输出端"，接到数字电压表上。对 SS95A 型集成霍尔传感器而言，它只有三根引线，分别是"U_+""U_-""U_{out}"。其中"U_+"和"U_-"构成"电流输入端"，"U_{out}"和"U_-"构成"电压输出端"。

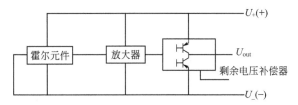

图 4-21　SS95A 型集成霍尔传感器结构示意

本实验所用装置的工作电流已设定，称为标准工作电流。在实验时，只要在磁感应强度为零（零磁场）的条件下，调节"U_+""U_-"所接的电源电压（装置上有一调节旋钮可供调节），使输出电压为 2.5000V（在数字电压表上显示），则传感器就已处在标准工作状态之下（使用传感器时，必须要处在该标准状态）。

就 SS95A 型集成霍尔传感器而言，当螺线管内有磁场且集成霍尔传感器在标准工作电流时，式(4-34) 可写为

$$B=\frac{(U-2.5000)}{K_H}=\frac{U'}{K_H} \tag{4-36}$$

式中，U 为集成霍尔传感器的输出电压；K_H 为该传感器的灵敏度；U' 是经用 2.5000V 外接电压补偿以后，用数字电压表测出的传感器输出值（仪器用 mV 挡读数），也就是集成霍尔传感器的输出电压。

【实验仪器】

FD-ICH-Ⅱ 新型螺线管磁场测定仪一台。由集成霍尔传感器探测棒、螺线管、直流稳压电源 0～0.5A，直流稳压电源输出二挡（2.4～2.6V 和 4.8～5.2V），数字电压表（19.999V 和 1999.9mV 二挡），双刀换向开关和单刀换向开关各一个，导线若干组成。其实验仪器装置及接线如图 4-22 所示。

【实验步骤】

1. 基本安装和调试

① 实验装置按接线图 4-22 所示连接。检查连接线路无错误，尤其是集成霍尔传感器的"U_+"和"U_-"分别与 4.8～5.2V 可调直流电源输出端的正负相接（正负极切勿接错），

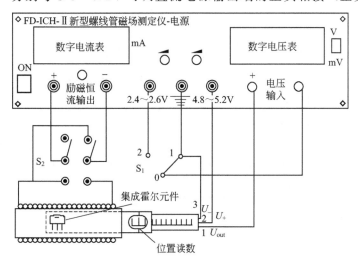

图 4-22　FD-ICH-Ⅱ新型螺线管磁场测定仪及接线图

电键均处于断开状态。

② 将霍尔传感器置于螺线管内，将开关 S_1 指向 1（此时 S_2 仍处在断开状态，螺线管内没有电流，即霍尔传感器处于零磁场条件下）。调节 $4.8 \sim 5.2V$ 电源输出电压，数字电压表显示的 "U_{out}" 和 "U_-" 的电压指示值为 $2.5000V$（数字电压表置于 V 挡），这时集成霍尔元件便达到了标准工作状态，即集成霍尔传感器的霍尔元件通过电流达到规定的数值，且剩余电压恰好达到补偿，$U_0 = 0V$。

③ 仍断开开关 S_2，在保持 "U_+" 和 "U_-" 电压不变的情况下，把开关 S_1 指向 2，调节 $2.4 \sim 2.6V$ 电源输出电压，使数字电压表指示值为 0（这时应将数字电压表量程拨动开关指向 mV 挡），也就是用一外接 $2.5000V$ 的电位差与传感器输出 $2.5000V$ 电位差进行补偿，这样就可直接用数字电压表读出集成霍尔传感器电势差的值 U'。

2. 确定霍尔传感器的灵敏度 K_H

① 将霍尔传感器处于螺线管的中央位置（即 $X = 17.0cm$ 处），合上开关 S_2，给螺线管通电，激发磁场，同时改变输入螺线管的直流电流 I_m，测量 U'-I_m 关系，记录 10 组数据，记录在表 4-10 中，I_m 范围在 $0 \sim 500mA$，可每隔 $50mA$ 测一次（改变 S_2 方向各一次，绝对值求和取平均值）。

表 4-10   测量霍尔电压（已放大为 U'）与螺线管通电电流 I_m 关系

I_m/mA	0	50	100	150	200	250	300	350	400	450	500
U'/mV											

② 采用作图法，求出 U'-I_m 直线的斜率 $K' = \dfrac{\Delta U'}{\Delta I_m}$。

③ 利用长直螺线管磁场的理论公式算出 B，从而求出霍尔传感器的灵敏度

$$K_H = \frac{\Delta U'}{\Delta B}$$

说明：由于实验中所用螺线管参数不是无限长，因此需用公式

$$B = \mu_0 \frac{N}{\sqrt{L^2 + \overline{D}^2}} I_m$$

进行计算，即

$$K_H = \frac{\Delta U'}{\Delta B} = \frac{\sqrt{L^2 + \overline{D}^2}}{\mu_0 N} \times \frac{\Delta U'}{\Delta I_m} = \frac{\sqrt{L^2 + \overline{D}^2}}{\mu_0 N} K'$$

螺线管长度 $L = (26.0 \pm 0.1)cm$，$N = (3000 \pm 20)$ 匝，平均直径 $\overline{D} = (3.5 \pm 0.1)cm$，而真空磁导率 $\mu_0 = 4\pi \times 10^{-7} H/m$。

3. 测量通电螺线管中的磁场分布

① 在螺线管中通以恒定电流 I_m（例如 $250mA$）的条件下，移动传感器在螺线管轴线上的位置 X，测量 U'-X 关系（S_2 反向，求平均）。X 范围为 $0 \sim 30cm$，两端的测量数据点应比中心位置附近的测量数据点密一些。

② 利用上面所测得的霍尔传感器的灵敏度 K_H 计算 B-X 关系，并作出 B-X 分布图。观察通电螺线管内磁场的分布规律。

【注意事项】

① 常检查 $I_m = 0$ 时，霍尔传感器的输出电压是否为 $2.5000V$。

② 用 mV 挡读 U' 值。当 $I_m = 0$ 时，检查 mV 挡指示是否为 0。

③ 实验完毕后，逆时针地旋转仪器上的三个调节旋钮，使恢复到起始位置（最小的位置）。

【数据记录与处理】

① 确定霍尔传感器的灵敏度 K——霍尔传感器处于螺线管中央位置（即 $X=17.0$cm 处）。

采用作图法准确描绘 U'-I_m 直线，并求出斜率，从而计算霍尔传感器的灵敏度，体会霍尔效应的物理过程。

② 测量通电螺线管中的磁场分布（螺线管的励磁电流 $I_m=250$mA）。

数据记录在表 4-11 中。

表 4-11　螺线管内磁感应强度 B 与位置刻度 X 的关系（$B=U'/K$）

X/cm	U_1'/mV	U_2'/mV	U'/mV	B/mT	X/cm	U_1'/mV	U_2'/mV	U'/mV	B/mT
1.00					16.00				
1.50					17.00				
2.00					18.00				
2.50					19.00				
3.00					20.00				
3.50					21.00				
4.00					22.00				
4.50					23.00				
5.00					24.00				
5.50					24.50				
6.00					25.00				
6.50					25.50				
7.00					26.00				
7.50					26.50				
8.00					27.00				
9.00					27.50				
10.00					28.00				
11.00					28.50				
12.00					29.00				
13.00					29.50				
14.00					30.00				
15.00									

【思考题】

如果磁感应强度 B 与霍尔元件平面不完全正交时，测量值比实际值大还是小？为什么？

【创新开窗】三

1. 磁场的测量有着悠久的历史，早在两千多年前，人们就用司南来探测磁场，用于指示方向。随着物理学、材料科学和电子技术的不断发展，磁场测量技术也取得了很大进展，磁场测量方法也越来越多，如磁通门法、霍尔效应法、电磁感应法、磁阻效应法、磁共振法、磁光效应法等。霍尔效应法和电磁感应法是实验室常见的两种测量方法，试比较它们适用测量对象和内容彼此有什么不同？如果是测量磁悬浮列车中气隙磁场的分布和变化规律，哪种测量方法更合适？

2. 1980 年，德国科学家冯·克利青发现，在极低温度和强磁场作用下，半导体的霍尔电阻并不按线性关系变化，而是随着磁场强度 B 呈跳跃性变化，跳跃的阶梯大小由被整数除的基本物理常数所决定，后来这一现象被称为整数量子霍尔效应。整数量子霍尔效应是当代凝聚态物理令人惊异的进展之一，由于这一发现，冯·克利青于 1985 年获得诺贝尔物理学奖。试研讨分数量子霍尔效应的发现及意义。

3. 量子化霍尔电阻基准

国际单位制有 7 个基本单位，其他量的单位都是导出单位。基于 7 个基本单位的重要性，国际单位制给出了它们严格的定义及准确复现单位的方法，用于保存和复现基本单位的装置就是准确度等级最高的计量标准——计量基准。在 20 世纪，计量基准经历了从实物基准到量子基准的提升，准确度有了大幅度的提高，进一步满足了下一代科学发展的需要以及社会对计量工作提出的高要求。

电压单位和电阻单位是电学计量中的基本单位，与电阻单位相应的实物基准是保存在巴黎国际计量局中的一组标准电阻线圈，用其电阻值的平均值保持电阻单位 1Ω。20 世纪 60 到 80 年代，用澳大利亚的计算电容装置对该电阻实物基准进行了 20 多年的考察，证实此种电阻实物基准以每年 6×10^{-8} 的速率逐年下降。20 世纪 80 年代中期，根据冯·克里青发现的整数量子霍尔效应，研制成了量子化霍尔电阻基准。量子化霍尔电阻基准是电学单位安培、温度单位开尔文、质量单位千克三个国际单位制基本单位的依据，对整个计量系统有着根本性的重要意义。

量子计量基准代表了国际计量基准的最高水平，按照国际计量组织的规定，没有建立量子计量基准的国家，相应量值要向其他具有量子基准的国家溯源。量子基准的建立，对维护国家技术主权、科学研究独立性、国家经济安全具有重要意义。中国计量科学研究院经过十几年的努力，在 2003 年建成了量子化霍尔电阻基准装置，在国际上首次从理论上证明了量子化霍尔电阻数值与器件的形状无关，为证实量子化霍尔效应的普适性做出了贡献，该成果突破了国外技术封锁，其中自主研究的高匝比超导电流比较仪的技术水平大大超过了国际同类装置水平。

实验 22　电磁感应现象的研究

电磁感应现象的发现是电磁学发展史上的一个重要成就，它进一步揭示了自然界电现象和磁现象之间的联系。继 1820 年奥斯特发现电流的磁效应之后，于 1831 年 8 月 29 日法拉第首次发现，当穿过一个闭合导体回路所围成面积的磁通量发生变化时，不管这种变化是由于什么原因所引起的，回路中就会有电流，这种现象就被称为电磁感应现象。回路中所出现的电流叫做感应电流，由于磁通量的变化而引起的电动势，叫做感应电动势。

电磁感应现象的发现标志着新的技术革命和工业革命的到来，使现代电力工业、电工和电子技术得以建立和发展。

本实验要求观察、分析和解释一系列有趣的电磁感应现象，从而深入理解电磁感应的基本规律，并了解它的一些实际应用。

【实验目的】

① 观察并总结发生电磁感应现象的条件。

② 分析、解释实验中一系列有趣的电磁感应现象，理解电磁感应的基本规律，了解其在生活中的实际应用。

【预习思考题】

在日常生活中，请举出一些与电磁感应现象有关的实例。电磁感应现象的应用怎样影响了人们的生活？

【实验原理】

（1）法拉第电磁感应定律　当穿过回路所围面积的磁通量发生变化时，回路中就有感应电动势 ε_i 产生，它的大小与穿过回路的磁通量对时间的变化率成正比，即

$$\varepsilon_i = -\frac{\mathrm{d}\phi_m}{\mathrm{d}t} \tag{4-37}$$

式中，负号描述感应电动势的方向，ε_i 的单位是 V。

（2）楞次定律　闭合回路中感应电流所激发的磁场，总是抵抗引起感应电流的磁通量的改变。

【实验仪器】

学生电源，原副线圈（带铁芯），滑动变阻器，条形磁铁，示教灵敏电流计，安培表，导线若干，MSU-1 电磁感应实验电源一台，MSU-1 电磁感应实验仪一台（包括有软铁棒铁芯的线圈一套），带胶木柄的大铝环一只，小铝环 3 只（其中 1 只有切割缝隙），小铜环一只，塑料环一只。

【实验步骤】

1. **基本实验——电磁感应现象产生条件的观察和总结**

① 按图 4-23（a）所示连接回路。将条形磁铁插入或拔出螺线管，仔细观察运动过程中和静止情况下示教灵敏电流计指针偏转情况。然后改变条形磁铁插入或拔出时的速度，再仔细观察示教灵敏电流计指针的偏转情况（即指针偏转的角度大小和方向，其实就是观察电磁感应现象中产生的感应电流的大小，从而初步确定产生的感应电动势大小的相关因素）。

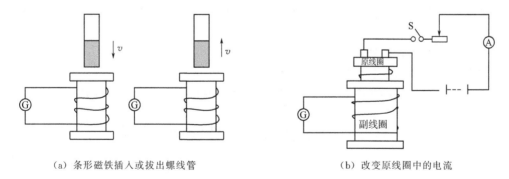

（a）条形磁铁插入或拔出螺线管　　　　（b）改变原线圈中的电流

图 4-23　基本实验

② 按图 4-23（b）所示连接回路电路，合上电键 S，移动滑动变阻器的触端位置，达到改变原线圈（带铁芯）中的电流，观察与副线圈相连的示教灵敏电流计指针偏转情况。

2. **磁悬浮实验研究**

（1）直流电磁感应实验　如图 4-24 所示，接上直流电源和开关 S，将一只小铝环套入

铁芯线圈的软铁棒上。突然接通开关，然后突然断开，观察小铝环如何移动，分析其产生的原因。分别用铜环、塑料环、有缝隙铝环等代替小铝环，观察其现象有何异同，得出结论。

（2）跳环实验　如图 4-25 所示，将一只铜环或小铝环套在铁芯线圈的软铁棒上，线圈连接到电源上，打开电源后盖板上电源开关，显示窗显示电源电压或输出电流，将输出电压换挡开关从断开转向最后输出挡（约 24V），可以见到小铝环突然飞离软铁棒。

（3）浮环实验　在图 4-25 的实验装置中，先将电源电压调到零，再将开关合上，逐渐增大输出电压，小铝环将逐渐上升并悬浮在铁棒上，虽然电压已到 24V，小铝环仅上升到软铁棒的一半左右，始终不脱离软铁棒。测出所加电压值 $U(0\sim22V)$ 与对应铝环上升高度 H 的关系，作 U-H 图。

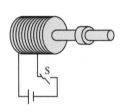 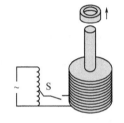

图 4-24　直流电磁感应实验电路　　　　图 4-25　跳环实验电路

（4）双铝环实验　在图 4-25 的实验装置中，将小铝环套上软铁棒，逐渐增大电压，使小铝环上升到软铁棒的一半左右，手握另一小铝环，慢慢套入软铁棒，当这只小铝环距离原来的小铝环约 2cm 时，它会将下面的小铝环吸上来，当两小铝环合二为一后松手，两铝环会随着电压的改变，一起作上下运动。

（5）共振实验　当一只小铝环悬浮在软铁棒一半高度时，将手拿着带胶木柄，将有胶木柄的大铝环套在小铝环外，并使大铝环沿着软铁棒作上、下周期运动（大铝环不要碰到小铝环），当其周期合适时，小铝环上、下运动的幅度会越来越大，直到跳出软铁棒。

【数据记录与处理】

本实验属于研究性实验，根据电磁感应现象及规律，定性或半定量地解释上述各实验。

【思考题】

① 在实验过程中，软铁棒为什么会发热？
② 若把软铁棒改为硬磁性材料，能否做上述实验？为什么？
③ 带有软铁棒铁芯的线圈装置通交流电时，其周围空间的磁感线分布情况如何？

实验 23　用分光计测定棱镜的折射率

折射率是光学材料的重要特性参数之一。光线在传播过程中，遇到不同介质的分界面时，会发生反射和折射，光线将改变传播的方向，结果在入射光线与反射光线或折射光线之间就存在一定的夹角。通过对某些角度的测量，可以测定折射率、光波波长、色散率等许多物理量，因而精确测量这些角度，在光学实验中就显得十分重要。

分光计是一种用于角度精确测量的典型光学仪器，本实验是在实验 15 的学习基础上，进一步训练分光计的调节方法，加深对分光计调节方法思想性和科学性的认识，同时采用测量棱镜最小偏向角方法测量光学材料的折射率。

【实验目的】

① 进一步熟悉分光计的调节。

② 掌握三棱镜的分光原理。

③ 学会用最小偏向角法测定棱镜的折射率。

【预习思考题】

① 何谓最小偏向角？

② 实验中如何确定最小偏向角？

【实验原理】

棱镜是由透明介质（如玻璃）做成的棱柱体，截面呈三角形的棱镜称三棱镜。本实验用

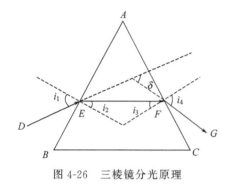

图 4-26　三棱镜分光原理

的是三棱镜，与棱边垂直的平面叫做棱镜的主截面，如图 4-26 的 BC 面为主截面。

棱镜具有色散作用。凡介质的折射率依赖于波长的现象叫色散现象。由于棱镜的色散作用，它把复色光分解成各单色光，从而制成棱镜分光仪器，如棱镜分光镜、棱镜摄谱仪等。

当入射光为 DE 经棱镜折射，其入射角为 i_1，折射角为 i_2。折射光 EF 对 AC 面入射，其入射角为 i_3，出射的折射角为 i_4，出射光为 FG。入射光线 DE 与出射光线 FG 的夹角 δ 称为偏向角。它随波长

的变化率，称为角色散 D_θ，即 $D_\theta = \dfrac{\mathrm{d}\delta}{\mathrm{d}\lambda}$。棱镜的角色散为

$$D_\theta = \frac{\mathrm{d}\delta}{\mathrm{d}\lambda} = \frac{2\sin\dfrac{A}{2}}{\sqrt{n_0^2 - n^2\sin^2\dfrac{A}{2}}} \times \frac{\mathrm{d}n}{\mathrm{d}\lambda} \qquad (4\text{-}38)$$

由式(4-38) 可见，角色散随 n 和 $\dfrac{\mathrm{d}n}{\mathrm{d}\lambda}$ 的增加而增加。在可见光区，光学玻璃和石英的 n 和 $\dfrac{\mathrm{d}n}{\mathrm{d}\lambda}$ 随波长的增加而减小，波长越长色散越小，所以棱镜分光的光谱属于非匀排光谱。

偏向角 δ 与介质折射率和波长有关，对一定波长的光入射角 i_1 改变时，出射角 i_4 也改变。可以证明当 $i_1 = i_4$ 时，偏向角 δ 最小，记作 $\delta_{\min}$。产生最小偏向角的充要条件是 $i_1 = i_4$ 或 $i_2 = i_3$，在此情况下有

$$\frac{n}{n_0} = \frac{\sin\dfrac{\alpha + \delta_{\min}}{2}}{\sin\dfrac{\alpha}{2}} \quad (\alpha\text{ 为三棱镜的顶角}) \qquad (4\text{-}39)$$

因为折射率为 n 的棱镜，通常放在空气中，即 $n_0 = 1$，所以棱镜的折射率 n 为

$$n = \frac{\sin\dfrac{\alpha + \delta_{\min}}{2}}{\sin\dfrac{\alpha}{2}} \qquad (4\text{-}40)$$

由此可知，只要测出棱镜顶角及最小偏向角 $\delta_{\min}$ 即可求出该棱镜材料的折射率 n。

【实验仪器】

JJY-1 型分光计，钠灯，三棱镜。

【实验步骤】

1. 按实验 15 的步骤调节好分光计

（1）平行光管的调节　目的是把狭缝调到物镜的焦面上，即平行光管对无穷远调焦。方法如下：

① 去掉目镜照明光源，打开狭缝，用漫射光照明狭缝；

② 在平行光管物镜前放一张白纸，检查在纸上形成的光斑，调节光源位置，使得在整个物镜孔上照明均匀；

③ 除去白纸，把平行管光轴移到左右适中的位置，将望远镜管对正平行光管，从望远镜目镜中观察，调节望远镜和平行光管，使狭缝位于视场中心；

④ 前后移动狭缝机构，使狭缝清晰地成像在望远镜分划板上。

（2）调整平行光管光轴垂直于旋转主轴　调整平行光管上下位置，升降狭缝像的位置，使狭缝与目镜视场中心对称。

（3）将平行光管狭缝调成垂直　旋转狭缝机构，使狭缝与目镜分划板的垂直刻线平行，注意不要破坏平行光管的调焦，然后将狭缝装置锁紧螺钉旋紧。

2. 测量最小偏向角

① 用钠光灯照亮平行光管的狭缝，调节狭缝宽度适当，使准直管射出平行光束。

② 将棱镜按图 4-27(a) 所示放置在载物台中央处。狭缝出射的光束入射到 AB 折射面，经棱镜由折射面 AC 射出。将望远镜转到出射光的方位，观察到钠光的谱线（即狭缝的像）后，转动载物台，观察谱线移动的情况，望远镜跟随谱线移动，开始从望远镜看到狭缝像沿某一方向移动，当看到的狭缝像刚刚开始要反向移动，此时的棱镜位置就是平行光束以最小偏向角射出的位置。显然，在谱线移动方向的转折处，光线沿最小偏向角方向由折射面 AC 射出。在观察到谱线反方向移动时，使载物台固定。

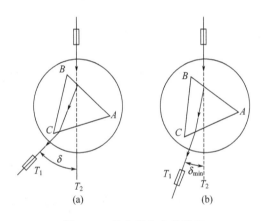

图 4-27　最小偏向角的测定

③ 转动望远镜使竖直刻线对准谱线中央，即图 4-27(b) 中的 T_1 位置。用止动螺丝固定望远镜，再用望远镜的微调螺丝，更精确地确定最小偏向角时谱线与竖直刻线重合。记录望远镜在 T_1 处双游标指示的刻度盘读数 C_1、C_2。

④ 移去三棱镜，将望远镜转回到 T_2 处，对准准直管，使望远镜中竖直刻线与狭缝重合。记录两游标指示的刻度盘读数 D_1、D_2。

⑤ 计算最小偏向角：$\delta_{\min}=\dfrac{1}{2}\left[(D_1-C_1)+(D_2-C_2)\right]$。

⑥ 重复测量三次，求其平均值。

3. 计算

利用式(4-40)求出折射率 n。

【注意事项】

① 光学元件要轻拿轻放，以免损坏，切忌用手触摸光学面。

② 分光计是较精密的光学仪器，使用时要倍加小心，在止动螺钉未松开之前不得强行转动望远镜、游标盘、刻度盘等。

③ 在测量数据前该锁紧的部件一定要锁紧，如望远镜与刻度盘连成一体，固定游标盘、望远镜等，否则会出现较大测量误差甚至错误。要正确使用望远镜转动微调螺钉，以便提高测量准确度。

【数据记录与处理】

数据记录在表 4-12 中。

表 4-12　测量最小偏向角

次数	C_1	C_2	D_1	D_2	δ_{min}	次数	C_1	C_2	D_1	D_2	δ_{min}
1						3					
2											

三棱镜最小偏向角 $\overline{\delta_{min}} = $ ＿＿＿＿＿＿

在实验 15 中测量出的三棱镜顶角 $\bar{\alpha} = $ ＿＿＿＿＿＿

分光计的折射率 $n = \dfrac{\sin\dfrac{\alpha + \delta_{min}}{2}}{\sin\dfrac{\alpha}{2}} = $ ＿＿＿＿＿＿

【思考题】

① 最小偏向角的条件是什么？

② 哪些因素会影响三棱镜折射率 n 的测量？

③ 光源改变，三棱镜的折射率 n 改变吗？

【创新实践】布儒斯特定律演示、折射率测量仪（专利号：ZL201310642304.3）

本装置是一种集布儒斯特定律演示和折射率测量于一体的便携式演示测量仪，将原本只能在暗室进行的光学实验，搬到教室进行随堂教学与演示，实验操作过程无需遮光，现象直观，其结构示意图如图 4-28 所示。

本装置的创新思路：利用激光指示器亮度高、方向性好的特点，在罩体 1 腔内注入少量烟雾提升光线可视度，用细长圆孔来克服环境背景光对光电转换元件 4 影响。

测量仪罩体 1 的主体成扁平圆筒形，正面是透明面板，背面刻度板上印有圆周角度线、法线和媒质分界线，圆周角度线所对应的圆心即为法线和媒质分界线的正交交点，筒壁面的左、右侧上方各开一个窗口，分别为入射光入口和反射光出口，筒壁侧下方还有一个注烟雾孔。罩体用支架支撑，入射光源及调节组件 2 安装覆盖在入射

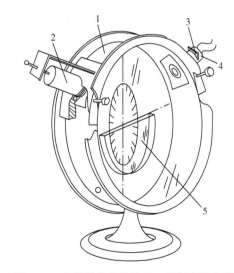

图 4-28　布儒斯特定律演示、折射率测量仪

光入口上，并可在入射光入口的范围内沿筒壁移动或被锁定，入射光源是激光指示器，入射光线投射方向且可在一定范围内调节，以便确保入射光线能对准法线和媒质分界线的交点。检偏片 3 两相垂直的侧面分别标有平行偏振标志、垂直偏振标志。沿光电转换器组件 4 纵轴开圆孔，中部开检偏片插槽，用来插装检偏片。光电转换元件封住圆孔一端，用屏蔽导线外接微电流测量仪，从微电流测量仪上读取光电转换元件得到光电流，组件安装覆盖在反射光出口上，并可在反射光出口的范围内沿筒壁面移动或被锁定。光学元件 5 为半圆形光学玻璃砖，径向光学面与背面刻度板上的媒质分界线重合，并安装在背面刻度板上。

演示或测量时，从测量仪單体 1 筒壁上的注烟雾孔中向單体腔内注入少量烟雾，以提升光线可视度。调节入射光源及调节组件 2 的位置，取不同的入射角，同时调节光电转换器组件 4 的位置，确保反射光能沿其纵轴圆孔垂直投射在检偏片和光电转换元件上，逐一记录入射角、反射角、折射角以及检偏片 3 为平行偏振和垂直偏振标志情况下微电流测量仪上光电流示数值，验证布儒斯特定律。当反射角、折射角之和等于 $90°$，检偏片 3 为平行偏振标志时，微电流测量仪上光电流示数值为 "0"，从而测得光学材料折射率 $\tan i_0 = n_2/n_1 = n_{21}$，其中 i_0 为起偏角，n_2 为第二媒质绝对折射率，n_1 为第一媒质绝对折射率，n_{21} 为第二媒质相对第一媒质的相对折射率。

布儒斯特定律演示、折射率测量仪（专利号 ZL201310642304.3）的详细说明，请登录国家知识产权局专利检索及分析查询网 http://pass-system.cnipa.gov.cn/ 查阅。

实验 24　光强分布的测定

光在传播过程中遇到障碍物时，如果障碍物的线度与波长相当，则光的传播会出现绕射现象，形成光场的特殊分布，这就是光的衍射现象。光的衍射现象是光的波动性的重要表现。研究光的衍射，不仅有助于加深对光的本性的理解，也是近代光学技术（如光谱分析、晶体分析、全息分析、光学信息处理等）的实验基础。衍射导致了光强在空间的重新分布，利用光电传感元件测量和探测光强的相对变化，是近代技术中常用的光强测量方法之一。

在实验室中，根据光源及衍射屏到障碍物的距离不同，衍射分为菲涅耳衍射和夫琅禾费衍射两种。菲涅耳衍射是光源和衍射屏到衍射物的距离为有限远时的衍射，即近场衍射；夫琅禾费衍射是光源和衍射屏到衍射物的距离为无限远时的衍射，即远场衍射。本实验是观察、测量单缝的夫琅禾费衍射，利用硅光电池测量衍射光强在空间的相对分布。

【实验目的】
① 观察了解单缝夫琅禾费衍射现象。
② 学习用转换测量法测量相对光强。
③ 学会用单缝衍射的光强分布规律测量单缝的宽度。

【预习思考题】
① 实验中的衍射图样中央主极大左右不对称是什么原因造成的？怎样调整实验装置才能纠正？
② 测量光强分布时，单缝过细或过宽，对测量结果有何影响？
③ 实验过程中，如果激光器或单缝的位置发生改变，对测量结果有何影响？
④ 测量过程中，如果出现光电流超过微电流测量仪量程，应如何调整实验装置？

【实验原理】

1. 产生夫琅禾费衍射的两种方式

夫琅禾费衍射要求把光源及接收屏放在离衍射物无限远的地方，在实验室是办不到的，只能用下面两种方法来满足实验所要求的条件。

① 把光源 S 置于凸透镜 L_1 的前焦面上，接收屏置于凸透镜 L_2 的后焦面上，如图 4-29 所示。由几何光学可知，光源 S 和接收屏 P 相当于距单缝 A、B 无限远。由于衍射角 θ 很小，则

$$\theta \approx \text{tg}\theta \approx \sin\theta = \frac{x}{Z} \qquad (4-41)$$

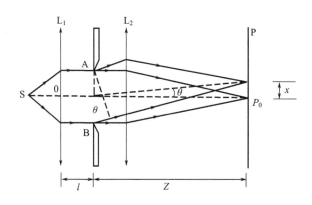

图 4-29　焦面发射装置

② "远场接收"装置（图 4-30）。当满足下列条件时，在狭缝前后可以不用透镜 L_1、L_2，而获得夫琅禾费衍射图样：a. 光源离单缝很远，满足 $\frac{\pi b^2}{4l\lambda} \ll 1$，式中 l 为光源 S 到单缝 A、B 的距离，λ 为单色光波长，b 为单缝 A、B 之间的距离，此式表明缝宽 b 相对于 l 很小；b. 接收屏离单缝足够远，满足 $\frac{\pi b^2}{4Z\lambda} \ll 1$，$Z$ 为单缝到接收屏的距离，此式表明缝宽 b 相对于 Z 也很小。这两个条件称为夫琅禾费衍射的"远场"条件。本实验用 He-Ne 激光器作光源，可作为近似平行光直接照射在单缝上，这时衍射角 $\theta = \frac{x}{Z}$。设 $b \leqslant 0.1 \times 10^{-3}$ m，He-Ne 激光器输出光的波长为 632.8nm，当 $Z \geqslant 0.4$m 时，即有 $\frac{\pi b^2}{4Z\lambda} < \frac{1}{20} \ll 1$，满足远场条件。

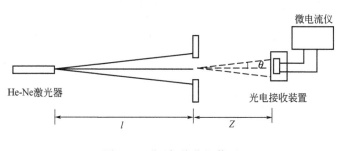

图 4-30　"远场接收"装置

2. 单缝夫琅禾费衍射的一些规律

由惠更斯-菲涅耳原理可推得，单缝夫琅禾费衍射图样的光强分布为

$$I = I_0 \left(\frac{\sin\beta}{\beta} \right)^2 \tag{4-42}$$

式中，$\beta = \frac{\pi}{\lambda} b \sin\theta$，当 $\theta = 0$ 时，$\beta = 0$，则 $\frac{\sin\beta}{\beta} \rightarrow 1$，$I = I_0$，光强具有最大值，称为中央主极大。$I$ 作为 $\sin\theta$ 的函数，相对光强分布曲线如图4-31所示。

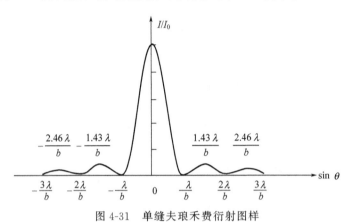

图4-31 单缝夫琅禾费衍射图样

当 $\beta = k\pi (k = \pm 1, \pm 2, \cdots)$ 时，有 $\sin\beta = 0$，$I = 0$，即出现暗条纹，与此对应的位置为暗条纹中心，于是得 $\sin\theta = \frac{k\lambda}{b}$，由于 θ 很小，上式可写成

$$\theta = \frac{k\lambda}{b} \tag{4-43}$$

由式（4-43）可得出下列结论。

① 衍射角 θ 与缝宽 b 成反比例关系，缝加宽时，衍射角减小，各级条纹向中间收缩；反之，各级条纹向两侧发散；当缝宽 b 足够大（$b \gg \lambda$）时，衍射现象不明显，从而可忽略不计，将光看成直线传播。

② 中央亮条纹的宽度由 $k = \pm 1$ 的两个暗条纹的衍射角确定，即中央亮条纹的角宽度为 $\Delta\theta = 2\lambda/b$。

③ 任何两相邻暗条纹间的衍射角的差值 $\Delta\theta = \lambda/b$，即暗条纹是以 P_0 点为中心、左右等间隔对称分布的。

④ 位于两相邻暗条纹之间的是各级亮条纹，它们的宽度是中央亮条纹宽度的一半。这些亮条纹的光强最大值称为次极大，各级次极大的位置为

$$\theta \approx \sin\theta = \pm 1.43 \frac{\lambda}{b}, \pm 2.46 \frac{\lambda}{b}, \pm 3.47 \frac{\lambda}{b}, \cdots$$

它们的相对光强为

$$\frac{I}{I_0} = 0.047, 0.017, 0.008, \cdots$$

由式（4-41）和式（4-43）得

$$b = \frac{k\lambda Z}{x} \tag{4-44}$$

式(4-44)可用来计算狭缝宽度。使用该式时需注意，要找准各级暗纹中心线的角位置 x。

【实验仪器】

实验仪器有 HJ-1 型 He-Ne 激光器，可调单缝，光屏，硅光电池，DM-nA$_2$ 微电流测量仪，光具座。

（1）HJ-1 型 He-Ne 激光器　由激光管和直流高压电源组成，它发出光波波长为 632.8nm 的红光，具有单色性好、方向性好和亮度高等优点，是一种理想的相干光源。

（2）可调单缝　如图 4-32 所示，单缝装置固定在齿轮上，调节"单缝宽度调节螺钮"可控制缝的宽度，调节"转动调节螺钮"带动齿轮转动，可以控制单缝的角度，单缝转过的角度可以从刻度盘读取。本实验要求单缝处于竖直方向，以获得水平方向分布的衍射图样。

（3）硅光电池　如图 4-33 所示，根据光电效应原理制成的光电探测器，是把光信号转变成电信号的装置。光电池在光谱响应范围里负载很小的情况下，其光电流与入射光的强度呈线性关系。通常光电池在没有光照射的情况下，由于一定温度下的热激发也会产生光电子，所形成的电流称为暗电流。另外，杂散光产生的光电流称为本底电流，为了减少它对测量的影响，要求把杂散光减小到最低限度。

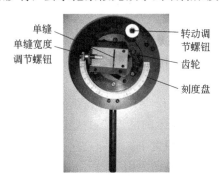

图 4-32　可调单缝

图 4-33　硅光电池暗盒

（4）DM-nA$_2$ 微电流测量仪　数字显示式微电流测量仪，电流测量范围为 $0 \sim 1.999 \times 10^{-6}$ A，LED 显示光电流值，面板图如图 4-34 所示。有 4 个量程选择，分别为"10^{-10} A、10^{-9} A、10^{-8} A、10^{-7} A"，实验时根据需要选择合适量程。

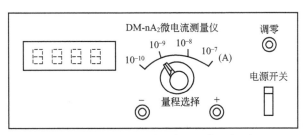

图 4-34　DM-nA$_2$ 微电流测量仪面板图

【实验步骤】

1. 观察单缝的衍射现象

① 按图 4-30 的夫琅禾费衍射条件安排实验仪器（硅光电池，微电流测量仪暂不使用）。接收屏放在单缝后 $\geqslant 0.4$m 处。

② 点亮激光器，使激光束与光具座平行。调整二维调节架以及单缝高度，使单缝对准激光束中心，微调单缝的左右位置，直到光屏上的衍射图样左右对称，明暗条纹清晰、分明。

③ 改变单缝宽度 b，使之由宽变窄，再由窄到宽，观察并记录调节过程中出现的各种现象和变化情况。例如屏上的衍射条纹随缝宽如何变化；屏上出现可分辨的衍射条纹时，单缝的宽度约为多少；比较各级亮条纹的宽度以及它们的亮度分布情况；改变光屏与可调狭缝的距离 D，观察并记录衍射图样的变化。

2. 测量衍射图样的相对光强分布

① 将硅光电池与微电流测量仪串联起来。打开微电流测量仪，预热 15min。

② 激光束、单缝位置不动，移去光屏，换上硅光电池，调整硅光电池高度，使得衍射条纹能够打在硅光电池的接收缝中央。

③ 调节单缝宽度、选择微电流测量仪量程挡，在硅光电池无光照的条件，对微电流测量仪调零，以消除暗电流、本底电流等影响。注意，如果缝的宽度过宽或选择的微电流测量仪量程过小，测量中光电流可能会超过微电流测量仪量程，则无法测得电流极大值；如果缝的宽度过窄或选择的微电流测量仪量程过大，光电流可能没有明显的周期性变化，则无法绘出光强分布图。所以在测量数据前先调节硅光电池下面的二维调节架，同时观察微电流测量仪上的光电流，如果光电流值出现异常，则需要对缝宽或微电流测量仪的量程做相应调整，如果没有异常，则继续下面的步骤。

④ 调节硅光电池下面的二维调节架，可以从左（右）边 15mm 的位置开始向右（左）调节，直至右（左）边 15mm 位置，每隔 1mm 读取一次光电流 I，对衍射图样的光强进行逐点测量，将数据填入表 4-13。

⑤ 以光电池的位置 x 为横坐标，衍射光的相对强度 I/I_0 为纵坐标，绘制 I/I_0-x 单缝衍射相对光强分布曲线。由于光的强度与微电流测量仪所指示的电流读数成正比，因此可用微电流测量仪的光电流的相对强度 i/i_0 代替衍射光的相对强度 I/I_0。

⑥ 将各次极大相对光强与理论值相比较，分析产生误差的原因。

3. 单缝宽度的测量

① 从光具座上读出单缝到硅光电池之间的距离 Z。

② 由分布曲线测得各级衍射暗条纹到中央明纹中心的距离 x_k，求出同级距离 x_k 的平均值 $\overline{x_k}$，将 $\overline{x_k}$ 和 Z 值代入式(4-44)，计算单缝宽度 b_k，用不同级数 k 的结果计算狭缝平均宽度 b。一般取 $k=1$，2，3。

【注意事项】

① He-Ne 激光器充分预习热，以保证光强的稳定性。

② 测量前一定将缝的宽度以及微电流测量仪的量程调节到合适值，以免出现超过量程或电流值无周期性波动的现象。

③ 在测量过程中，要一气呵成，其间出现任何异常情况，如光学器件位置改动、缝宽或微电流测量仪量程不合适需重新调整等，需要重新测量。

④ 切勿用眼跟踪正视激光束，以免损伤视网膜。

【数据记录与处理】

数据记录在表 4-13 中。

表 4-13　测量 I/I_0-x 单缝衍射相对光强分布

x/mm	15.0左	14.5左	...	0.0	...	14.5右	15.0右
$\frac{i}{i_0}$/nA							

$$b_1 = \frac{\lambda Z}{\overline{x}_1} = \underline{\hspace{3cm}} \text{mm};$$

$$b_2 = \frac{2\lambda Z}{\overline{x}_2} = \underline{\hspace{3cm}} \text{mm};$$

$$b_3 = \frac{3\lambda Z}{\overline{x}_3} = \underline{\hspace{3cm}} \text{mm};$$

$$b = \frac{1}{3}(\overline{b}_1 + \overline{b}_2 + \overline{b}_3) = \underline{\hspace{3cm}} \text{mm}。$$

【思考题】

① 用两台输出光强不同的同类激光器分别作单缝衍射的光源，单缝衍射图样及相对光强分布有无区别？为什么？

② 若用白光作光源，用"焦面接收"光路，可以观察到什么样的衍射图样？

实验 25　牛顿环测平凸透镜的曲率半径

牛顿环是采用分振幅法实现等厚干涉的现象。最初观察到"牛顿环现象"的是胡克。胡克在他 1665 年的著作中，描述了薄云母片、肥皂泡、吹制玻璃和两块压在一起的平玻璃板上所产生的彩色条纹，但直到 1675 年，牛顿在精密测量和周密而详细的研究基础上，才总结出环的直径和透镜曲率半径的关系，所以将此现象称之为"牛顿环"。

牛顿环在光学加工技术上有着重要的应用，如检验光学器件表面质量，将标准件盖在待测件上，在光照下，若出现牛顿环，则表明被测工件曲率小于或大于标准值；若牛顿环不圆，表明被测件曲率不均匀。通过观测牛顿环可以判断待测件的优劣，可对其进行精密加工。用牛顿环还可以测量透镜曲率半径、测量未知液体的折射率等。

【实验目的】

① 观察等厚干涉现象，了解等厚干涉的原理和特点。

② 学习用读数显微镜测量微小量。

③ 学习用牛顿环测量平凸透镜曲率半径的方法。

④ 学习用逐差法处理数据。

【预习思考题】

① 牛顿环中心不是点，而是较大的暗斑是怎么回事？

② 测量中如果水平叉丝与读数显微镜标尺不平行，对测量结果有何影响？

③ 测量时测微鼓轮为什么只能向一个方向旋转，不可往复旋转？

【实验原理】

1. 牛顿环仪

将一块曲率半径较大的平凸透镜的凸面放在一光学平板玻璃上，这样就在透镜凸面和平板玻璃之间形成一层空气薄膜，其厚度从中心的接触点到边缘逐渐增加，等厚线是一组以接触点为圆心的同心圆，如图 4-35 所示。

当一束平行单色光垂直照射时，在空气膜上表面所反射的光和下表面反射的光之间存在光程差，因而产生干涉。在空气膜等厚的地方干涉条件相同，所以干涉条纹是一组定域在空气层上表面的以接触点为圆心的明暗相间的同心圆环。当入射光是白光时，干涉条纹是一组同心彩色条纹。这一干涉现象最早是英国科学家牛顿于 1675 年在制作天文望远镜时，偶然将望远镜的物镜放在平板玻璃上发现的，因而又称为牛顿环。干涉图样如图 4-36 所示，牛顿

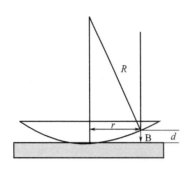

图 4-35 牛顿环仪

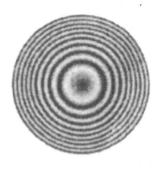

图 4-36 牛顿环干涉图样

环由中心向外逐渐变密。

2. 凸透镜曲率半径的测量

如图 4-35 所示，设 B 点空气膜厚度为 d，由于凸透镜曲率半径很大，所以光线两次穿过空气膜的距离近似相等，这时下表面反射的光线比上表面反射的光线多 $2d$ 的光程（空气的折射率近似为 1），并且下表面的反射是光从光疏介质（空气）向光密介质（玻璃）传播时的反射，因而产生半波损失（即有半个周期的相位突变，相当于存在一个 $\lambda/2$ 的光程变化）。所以两条光线的光程差为

$$\Delta = 2d + \lambda/2 \tag{4-45}$$

式中，λ 为单色光的波长。根据干涉条件

$$\begin{cases} \Delta = 2d + \lambda/2 = k\lambda & (k=1,2,3,\cdots) \quad \text{亮条纹} \tag{4-46} \\ \Delta = 2d + \lambda/2 = (2k+1)\lambda/2 & (k=0,1,2,\cdots) \quad \text{暗条纹} \tag{4-47} \end{cases}$$

由于观察暗纹方便，这里设 B 点为暗纹位置。由式（4-47）得

$$d = k\lambda/2 \tag{4-48}$$

d 表示了第 k 环暗纹处对应的空气膜厚度。在中心处 $d=0$，则两条光线的光程差为 $\Delta = \lambda/2$，所以中心处是零级暗纹。设平凸透镜的曲率半径为 R，牛顿环暗纹的半径为 r，由图 4-35 中的几何关系可知

$$R^2 = (R-d)^2 + r^2 = R^2 - 2Rd + d^2 + r^2$$

因为 $R \gg d$，所以 d^2 项可以略去，这样可得到

$$r^2 = 2Rd \quad \text{或} \quad d = r^2/2R \tag{4-49}$$

由式（4-48）和式（4-49），得出

$$R = \frac{r^2}{k\lambda} \tag{4-50}$$

可见，若已知入射光波长，只要测出第 k 级暗条纹半径 r，就可以算出透镜的曲率半径 R。

但在实际测量时，在透镜和平玻璃接触点处，由于压力会发生形变，还有接触点处有灰尘等原因，使得透镜和平玻璃的接触点处不是一个理想的点，观察到的牛顿环中心并不是一个点，而是一个暗斑，其中包含若干级圆环。所以牛顿环的圆心难以确定，其各干涉条纹的绝对极数也很难确定。为了减小系统误差，取 k 级和 $k+m$ 级暗纹，它们的半径分别为 r_k 和 r_{k+m}，则由式（4-50）可得

$$r_k^2 = kR\lambda \tag{4-51}$$

$$r_{k+m}^2 = (k+m)R\lambda \tag{4-52}$$

两式相减可得

$$R = \frac{r_{k+m}^2 - r_k^2}{m\lambda} \tag{4-53}$$

实验时，为了避免牛顿环圆心的不确定，造成对牛顿环半径测量的误差，而改用测量牛顿环的直径，以直径 $D = 2r$ 代入上式，得

$$R = \frac{D_{k+m}^2 - D_k^2}{4m\lambda} \tag{4-54}$$

为了消除其产生的系统误差，选用逐差法进行数据处理。按式（4-54）进行测量的好处是：不测半径而测直径，不必确定环心的准确位置；不必确定条纹的确切级数，只需知道级差 m。这样知道波长 λ，测出 D_{k+m} 和 D_k，便可计算透镜的曲率半径 R。

【实验仪器】

牛顿环仪，读数显微镜，钠光灯。

1. 牛顿环仪

牛顿环仪是将曲率半径较大的待测平凸透镜和光学平板玻璃叠合在框架中而成，如图4-37所示。在阳光或灯光下，从反射方向观察，可以看到彩色的牛顿环。框架上有三颗螺钉，通过调节三颗螺钉可以调节透镜与平板的接触状态，以改变干涉条纹的形状和位置。

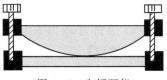

图 4-37　牛顿环仪

2. 读数显微镜

读数显微镜的使用方法参见第二章第四节。

3. 钠光灯

黄色单色光源，波长为 589.3nm。

【实验步骤】

① 打开钠光灯光源，预热 5min。

② 调节牛顿环仪上的三个螺丝，用眼睛直接观察，使干涉条纹呈圆环形，并位于透镜的中心。调节时注意螺钉的松紧要适中，螺钉过松，条纹易跑动；螺钉过紧，会使平凸透镜或平板玻璃的表面发生形变甚至破裂。

③ 将调节好的牛顿环仪置于读数显微镜的玻璃载物台上。注意：牛顿环仪应置于显微镜刻度尺中央附近。

④ 通常情况是利用反射进行实验，所以，将读数显微镜玻璃载物台下面的平面反射镜翻转成背向光源。左右旋转显微镜物镜下端插接的 $45°$ 半反射镜，使钠光灯的光线被反射后，沿着显微镜轴线方向垂直射到牛顿环仪上，经空气薄膜反射后再向上到达显微镜中，形成较亮且均匀的视场。

⑤ 调节读数显微镜的目镜，使目镜中能看到清晰的十字叉丝，然后调节水平叉丝与读数显微镜标尺平行。注意，如果水平叉丝与读数显微镜标尺不平行，测量结果会有很大偏差。调节方法：可以在载物台上平行于标尺的方向置一个直尺，转动鼓轮移动显微镜筒，同时从显微镜中观察、调节直尺，使直尺的直边始终与十字叉丝的交点重合。在检查并确认叉线交点的运动轨迹是沿着直尺直边后，旋松目镜止动螺钉，调节目镜，使十字叉线的横线与直尺的直边重合，锁定目镜。

⑥ 调节读数显微镜物镜。首先目视，使物镜尽量贴近牛顿环，再从目镜里观察，转动调焦手轮，使物镜缓慢远离牛顿环仪，直到看清干涉条纹。轻微移动牛顿环仪，使牛顿环中心尽可能位于十字叉丝的交点。此时可以进一步调节 $45°$ 反光镜朝向和调焦，使牛顿环干涉

图样最为清晰，并且在左右转动头的情况下，观察牛顿环和叉丝之间不存在侧向相对移动，如果有侧向相对移动，消除它的办法是仔细调焦，即调节物镜到牛顿环的位置，使牛顿环通过物镜所成的像恰好落在叉丝分划板上。

⑦ 测量干涉暗纹的直径。调节测微鼓轮，观察目镜中的十字叉丝的竖线，以牛顿环圆心为第 0 级环，从牛顿环圆心开始向任一侧（如向左侧）移至第 25～30 环后，再使十字叉丝竖线回到与左侧第 20 环的外（内）边缘相切位置时，开始计数，从左向右依次测量出左侧第 20～11 环暗纹外（内）边缘位置，继续向右过环心，当十字叉丝竖线到达右侧第 11～20 环暗纹内（外）边缘位置时，再记录右侧数据，将测量数据填入表 4-14 中，就能较准确地测量出第 11～20 环暗纹直径。为避免测量仪器的回程误差，测量时只能使叉丝沿一个方向移动。注意：由于条纹之间的距离很小，测量时要细心，中途绝不能倒转鼓轮，或改变牛顿环仪位置，否则全部数据需重新测量。

⑧ 求出 11 环到 20 环暗纹直径，应用式(4-54)用逐差法进行数据处理，第 20 环对第 15 环、第 19 环对第 14 环、……、第 16 环对第 11 环，其级差 $m=5$。

【注意事项】

① 不要用手擦拭显微镜和牛顿环仪的光学面，若不清洁，用擦镜纸轻轻擦拭。

② 牛顿环仪上三支螺丝不要拧得过紧，以免发生形变，严重时会损坏牛顿环仪。

③ 聚焦时，牛顿环仪距物镜约为 1cm 处，不要盲目操作，以免压断反光玻璃片。

④ 为了避免空转带来的误差，测量时测微鼓轮只能单方向旋转，中途不可倒退。

⑤ 测量时不能振动，显微镜和牛顿环仪不可移动，注意力要集中，切勿将环数数错。

⑥ 钠灯点亮后，直到测量结束再关闭，中途不可随意开关。

【数据记录与处理】

数据记录在表 4-14 中。

表 4-14　牛顿环测平凸透镜曲率半径的实验数据

环　数	显微镜读数/mm		$D=\lvert x_左 - x_右\rvert$/mm	D^2/mm^2	$D_{k+5}^2 - D_k^2$/mm^2
	$x_左$	$x_右$			
20					$D_{20}^2 - D_{15}^2 =$
19					
18					$D_{19}^2 - D_{14}^2 =$
17					
16					$D_{18}^2 - D_{13}^2 =$
15					
14					$D_{17}^2 - D_{12}^2 =$
13					
12					$D_{16}^2 - D_{11}^2 =$
11					

$$\overline{D_{k+5}^2 - D_k^2} = \underline{\qquad\qquad} \text{m}^2$$

$$\text{平凸透镜曲率半径 } R = \frac{\overline{D_{k+5}^2 - D_k^2}}{4m\lambda} = \underline{\qquad\qquad} \text{m}$$

【思考题】

① 实验中观察到的牛顿环中心是暗纹还是亮纹？为什么？

② 为什么牛顿环离中心越远越密？

【创新实践】读数显微镜基准调试装置（专利号：ZL200920234408.X）

　　使用读数显微镜测量数据之前，要把目镜中十字刻划线的竖线准确调试到与主螺旋杆轴线相垂直的位置。为帮助学生快速调试，创新设计一种读数显微镜基准调试装置，该装置能得到一条与读数显微镜主螺旋杆轴线相平行的可观测到的实线，降低实验操作难度，提高测量结果的准确度，其结构示意图如图4-38所示。

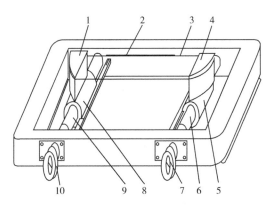

图4-38　读数显微镜基准调试装置结构示意图

　　本装置的创新思路：确定两点，找一条与读数显微镜主螺旋杆轴线相平行的可观测到的实线。

　　本装置金属边框高约2.5cm，两端底设置条状橡胶吸附垫，可防止装置在读数显微镜载物台面滑动。定位杆1、4之间相距约8cm，与定位螺旋套管5、8配对铸接，螺杆组件6、9分别穿出定位螺旋套管5、8后安装在金属边框上，并能灵活转动，且不可前后滑动。

　　本装置的细线3与橡皮筋2串接成线环，紧绷安放在定位杆1、4上的定位线槽里。定位杆1、4尖端棱边支撑细线3的点称为支撑点。调节读数显微镜物镜的水平位置，旋转旋套10，调节定位杆1的纵向位置，使物镜位于定位杆1的上方，并使相应的支撑点在目镜中成的像落在十字刻划线的交点上。再调节物镜使其位于定位杆4上方，旋转另一旋套7，同样使得相应的支撑点在目镜中成的像落在十字刻划线的交点上，此时细线3即与主螺旋杆轴线相平行。转动目镜中的十字刻划线，使十字刻划线的横线与细线3在目镜中成的像重合，则十字刻划线的竖线就与主螺旋杆轴线相互垂直。

　　读数显微镜基准调试装置（专利号ZL200920234408.X）的详细说明，请登录国家知识产权局专利检索及分析查询网 http://pass-system.cnipa.gov.cn/查阅。

实验26　旋光仪测旋光性溶液的旋光率和浓度

　　由于光的偏振现象和光所作用的物质有密切关系，所以通过观察光的偏振现象和光的干涉现象，可以间接测出某些物质的物理量和受外力作用时内部应力的分布等。目前在技术上已有广泛的应用，如海防前线用的偏光望远镜，立体电影中的偏光眼镜，分析化学实验中的量糖计等都是偏振光技术的应用。光矢量固定在某一平面振动的线偏振光，通过某些晶体或某些物质（尤其是含有不对称碳原子物质，如蔗糖、松节油、硫化汞、氯化钠等）的溶液以后，偏振光的振动面将旋转一定的角度，这种现象称为旋光现象。测量偏振光通过旋光物质后的旋转角，是研究物质旋光性的一种方法。通过测量旋转角，可求出该物质的旋光率或浓度，这一方法广泛用于制糖、医药等工业中。

本实验观察偏振光通过旋光性溶液时的旋光现象，学会用旋光仪测量旋光性溶液的浓度和旋光率。

【实验目的】

① 观察线偏振光通过旋光物质的旋光观象。

② 了解旋光仪的结构原理。

③ 学习用旋光仪测定旋光性溶液（蔗糖溶液）的旋光率和浓度。

【预习思考题】

① 旋光仪的三分视场是怎样形成的？

② 旋光液的旋光度与旋光液的其他哪些物理量有关？

③ 为了提高测量的精确度，为什么要选择暗视场读数而不采用明视场？

④ 角度盘的最小分值度是多少？为什么要左右各读取一个数据？

【实验原理】

1. 旋转光现象及其规律

1811 年法国物理学家阿喇果（D. F. J. Arago）发现，当线偏振光通过某些物质后，其振动面会以传播方向为轴旋转一定的角度，这种现象称为旋光现象。如图 4-39 所示，能产生旋光现象的物质称为旋光物质。当偏振光通过旋光物质溶液时，旋转的角度称为旋光度，用 ϕ 表示。旋光度 ϕ 不仅与溶液的长度 l 成正比，而且还和溶液中旋光物质的浓度 c 成正比，即

$$\phi = \alpha c l \tag{4-55}$$

式中，α 为旋光物质的旋光率，数值上等于偏振光通过单位长度、单位浓度的溶液后振动面旋转的角度；长度的单位用 dm（分米），浓度 c 的单位用 g/mL（克/毫升），α 的单位相应为（°）·mL/(dm·g)［(度·毫升)/(分米·克)］(对固体旋光物质，可参阅有关教材，此处从略)。实验表明，旋光率与旋光物质、入射光波长、温度有关，在一定温度下，旋光率与入射光波长的平方成反比，这种现象称为旋光色散。考虑到这一点，通常都采用钠光的 D 线（$\lambda = 589.3\text{nm}$）来测定旋光率或浓度。

若已知旋光性物质的长度 l，依次改变溶液的浓度 c 测出相应的旋光度 ϕ，根据式(4-55) 作出 ϕ-c 关系直线，直线的斜率就是该旋光物质的旋光率 α。若已知旋光率 α 和溶液长度 l，则测出 ϕ 便可求出溶液浓度 c。

2. 旋光度的测量方法

测量偏振光振动面的旋转角，从原理上说，可采用图 4-39 所示的装置。

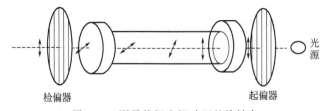

图 4-39　测量偏振光振动面的旋转角

测量时，先不放入试管，将检偏器转至视场最暗的位置，这时偏振光振动面与检偏镜偏振化方向正交。然后放入装有旋光溶液的试管，由于偏振光振动面发生旋转，视场会由暗变亮。再次转动检偏镜，可使视场重新变暗。这时检偏镜转过的角度即为偏振光振动面的旋转角度 ϕ。但是，由于人的眼睛对黑暗程度的变化不易做出精确的判断。很难准确地判断视场

是否最暗，而对视场中相邻部分的亮度是否相等却有较高的识别能力。为此在旋光仪中都采用半荫法，即用比较视场中相邻部分的亮度是否一致的方法来确定检偏镜的位置，以提高测量精度。旋光仪的起偏、检偏工作结构图如图 4-40 所示。

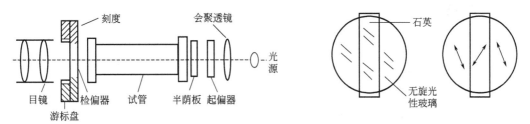

图 4-40　旋光仪的起偏、检偏工作结构图　　　　图 4-41　半荫板原理

半荫板原理是在无旋光性玻璃板中间放上石英晶体片（半波片），见图 4-41，取石英片光轴平行于自身表面，并与起偏镜偏振化方向成一小角度 θ（仅几度），根据垂直振动合成的理论可知，透射过石英片的光仍为偏振光，并且从起偏镜射出的偏振光通过石英片和两侧无旋光性玻璃板后，两束偏振光的夹角为 2θ。

当通过检偏镜观察半荫板视场时，可看到中间石英片部分与两侧视场的亮度是不相同的，如图 4-42 所示。用 OP、OA 分别表示起偏镜和检偏镜偏振化方向，OP' 表示透过石英片的偏振光振动方向。用 β 和 β' 分别表示 OP、OP' 与 OA 的夹角，以 P_A、P_A' 分别表示 OP、OP' 在 OA 方向上的分量。当转动检偏镜时，随着 β 和 β' 的变化，在视场中可出现四种显著不同的情形。

①　$\beta' > \beta$ 时，$P_A > P_A'$，视场被分为清晰的三部分，与石英片对应的中间部分暗，两边亮。当 $\beta' = 90°$ 时，亮暗反差最大，如图 4-42(a) 所示。

②　$\beta' = \beta$ 时，$P_A' = P_A$，视场中间的界线消失，亮度相等，较暗，如图 4-42(b) 所示。

③　$\beta' < \beta$ 时，$P_A' < P_A'$，视场又被分为三部分，与石英片对应的中间部分亮，两边暗。$\beta = 90°$ 时，亮暗反差最大，如图 4-42(c) 所示。

④　$\beta = \beta'$ 时，$P_A = P_A'$，视场中间的界线消失，亮度相等，较亮，如图 4-42(d) 所示。

由于亮度低的情况下，人眼辨别亮度微小差别的能力较强，所以选用中间的界线消失，亮度相等的较暗视场作为参考视场，如图 4-42(b) 所示，称为零视场，并把此时检偏镜偏振化方向的指向位置定为刻度盘零点。在装上旋光溶液试管后，透过半荫板的两束偏振光通过试管时，其振动面将转动相同的角度 ϕ，并保持振动面的夹角 2θ 不变，这时在未转动检偏镜的情况下再观察视场已不是零视场，中间与两边明暗不同。如转动检偏镜，使视场回到

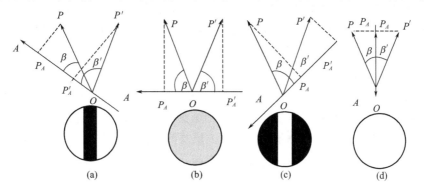

图 4-42　转动检偏时，目镜中看到的视场变化情形

图 4-42(b) 所示的状态，即零视场状态，则检偏镜转过的角度就是所测旋光溶液的旋光度。迎着入射光线看去，若检偏镜向右（顺时针方向）转动，则表示旋光溶液为右旋溶液，若检偏镜向左（逆时针方向）转动，则旋光溶液为左旋溶液。

【实验仪器】

图 4-43 是 WXG 型旋光仪的整体结构图。为了准确地测定旋光性溶液的旋光度 ϕ，仪器的读数装置采用双游标读数，以消除角度盘的偏心差。通过目镜的读数放大镜读出左、右游标数值 A、B，其平均值作为角度，即 $\phi' = (A+B)/2$。

角度盘等分 360 格，每格 $1°$，游标在对应于刻度盘的 19 个分格内划分为 20 等分格，则游标可读到 $0.05°$。具体可看游标盘上哪条刻度线与角度盘上的刻度线对的最齐，则该游标刻度线所表示的读数即为小数读数。图 4-44 所示的读数为 $21.35°$。角度盘和检偏镜固定联结成一体，利用角度盘转动手轮作粗调（图 4-43 中 16 号小轮）、细调（图 4-43 中 17 号大轮）。游标窗前装有读数放大镜，供读数用。

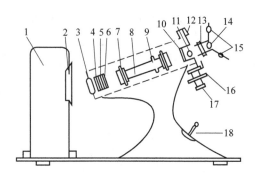

图 4-43　WXG 型旋光仪整体结构图

1—钠光灯；2—毛玻璃；3—会聚透镜；4—滤色镜；5—起偏镜；6—半荫板、石英片；7—测试管端螺母；8—测试管；9—测试管放置仓；10—检偏镜；11—望远镜物镜；12—角度盘和游标；13—望远镜调焦手轮；14—望远镜目镜；15—游标读数放大镜；16—角度盘转动细调手轮；17—角度盘转动粗调手轮；18—电源开关

【实验步骤】

1. 接通电源

接通旋光仪电源，约 5min 后待钠光灯发光正常，开始实验。

2. 观察辨认零视场

① 熟悉仪器结构及刻度盘手轮、调焦手轮的作用，熟悉游标读数方法。记录温度及光源波长。

图 4-44　刻度盘与游标盘

② 在没有放置测试管时，调节调焦手轮，在目镜中能清晰看到三分视场。

③ 慢慢转动刻度盘手轮，使检偏镜转动，观察视场变化情况，认识零视场。

3. 测量蔗糖溶液的浓度和葡萄糖的旋光率

① 先放置装有无旋光性蒸馏水的试管，长度与旋光溶液试管相同，观察是否有旋光现象。调节调焦手轮使视场清晰，再调出清晰零视场，当三分视场消失并且整个视场变为较暗的黄色时，读出左、右游标之读数，取平均值作为 ϕ_0 的一个测量值。重复测量 5 次，求平均值 $\overline{\phi_0}$。应在测量中减去或加上偏差值。

② 将装有已知浓度蔗糖溶液的试管分别放入旋光仪中，调节调焦手轮使视场清晰。缓慢转动刻度盘手轮，调至零视场再度出现，从刻度盘的左、右两个游标上读数。逐一记下角度读数。将读数相加除以 2 作为测量的结果 ϕ。反复测 5 次，将零点修正值考虑后得到平均值 $\overline{\phi'}$。值得注意的是，试管的凸起部分朝上，以便存放管内残存的气泡。

③ 计算旋转角（旋光度）$\overline{\phi} = \overline{\phi'} - \overline{\phi_0}$。在坐标纸上绘出 ϕ-c 图线，由图线的斜率求出该物质的旋光率 α。在图线旁边应标明实验时溶液的温度和所用的光波波长。也可以根据公式

$\phi = \alpha cl$，代入已知溶液浓度 c，管长 l，计算出旋光率 α。

④ 换上装有未知溶液浓度 c 的溶液，按上述方法测量旋光度 ϕ，重复测 5 次，再根据已绘出 ϕ-c 图线求出未知旋光溶液的浓度。

4. 测量从半荫板出射的偏振光的夹角 2θ

调整焦距，观察视场，调出零视场后，缓慢转动度盘手轮，测出中间最暗和两侧最暗两个位置之间检偏镜转过的角度即为 2θ。测 5 次取平均值（有关表格自拟）。

【注意事项】

① 试管中光线通过的路线上不应有气泡。为此，应将试管较粗部位至于上侧。

② 小心保护测试管两端的玻璃片。保持试管两端及各个透镜清洁，不致影响透光。

③ 试管的两端经精密磨制，使用中需十分小心，应轻拿轻放，防止损坏。

④ 所有镜片，包括测试管两头的护片玻璃都不能用手直接揩拭，应用柔软的绒布或镜头纸揩拭。

【数据记录与处理】

数据记录在表 4-15、表 4-16 中。

表 4-15　不同浓度的旋光溶液的旋转角度（旋光度）ϕ

序　号	样　品　号								蒸　馏　水		待　测　品	
	1		2		3		4					
	左	右	左	右	左	右	左	右	左	右	左	右
1												
2												
3												
4												
5												
平均值 $\overline{\phi'}$									$\overline{\phi_0}$			
$\overline{\phi} = \overline{\phi'} - \overline{\phi_0}$									$\overline{\phi_0}$			

表 4-16　旋光溶液的旋转角度（旋光度）ϕ 与旋光率 α 的关系

样　品　号	1	2	3	4	5	6	7	8
样品长度/dm	1	1	1	1	2	2	2	2
样品浓度/(g/mL)	4/100	5/100	6/100	7/100	8/100	9/100	10/100	待测
样品旋转角度 ϕ								
样品旋光率/[(°)·mL/(dm·g)]								

【思考题】

① 糖溶液应装满试管，为什么不能留有较大的气泡？并分析、讨论实验结果。

② 实验中为什么不选择较亮的黄色视场作为参考视场？

③ 对不同波长的光，测量结果有何不同？为什么？

④ 要提高测量结果的准确度，在整个实验过程中应注意哪些问题？

【创新实践】旋光实验演示装置（专利号：ZL200820036440.2）

大学物理实验教学中，通常用旋光仪测旋光性溶液的旋光率和浓度。实验成败的关键因素之一，就是学生对三分视场的零视场的调节和判断。为了让学生尽快熟悉三分视场，并能调节出清晰的三分视场，创新发明一种旋光实验演示装置，其结构如图4-45所示。

本装置的创新思路：用半透反射平面镜2将光线分成两路，用像、数结合演示三分视场。

沿旋光仪主光轴，在旋光仪检偏片4和游标5的后方加接分光仓1，分光仓1中安置一半透反射平面镜2，视频摄像镜头组8安接在分光仓1上，从测试管3透射出的光线经过检偏片4检偏后，被半透反射平面镜2分成两束光，一束是被半透反射平面镜2镜面反射的反射光，反射光光束直接照射在凸透镜7上，并

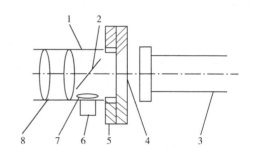

图 4-45　旋光实验演示装置

汇集到暗盒6中的光电池，光电池外接微电流测量仪；另一束是穿过半透反射平面镜2的透射光，透射光光束由视频摄像镜头组8采集，所采集到的信号再输送到视频监视器，转换成视频图像。

本旋光实验演示装置能用大幅面的视频动态图像演示三分视场的调节过程，便于直观地对三分视场调节过程中出现的问题进行分析。采用图、数（光电流的极小值）相结合的方法，结合光电流极小值的狭小取值范围，更能准确地确定零视场和零视场所对应的角位置，阐明在理论上选用零视场作为参考视场的合理性。

旋光实验演示装置（专利号 ZL200820036440.2）的详细说明，请登录国家知识产权局专利检索及分析查询网 http://pass-system.cnipa.gov.cn/查阅，或参阅《大学物理实验》2010 年 01 期中"旋光实验演示装置的原理和制作"一文。

实验 27　光电效应法测普朗克常数

当一定频率的光照射到金属表面时，会有电子从金属表面逸出，这一现象是赫兹于1887 年发现，后被称为光电效应。1900 年，普朗克在研究黑体辐射问题时，假设黑体内的能量是由不连续的能量子构成，能量子的能量为 $h\nu$。能量子的提出具有划时代的意义。1905 年爱因斯坦在普朗克量子假说的基础上提出了"光子"概念，成功地解释了光电效应。约 10 年后，密立根以光电效应实验精确地测定了普朗克常数，证实了光的量子性。从此，由普朗克始创、爱因斯坦发展的量子假设得到普遍承认。在量子理论的发展史上，光电效应具有特殊地位，对揭示光的粒子性、认识光的本性有着极其重要的地位，爱因斯坦和密立根都因光电效应方面的杰出贡献，分别于 1921 年和 1923 年获得诺贝尔奖。现在光电效应已广泛地应用于现代科技和生产领域，利用光电效应制成的光电管、光电池、光电倍增管等已成为生产和科研中不可缺少的器件。

【实验目的】

① 了解光电效应的基本规律。

② 测量光电管的伏安特性曲线。

③ 测量普朗克常数 h。

【预习思考题】

① 光电子的初动能与遏止电压有何关系？遏止电压与入射光频率有何关系？

② 实际测量中如何确定遏止电压值？

【实验原理】

1. 爱因斯坦光电效应方程

爱因斯坦在解释光电效应时，认为光可以看成由微粒构成的粒子流，这些粒子称为光量子，后称为光子，光子的能量为 $h\nu$。h 为普朗克常数，公认值为 $6.626 \times 10^{-34} \text{J} \cdot \text{s}$。当频率为 ν 的单色光照射金属表面时，单个电子吸收了一个光子能量，一部分消耗于电子的逸出功 A（电子从金属表面逸出所需要的能量），另一部分转换为电子逸出金属表面时的初动能 $\frac{1}{2}mv_0^2$，根据能量守恒有

$$h\nu = \frac{1}{2}mv_0^2 + A \qquad (4-56)$$

式(4-56) 称为爱因斯坦光电效应方程。光电效应的基本规律如下：

① 当入射光频率不变时，饱和光电流的大小与入射光的强度成正比。

② 对于任何一种金属材料，存在一个相应的截止频率 ν_0，当入射光的频率小于 ν_0 时，无论光的强度如何，都没有光电子产生。

③ 光电子的初动能与光强无关，与入射光的频率成正比。

④ 光电效应是瞬时效应。即使入射光的强度非常微弱，只要频率大于 ν_0，一经光线照射，立即有光电子产生，经过的时间至多为 10^{-9} 的数量级。

2. 密立根实验

密立根设计的实验采用"减速电位法"决定电子的初动能，由此求出普朗克常数 h。原理图如图 4-46 所示，图中 K 为光电管阴极，A 为阳极。当频率为 ν 的单色光照射在光电管阴极 K 上时，随即有光电子从阴极逸出，向阳极运动，形成光电流。当 U_{AK} 为正值时，U_{AK} 越大，光电流 I 越大，当电压 U_{AK} 大到一定程度时，光电流饱和。若 U_{AK} 为负值，它在电极 K、A 之间建立起的电场对光电子起减速作用。随着反向电压 U_{AK} 的增加，到达阳极的光电子数目将逐渐减少，光电流减小。图 4-47 绘出了光电管的 $U\text{-}I$ 特性曲线（实线部分）。当 U_{AK} 达到某一负值 U_s 时，光电流为零，说明逸出金属表面的光电子全部不能到达阳极 A，因此称 U_s 为遏止电压。显然，此时有

$$eU_s = \frac{1}{2}mv_0^2 \qquad (4-57)$$

将式(4-57) 代入式(4-56)，可得

$$h\nu = eU_s + A$$
$$U_s = \frac{h\nu}{e} - \frac{A}{e} \qquad (4-58)$$

式(4-58) 表明，遏止电压 U_s 与入射光的频率 ν 成正比。

实验时，用不同频率的单色光分别照射光电管阴极，测出相应的 $U\text{-}I$ 特性曲线，再从这些特性曲线上确定相应的遏止电压 U_s 值。以入射光的频率 ν 为横坐标，遏止电压为纵坐标，作 $\nu\text{-}U_s$ 图线，该图线为一条直线，求出该直线的斜率 k，则普朗克常数 h 为

$$h = ke \qquad (4-59)$$

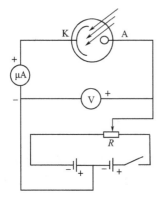

图 4-46　光电效应实验原理图

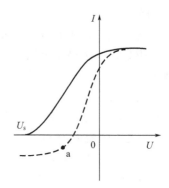

图 4-47　光电管 U-I 特性曲线

3. 光电管的实际 U-I 特性曲线

实际测量的 U-I 特性曲线往往比图 4-47 实线部分要复杂，主要有三个原因：

① 暗电流，是光电管没有受到光照时的一种电流，是由于热电子发射和管壳漏电等原因造成的；

② 本底电流，它是室内漫发射光射入光电管形成的；

③ 反向电流，这是由于光电管在制作时，阳极 A 上往往溅有阴极的活性材料，一旦有光照射到阳极 A 上，阳极 A 也将发射光电子，影响遏止电压 U_s。

由于这三个因素的影响，实际测得的 U-I 特性曲线如图 4-47 虚线部分所示，曲线的下部转变为直线，此时光电流没有一个锐截止点，这使得遏止电压 U_s 的确定带有很大的任意性。实验时根据光电管不同的结构和性能，采用不同的方法确定遏止电压。①阴极是平面电极，阳极是大环形结构的光电管（如 GDH-1 型），阴极电流上升很快，反向电流很小，特性曲线与横轴交点可近似当作遏止电压，这种方法称为"交点法"。②阴极为球壳形，阳极为半径比阴极小得多的同心小球的光电管（如 GD-2 型），反向电流容易饱和，可以把反向电流进入饱和时的拐点电压近似作为遏止电压，如图 4-47 中 a 点对应的电压，这种方法称为"拐点法"。本实验装置需采用"拐点法"确定遏止电压。需要说明的是，不管采用什么方法，都存在一定的系统误差。

【实验仪器】

采用 GD-2 型普朗克常数测定仪，包括以下五个部分。

1. 光源

用 GHg-50 型高压汞灯作光源，光谱范围为 320.3～872.0nm，可用谱线为 365.0nm、404.7nm、435.8nm、546.1nm、577.0nm。

2. 干涉滤光片

干涉滤光片只允许单一谱线透过。GHg-50 型高压汞灯发出的可见光中，强度较大的谱线有五条，所以以仪器配以相应的 5 种干涉滤光片，透过谱线分别是 365.0nm、404.7nm、435.8nm、546.1nm、577.0nm。

3. 光电管暗盒

采用 h 型专用光电管，其阴极材料为钾、钠、铯；暗电流为 10^{-12} A；反向饱和电流与正向饱和电流之比小于 5/1000。

4. 微电流测量仪

数字显示式微电流测量仪，电流测量范围为 $1.999\times10^{-6}A$，LED 显示光电流值，面板如图 4-34 所示。

5. 普朗克常数测定仪

GD-2 型普朗克常数测定仪是提供光电管的工作电源：$-10\sim+20V$，精密可调。用 LED 数字表显示电压供给值，面板如图 4-48 所示。

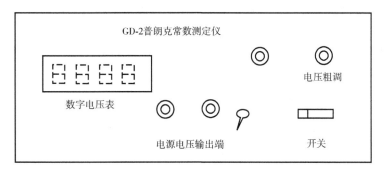

图 4-48　GD-2 型普朗克常数测定仪面板

【实验步骤】

1. 电路连接，设备预热

① 用专用屏蔽连接线将微电流测量仪、普朗克常数测定仪、光电管暗盒连接起来，如图 4-49 所示。将微电流测量仪、普朗克常数测定仪和高压汞灯电源打开，充分预热（不少于 10min）。预热期间用遮光罩遮住光电管暗盒。

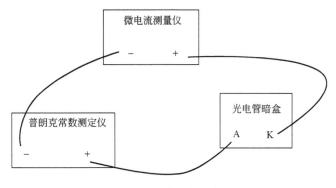

图 4-49　电路连接示意图

② 光电管在无光照情况下，对微电流测量仪"调零"。电路连接完毕后，调节普朗克常数测定仪的调零电位器，使其显示"000"。

2. 测量光电管 U-I 特性曲线、遏止电压值 U_s

① 取下遮光罩，装上 365.0nm 波长的滤光片。

② 调节"电压调节"旋钮，改变加在光电管两端的电压，从 $-2V$ 逐步向正值调节，记下电压为 $-2V$、$-1.75V$、-1.50、$V\cdots$、$0.00V$、$0.50V$ 时对应的光电流值，将数据填入表 4-17 中。

③ 逐一换上波长为 404.7nm、435.8nm、546.1nm、577.0nm 的滤光片，调节"电压调节"旋钮，记下电压为 $-2.00V$、$-1.75V$、$-1.50V$、$\cdots$、$0.00V$、$0.50V$ 时对应的光

电流值以及遏止电压 U_s，将数据填入表 4-17 中。

以 U_{AK} 为横坐标，I 为纵坐标，作光电管的 U-I 特性曲线。

3. 作 ν-U_s 图线，求 h

① 以 ν 为横坐标，U_s 为纵坐标，作 ν-U_s 图线。该图线为直线，求出直线斜率 k。

② 由式(4-59)计算出普朗克常数 h，并与公认值比较，计算其误差。

【注意事项】

① 为了准确测量，微电流测量仪、普朗克常数测定仪和高压汞灯必须充分预热。

② 微电流测量仪调零后，如不改变量程，实验过程中不要再旋动调零旋钮。

③ 汞灯点亮后，直到测量结束再关闭，中途不可随意开关。

【数据记录与处理】

数据记录在表 4-17 中。

表 4-17　测量 U-I 特性曲线及遏止电压值 U_s

U_s/V	λ/nm				
	365.0	404.7	435.8	546.1	577.0
	I/nA				
−2.00					
−1.75					
−1.50					
−1.25					
−1.00					
−0.75					
−0.50					
−0.25					
0.00					
0.25					
0.50					
U_s/V					

波长与频率对照如表 4-18 所示。

表 4-18　波长与频率对照

λ/nm	365.0	404.7	435.8	546.1	577.0
ν/10^{14}Hz	8.22	7.41	6.88	5.49	5.20

$k = $ _____ V/s

$h = $ _____ J·s

$E_r = \dfrac{|h - h_0|}{h_0} \times 100\% = $ _____

【思考题】

① 加在光电管两极间的电压为零时光电流为什么不为零？

② 由 ν-U_s 直线，能否确定阴极材料的逸出功？

【创新实践】马吕斯定律实验演示装置（专利号：ZL201220591236.3）

在马吕斯定律教学中，缺少直观演示实验。图 4-50 所示为基于 GD-2 型普朗克常数测定仪而创新设计的马吕斯定律实验演示装置。该装置在光源与遮光管之间设置起偏器和检偏器，通过旋转检偏器，改变检偏器与起偏器偏振化方向之间的夹角，用数字微电流测量仪的示数变化反映透过检偏器的光强变化。

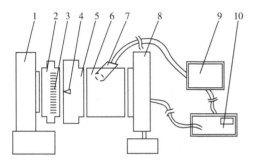

图 4-50　马吕斯定律实验演示装置结构示意图

本装置的创新思路：利用视频摄像探头、微电流测量、计算机，在同一视屏中呈现像、数、图，直观形象地验证马吕斯定律。

在光源 1 和遮光管 6 之间串联接入起偏器 2 和检偏器 5，起偏器 2 上刻有角度刻度尺 3，检偏器 5 上刻有读数标记 4。安插在遮光管 6 上的视频影像探头 7 用视频输送线接到计算机 9 上，光电管暗盒 8 用屏蔽导线连接数字微电流测量仪 10，数字微电流测量仪 10 的输出端用数字输送导线接计算机 9。

实验时，调节检偏器 5，改变其与起偏器 2 偏振化方向之间的夹角，数字微电流测量仪 10 的示数变化反映透过检偏器 2 的光强变化，视频影像探头 7 和数字微电流测量 10 仪采集信息，经计算机 9 处理，在计算机 9 显示屏上展现像、数、图。

马吕斯定律实验演示装置（专利号 ZL201220591236.3）的详细说明，请登录国家知识产权局专利检索及分析查询网 http://pass-system.cnipa.gov.cn/ 查阅。

实验28　弗兰克-赫兹实验

1913 年，丹麦物理学家波尔提出氢原子模型，指出原子存在能级。1914 年，德国物理学家弗兰克和赫兹采用慢电子（几个到几十个电子）与单元素气体原子碰撞的方法，观察碰撞后电子发生的变化。通过实验测量，电子与原子碰撞后会交换某一定值的能量，而且可以使原子从低能级跃迁到高能级，直接证明了原子跃迁时吸收和释放的能量是分立的，不连续的，证明了原子能级的存在，从而证明了波尔原子定态假设的正确性。为此弗兰克和赫兹荣获 1925 年诺贝尔物理学奖。

【实验目的】

① 学习弗兰克和赫兹研究低能电子与原子间相互作用的实验思想和实验方法。

② 测定氩原子的第一激发电位，证明原子能级的存在。

【预习思考题】

① 弗兰克-赫兹管的 I_A-U_{G_2K} 曲线为什么是起伏上升的？

② 调 F-H 管的各极电压的顺序是什么？从电流显示中读取 I_A 时首先应该做什么？

【实验原理】

1. 波尔氢原子理论

波尔提出：原子是由原子核和以核为中心沿各种不同轨道运动的电子构成，一定轨道上的电子具有一定的能量。在正常情况下，氢原子处于最低能级，也就是电子处于第一轨道上，这个最低能级对应的状态称为基态，或叫氢原子的正常状态。电子受到外界激发时，可以从基态跃迁到较高能级上，这些能级对应的状态叫激发态，如第一激发态和第二激发态。原子所处的能量状态并不是任意的，而是受到波尔理论的两个基本假设制约。

(1) 定态假设　原子只能长时间处于稳定状态（简称定态），原子在这些定态时，不吸收或辐射能量。每个定态对应于一定的能量值 $E_i (i=1, 2, 3, \cdots)$，这些能量值是彼此分立的，不连续的。

(2) 频率定则　当原子从一个状态跃变到另一个状态时，会吸收或辐射出一定频率的电磁波，频率的大小取决于两定状态之间的能量差，并满足如下关系

$$h\nu = E_n - E_m \tag{4-60}$$

式中，$h = 6.626 \times 10^{-34}\text{J} \cdot \text{s}$，称为普朗克常数。

原子状态的改变通常在两种情况下发生：一是当原子本身吸收或发出电磁辐射时，二是当原子与其他粒子发生碰撞而交换能量时。本实验就是利用具有一定能量的电子与氙原子相碰撞而发生能量交换来实现氙原子状态的改变。

由波尔理论可知，处于基态的原子发生能态改变时，其所需的能量不能小于该原子从基态跃迁到第一激发态时所需的能量，这个能量称作临界能量。当电子与原子碰撞时，如果电子能量小于临界能量，则发生弹性碰撞；若电子能量大于临界能量，则发生非弹性碰撞。这时，电子给予原子以跃迁到第一激发态时所需的能量，其余的能量仍由电子保留。

一般情况下，原子处在激发态的时间不会太长，短时间后会回到基态，并以电磁辐射的形式释放出相应的能量。其频率 ν 满足下式

$$h\nu = eV_g \tag{4-61}$$

式中，V_g 为原子的第一激发电位。

2. 弗兰克-赫兹实验（简称 F-H 实验）

F-H 实验原理如图 4-51 所示。左侧为一个充入氙气的 F-H 管，管内有四个电极。第 1 栅极 G_1 和阴极 K 之间的电压 U_{G_1K} 作用是消除空间电荷对阴极散射电子的影响。

第 2 栅极 G_2 和阴极 K 之间加有可调加速电压 U_{G_2K}，当灯丝 H 加热时，阴极的氧化层即发射电子，电子在 G_2K 之间的电场作用下被加速而积聚能量，它们在向栅极运动的过程中可能与氙原子发生碰撞。实验装置巧妙之处在于收集电子的阳极 A 到栅极 G_2 之间设置了反向电压 U_{G_2A}，对碰撞后的热电子进行筛选，称为"拒斥电压"。通过第 2 栅极进入 G_2A 空间的电子，其能量必须大于 eU_{G_2A} 才能克服拒斥场的作用到达阳极，并被微电流计所检测。这样阳极电流就同电子在与气体原子碰撞过程中的能量损失联系起来。

$U_{G_2K} < V_g$ 时，电子在 G_2K 空间获取的能量

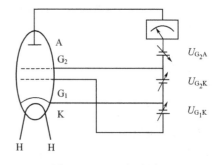

图 4-51　F-H 实验原理

低于临界能量，不足以激发氩原子。电子与氩原子之间的碰撞是弹性的，电子无明显能量损失，可以克服板栅间拒斥场的阻滞到达阳极 A。此时阳极电流 I_A 主要受空间电荷限制，随 U_{G_2K} 的增大而增大。

当 $U_{G_2K}=V_g$ 时，这些电子就以一定概率在栅极附近与氩原子发生非弹性碰撞，把获得的能量全部传递给氩原子，使后者从基态跃迁到第一激发态。失去能量后的电子由于拒斥电压的阻滞，无力到达阳极，引起阳极电流明显下降。

随着 U_{G_2K} 的继续增大，到达栅极附近电子的能量也随之增大。但电子并不像经典理论所预言的，把能量全部传给氩原子，而仍然只传递 eV_g 的那份能量给氩原子，剩余的能量足以使电子克服反电势 U_{G_2K} 而到达阳极 A，因此 I_A 又随 U_{G_2K} 的增大而上升。

继续增大 U_{G_2K} 到两倍于 V_g 时，电子有可能在 G_2K 空间经历两次非弹性碰撞而耗尽能量，引起阳极电流的第二次下降。

同理，只要加速电压 U_{G_2K} 满足以下关系

$$U_{G_2K}=nV_g(n=1,2,3,\cdots) \tag{4-62}$$

阳极电流 I_A 就会下降。式(4-62)表明各次阳极电流 I_A 下降对应的 U_{G_2K} 是氩原子第一激发电位 V_g 的整数倍。图 4-52 是氩原子的 I_A-U_{G_2K} 曲线（又称 F-H 曲线）。

实验曲线中，每次阳极电流下降并未降至零，这主要是由于电子与氩原子的碰撞有一定的概率。因此，在 G_2K 之间，总有一些电子没有与氩原子碰撞，通过栅极到达阳极 A 形成阳极电流。

曲线的极值分布呈现明显的规律，它是量子化能量被吸收的结果，也是原子能级量子化的体现，就图 4-52 所示的规律来看，每相邻极值之间的电位差为氩原子的第一激发电位。

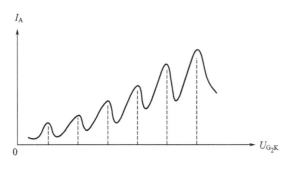

图 4-52 I_A-U_{G_2K} 关系曲线

【实验仪器】

1. F-H2 弗兰克-赫兹实验仪

F-H2 弗兰克-赫兹实验仪面板如图 4-53 所示。

① F-H 实验原理图。

② F-H 管阳极电流 I_A 输出端。

③ F-H 管的阳极 A 与栅极 G_2 之间电压 U_{G_2A} 输入端，输入电压限值为 15V。

④ U_{G_2A} 电压输出端，提供 F-H 管的阳极 A 与第 2 栅极 G_2 之间电压 U_{G_2A}，输出电压限值为 15V。

⑤ U_{G_2K} 电压输出端，提供 F-H 管的第 2 栅极 G_2 和阴极 K 之间电压 U_{G_2K}，输出电压限

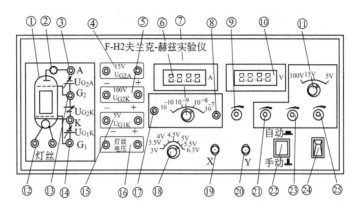

图 4-53　F-H2 弗兰克-赫兹实验仪面板

值为 100V。

⑥ 电流表，显示 F-H 管阳极电流 I_A。

⑦ 电流量程选择，有"10^{-7}A""10^{-8}A""10^{-9}A""10^{-10}A"四个挡位。

⑧ 调零旋钮，对电流调零。

⑨ 扫描幅度调节旋钮，用示波器观测 I_A-U_{G_2K} 关系曲线时，调节轴向扫描幅度。

⑩ 电压表，电压显示 F-H 管各电极间的电压。

⑪ 电压显示选择旋钮，有"100V""15V""5V"三个选择挡，分别控制 U_{G_2K}、U_{G_2A}、U_{G_1K} 三个电极间电压，实验仪的电压表显示与其一一对应。

⑫ F-H 管灯丝电压输入端。

⑬ F-H 管的第 2 栅极 G_2 和阴极 K 之间的电压 U_{G_2K} 输入端，与 U_{G_2K} 电压输出端⑤相对应。

⑭ F-H 管的第 1 栅极 G_1 和阴极 K 之间的电压 U_{G_1K} 输入端，与 U_{G_1K} 电压输出端⑮相对应。

⑮ U_{G_1K} 电压输出端，提供 F-H 管的第 1 栅极 G_1 和阴极 K 之间电压 U_{G_1K}，输出电压限值为 5V。

⑯ 灯丝电压输出端，提供 F-H 管灯丝电压，与 F-H 管灯丝电压输入端⑫相对应。

⑰ 电流表的电流输入端，与 F-H 管阳极电流 I_A 输出端②相对应。

⑱ 灯丝电压选择旋钮，调节实验仪的灯丝电压输出端输出的电压。

⑲、⑳ 分别是实验仪与示波器的 X、Y 轴的连接端。

㉑、㉓、㉕ 分别是实验仪的"100V""15V""5V"三个电压调节旋钮，分别调节实验仪的 U_{G_2K} 电压输出端⑤、U_{G_2A} 电压输出端④、U_{G_1K} 电压输出端⑮电压输出大小。

㉒ "手动-自动"开关，是用电表测量与用示波器测量的切换开关。

㉔ 电源开关。

2. XJ4317 示波器

使用方法见"实验 8　示波器的使用"。

【实验步骤】

1. 选择"手动点测方式"，测量氩原子的第一激发电势

① 将实验仪中"5V""15V""100V""灯丝"各电压输出端与氩气管的各极相应地连接起来。灯丝电压选择旋钮打至 3.5V 挡，插上电源，拨合电源开关。数码管点亮，预热

5min 后开始做实验。

② 将"手动-自动"切换开关弹出至"手动"挡。

③ 将电压显示选择开关打到"5V"挡，旋转"5V"调节旋钮，使电压显示表读数为 1.5V，即阴极至第一栅极电压 $U_{\text{G}_1\text{K}}$ 为 1.5V。

④ 将电压显示选择开关打到"15V"，旋转"15V"调节旋钮，使电压表读数为 7.5V，即阳极至第二栅极拒斥电压 $U_{\text{G}_2\text{A}}$ 为 7.5V。

⑤ 将电压显示选择开关打到"100V"挡，旋转"100V"调节旋钮，使电压表读数为 0V，这时阴极至第二栅极电压 $U_{\text{G}_2\text{K}}$（加速电压）为 0V。取下"电流输入"端连接线，"电流显示选择"暂打至 10^{-9}A 挡，调节"调零"旋钮使 I_A 显示为 0，然后再接上。

旋转 0～100V（$U_{\text{G}_2\text{K}}$）调节旋钮，同时观察电流表、电压表读数的变化，随着 $U_{\text{G}_2\text{K}}$（加速电压）的增加，电流表的值出现周期性峰值和谷值，根据表 4-19 的要求，记录相应的电压、电流值。再以输出电流 I_A 为纵坐标，$U_{\text{G}_2\text{K}}$ 电压为横坐标，作出谱峰曲线。

2. 用示波器观察 I_A-$U_{\text{G}_2\text{K}}$ 关系曲线，测量氩原子的第一激发电势

① 将 F-H2 弗兰克-赫兹实验仪的"手动-自动"切换开关打至"自动"挡。

② 将本机 Y、地、X 接线端分别与示波器的 Y、地、X 接线端连接起来，并将示波器上的扫描范围波段开关置于"外 X"挡。若用其他型号的示波器，则置于"X-Y"挡。打开示波器电源开关，调节示波器 Y 移位，X 移位旋钮使扫描基线位于显示屏下方，调节"X 增益"电位器，使扫描宽度适中。

③ 再旋转"扫描幅度调节"旋钮到适当位置，观察示波器显示屏上出现的波形，调节示波器 Y 增益与 X 增益，使 Y 轴幅度适中，波形稳定。再微旋转"15V"调节旋钮和"5V"调节旋钮，使 $U_{\text{G}_2\text{A}}$、$U_{\text{G}_1\text{K}}$ 的值略为改变。

④ 把扫描幅度调节旋钮顺时针旋到底，即 $U_{\text{G}_2\text{K}}=100$V，再调节示波器的 X 位移和 X 增益，使满程扫描为 10 格，量出相邻两峰值间的水平距离（读出格数）乘以 10V/格，即约为氩原子第一激发电位的值（该值仅仅为观测参考）。本实验的实验数据以"手动点测方式"为准。

若出现 I_A 溢出或数字偏小，可换 I_A 的量程（换量程后，须重新调零）；若出现击穿放电现象——表现为 I_A 陡增至反向溢出显示，则将灯丝电压降低 1 挡重新做实验。一般情况下，都可在自动挡的基础上降一挡灯丝电压 U_H 作"手动点测"。

⑤ 做完实验，关断示波器和本机电源。

【注意事项】

① 实验中（手动挡）电压加到 60V 以后，要注意电流输出指示，当电流表指示突然增加，应立即减小 $U_{\text{G}_2\text{K}}$，以免管子击穿损坏。

② 实验过程中如要改变 $U_{\text{G}_1\text{K}}$ 及灯丝电压 U_H 时，要将 0～100V 旋钮逆时针旋到底，再改变以上电压值。

③ 本实验装置灯丝电压分 3V、3.5V、4V、4.5V、5V、5.5V、6.3V，在不同的灯丝电压下实验时，如发现波形上端切顶，则说明阳极输出电流过大，引起放大器失真，应减小灯丝电压。U_H 一般取 3.5V。

【数据记录与处理】

数据记录在表 4-19 中。

表 4-19　测量氩原子第一激发电位

灯丝电压 $U_H = 3.5V$；$U_{G_1K} = 1.5V$；$U_{G_2A} = 7.5V$

U_{G_2K}/V	0	5	10	15	20	25	30	35	40	45	50
$I_A/10^{-9}A$											
U_{G_2K}/V	55	60	65	70	75	80	85	90	95	100	
$I_A/10^{-9}A$											

【思考题】

① 拒斥电压 U_{G_2A} 增大时，I_A 如何变化？

② 灯丝电压 U_H 增大时，弗兰克-赫兹管内什么参量发生变化？

实验 29　光学全息照相

普通的照相技术是把物体本身发出的光或从物体表面反射（或漫反射）来的光线，经过物镜成像，先将物体的光强分布信息记录在感光底片上，然后再在相纸上翻印出物体成的平面像。而全息照相术不仅要在感光底板上记录物光的光强分布信息，还要记录物光的相位信息，也就是把物光的所有信息全部记录下来，然后通过一定的手段"再现"出物体的立体图像。这种记录光波全部信息（振幅和相位）的照相为全息照相。

全息照相是利用光的干涉现象，以干涉条纹的形式，把被摄物表面光的振幅和相位记录下来。英国科学家盖伯早在 1948 年已提出这种物理思想，但直到 1960 年随着激光器的出现，获得了单色性和相干性极好的光源，光学全息照相技术的研究和应用才得到迅速的发展。全息照相在精密测量、无损检测、遥感测控、信息储存和处理、生物医学等方面的应用日益广泛。另外还相应出现了微波全息、X 光全息和超声全息等新技术，全息技术发展已成为近代光学的一个新领域。

本实验是通过两支光纤来传输激光束，实现两束光在干板上干涉，以感光方式记录干涉条纹并再现全息图像。

【实验目的】

① 了解全息照相的基本原理和主要特点。

② 学习静态光纤传输激光束、摄制全息照片和再现物像的观察方法。

③ 通过实验观察分析全息图的成像特点。

【预习思考题】

① 两束激光束从各自光纤的自由端出射后，如何控制它们到达全息干板时的光程差？

② 拍摄时如何才能尽量保持拍摄环境稳定？

【实验原理】

1. 全息照片的获得

普通的照相方法只能记录物体表面各点发出的光或反射光的振幅（强度）分布，不能记录光波的相位信息，所以只能显现出被摄物体的平面像，不能反映被摄物体表面凹凸及远近的差别，而无立体感。全息照相则是利用光的干涉把光波的振幅和相位信息同时记录在感光底板上，所以能再现被摄物体的立体图像。全息照相的相干光波可以是平面波也可以是球面波，现以平面波为例说明全息照相的形成原理。根据光的干涉条件可知，两路并列、同长度的光纤能很好传输同一个激光器射出的光波，光路传送满足干涉条件。

从光的干涉理论得知，干涉图像中明条纹和暗条纹之间明暗程度的差异（反差），主要取决于两束干涉光的强度（振幅的平方），而干涉条纹的疏密程度则取决于这两束光位相的差别（光程差）。所以全息照相就是采用光的干涉条纹形式记录物光波的全部信息。

由于利用光的干涉进行全息记录，所以光源必须是相干光源。一般使用相干性极好的激光作光源。拍摄全息照片的光路如图 4-54 所示。

从图 4-54 可看出，从激光器出来的激光束，经光纤并接固定端进入两条光纤。一条是作物光，照在物体上漫反射（对于透明的被摄物体则为透射）到干板上；另一条是参考光，直接投射到干板上，物光和参考光将在干板上产生干涉。两根光纤并接固定端与激光器耦合，两根光纤的自由端射出均匀的圆光斑，射出的物光与参考光的光强比，可通过调节光纤并接固定端面与激光器射出的激光束之间耦合的相对位置来实现。根据物体反射光的强弱，可选择物光与参考光的光强之比大致在 4：1 至 10：1 之间，以便满足物光经漫反射后照射到干板上的光强与参考光直接投射到干板上的光强基本相等。由于两路光纤长度相同，因此只需考虑光在空气中传播的距离，以控制两光路的光程差不超出 2cm，满足干涉条件。曝光时间大约 10s，经显影、定影处理后，就成为全息照片。全息照片要在物光光纤的出射光束下才能再现，即可看到清晰的全息图。

2. 全息照片的再现

由于全息照片上记录的不是物体的直观形象，而是一组复杂干涉条纹，因此不能直接从全息照片上观察到物体的像。要观察全息照片上记录的物像，必须采用一定的再现手段，只有用与原参考光相同的光，以同样的角度照射全息照片，才能重现被摄物体的立体像。这时所用的光称为再现光，又称为照明光波。复杂精密的干涉条纹形成的全息照片，相当于一块特殊的光栅，如图 4-55 所示。当照明光照射到全息照片上，照明光波经过全息底片时产生衍射现象，人们在底片后面迎着衍射光波观察时，可以看到一个与原物一样的虚像，称为原始像。在底片的后面形成一会聚的实像，底片两侧的这一对虚、实像称为共轭像。为了提高观察效果，这时可把原物光光纤调换到原参考光束位置，加大参考光的光强进行观察。

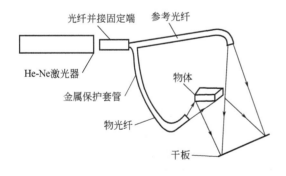

图 4-54 全息照片的光路

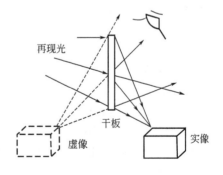

图 4-55 全息照片的再现

3. 全息照片的特点

从上述全息记录和全息图像再现（观察）过程的分析，可以看到全息照相有许多重要特性。

① 全息照相应用了光的干涉、衍射原理，记录了光波的全部信息，通过特定的再现方式，可以看到被摄物体视差特征全面、完全逼真的三维立体像。

② 全息照片上的每一点都记录了被观测物的全部信息，所以照片上的每一部分都能够再现物体的全部图像。即全息照片可以分割使用，不论大小如何都能再现出原来物体的整个

图像，但分辨率有所降低。

③ 由上述理论可知，物光和参考光中只要有一束光的投射方向改变，都会在干板上得到不同的干涉图像，所以对不同的景物，只需改变参考光入射方向或景物的空间位置，就可以在同一块全息干板上进行多次曝光记录。再现图像时，适当改变全息照片位置，就可以把这些不相同的景物图像无干扰地逐个再现出来。

④ 全息照相的景深范围较大（由于激光相干长度较大），用二次曝光法可以拍摄物体微小运动或形变所产生的干涉条纹（双重全息图）。重现时，在观察到原始像的同时，还会在像的表面看到物体微小运动或形变的条纹。这一特性在全息显微术中广泛应用。

⑤ 全息照片没有正负片之分，所以易于复制。采用接触法，即可获得复制的全息照片，并且复制的全息照片再显时的像仍然与原来的照片再现像完全一样。接触法就是将拍好的全息照片与未感光的干板对合压紧翻印。

⑥ 全息照片的再现像可放大或缩小。当用不同的激光照射全息照片时，由于与拍摄时所用的激光的波长不同，再现时就会放大或缩小。

【实验仪器及试剂】

实验仪器有 HJ-1 型 He-Ne 激光器（功率＞2mW）、双路光纤（长 100cm）、W-2 曝光定时器、快门、座架、全息台、全息干板，试剂有显影定影液等。

1. He-Ne 激光器的原理和使用

参见第二章第四节中激光器的介绍。

2. 全息台

全息台是用于保证拍摄系统的稳定性的工作台。

3. W-2 曝光定时器

W-2 曝光定时器用来控制光纤全息照相的曝光时间。采用石英晶体控制定时，拨盘开关可随意选择曝光时间，用数字表显示时间。

（1）主要技术参数

① 电源输入，220V、50Hz；

② 定时时间范围 1～99s；

③ 输出电压 12V；

④ 功耗＜10W。

（2）使用方法

① 把曝光盒两根线接入定时器的"输出"两个接线柱上，接通电源开关。

② 把"对焦-定时"开关拨到"对焦"位置，曝光定时器的输出电压为 0V，曝光盒内线圈因断电而释放，通光孔打开，光可以通过，对拍摄光路进行调节对焦。

③ 对焦完毕，需曝光时，将"对焦-定时"开关拨到"定时"位置，定时器输出为 DC 12V，曝光盒线圈得电吸合，通光孔被挡住。再拨动拨盘开关选择曝光时间，然后按"复位"按钮，使显示为"00"，最后按一下"启动"按钮，开始定时，同时定时器"输出"又改为 0V，曝光盒线圈因断电而释放，通光孔被打开，计时开始，定时时间一到，定时器再次输出为 DC 12V，通光孔被挡住。

4. 光纤

本实验装置采用两根直径为 1mm 的塑料光纤，端面经光学加工后，一端紧密地固定在一起，另一端是自由端。光纤头用不锈钢材料的外套加以保护。配置磁座架与全息台固定。拍摄全息照相时，参考光光纤头到干板的距离宜控制在 10～16cm 内，这时照射到干板的光

斑大小大约在 $4\sim5cm$ 范围内变化，物光纤头到物体的距离宜控制在 $8\sim14cm$，这时照射到物体上的光斑直径大约在 $7\sim8cm$ 之间变化。在使用过程中为防止光纤折断或拉断，不能用力拉、折，在实验装置的存放过程中要注意光纤头端面的保护，防止划伤或污染，可用镜头纸封好加以保护。

5. 干板

干板为全息-Ⅰ型（或全息-Ⅲ型）科技照相干板。

6. 显影定影液

（1）显影液配方

D-19 高反差强力显影剂（全息用）

水	800mL，$t=50℃$	无水碳酸钠	48g
米吐尔	2g	溴化钾	5g
无水亚硫酸钠	90g	加水至	1000mL
对苯二酚	8g		

（2）定影液配方

F-5 酸性坚膜定影液

水	700mL，$t=60\sim70℃$	硼酸钠	7.5g
结晶硫代硫酸钠	240g	硫酸铝钾	15g
无水亚硫酸钠	15g	加水至	1000mL
冰醋酸	13.5mL		

（3）停显液配方

蒸馏水　1000mL　冰醋酸 13.5mL

注：从前到后依次加（溶解后加新的一种）。

【注意事项】

① 保持各光学元件的清洁，请勿用手触摸。

② 切勿用眼跟踪、正视激光束，以免损伤视网膜。

③ 安装干板时动作要轻，注意药面不要用手指抓，药面应向着迎光方向。切忌触动其他光学元件。

【实验步骤】

1. 全息照片的拍摄

由于全息照相必须在暗室进行，所以实验之前需要先熟悉实验室布局，冲洗设备及药液的放置位置，了解全息底片的装夹方法和光学元件支架的调整方法。

① 除曝光定时器、电源以外，其他仪器及附件均放在同一全息台（或较稳定的桌子）上。打开激光器，出现激光。

② 将光快门连接线接到曝光定时器的接线柱上，打开定时器开关，调节曝光时间并按下复位按钮，将"对焦-定时"开关拨到"对焦"。此时快门打开，调节快门高低及左右使激光很好地穿过快门。

③ 干板架上放一毛玻片（相当干板）。摆好各支架位置，使得物光和参考光到干板的光程基本相等，并且物光与参考光的夹角不宜过大，一般夹角以 $30°\sim45°$ 为宜，否则会使干涉条纹间距过小，而对全息干板的分辨率要求过高。

④ 将光纤固定端及底座移至快门处，调节光纤固定端的高低使激光通入光纤，并且使参考光与物光的光强比控制在 $4:1$ 至 $10:1$ 之间（或使得参考光和漫反射的物光照射到干板上的光强基本相等）。调节光纤自由端的位置和方向，使参考光投到毛玻璃中心处。参考

光纤自由端到干板处的距离宜控制在 10～16cm 之内，物光纤头到物的距离宜控制在 8～14cm。使物体被均匀照明，物光与参考光都能均匀照射在毛玻璃上。

⑤ 取下干板架上的毛玻璃，将定时器的"对焦-定时"开关拨向定时。

⑥ 关掉暗室灯，挡住激光束，在干板架上装好干板，注意干板乳胶面应向着光束的方向。整个暗室静置，待 3min 后，按曝光定时器启动按钮。曝光时间由实验室给定。在曝光过程中应严格防止振动，各光学元件应固定在全息平台上，直到曝光结束。

⑦ 显影。将干板先放入 18～20℃ 的显影液中显影 3～5min，再用夹子从盛有显影液的盘中取出干板，用清水冲洗，冲洗后，药面向上放入 18～20℃ 的停显液中，停显 20～30s。

⑧ 定影。再放入 18～20℃ 的定影液内定影，定影时间 3～5min，将干板从盘中用夹子取出，最后在清水中洗泡 15～30min。清洗后，打开暗室的灯，用吹风机吹干全息片。

⑨ 如曝光过度或显影过度，将导致照片过黑，全息片透光率降低，而看不清物体的图像。这时可将全息照片放在漂白液中漂白至全息照片透明，加大光的透射率，提高衍射效率，使像的亮度增强。

2. 全息照片的再现

① 将拍摄好的全息片放回原位，只用参考光（或物光）照射到全息片上，移动干板底座，找到最清晰的全息图形。如图 4-56 所示，观察再现虚像，体会像的立体性。

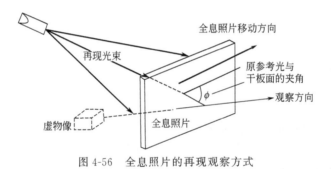

图 4-56　全息照片的再现观察方式

② 通过小孔观察再现虚像，并改变小孔覆盖在全息照片上的位置，模拟全息照片被分割使用的情况。

③ 将全息照片绕垂直方向缓慢旋转，观察再现虚像有何变化。

④ 将全息照片旋转180°，使激光直射到全息照片背面，选取适当的夹角，再用毛玻璃观察屏来接受再现实像。改变屏的位置，观察实像大小及清晰程度的变化，只有像质最佳的位置才是实像的位置，改变激光束的入射点，观察实像的视差特性。

【思考题】

① 全息照相与普通照相有哪些不同？全息照片的主要特点是什么？

② 在布置光路时，为什么尽量要使物光和参考光的光程相等？

③ 拍摄好一张全息图的关键条件是什么？用再现光可观察到什么？

④ 为什么被打碎的全息照片仍然能再现出被摄物的立体像？

⑤ 没有单色再现光源时，如何检验全息底片记录的信息？

第五章

设计性实验

一、设计性实验的主要任务、意义与要求

设计性实验是培养学生综合实践能力、科学探索和创新精神的有效途径。设计性实验的特点是：具有比较丰富的实验经验和实验技能的学生，在实验室提供的课题任务基础上，在教师指导下，明确课题要求和实验室能够提供的条件，通过查阅资料，提出完成任务的设想，选择合适的仪器设备，拟定实验步骤和注意事项，在规定时间内，独立地、创造性地完成实验程序，合理处理实验数据，最后写出完整的实验报告。它对开拓学生思路，扩展学生知识面，培养和提高学生分析问题和解决问题的能力，培养学生初步的科研能力和素养度具有非常重要的意义。可见，设计性实验是对学生进行科学实验全过程的初步训练。

二、设计性实验的一般步骤

以"实验30 测重力加速度"为例，可以总结出设计性实验的一般步骤如下。

1. 列出可行的实验方案

针对课题所要研究的对象，查阅资料。列出若干种与待测量有关的物理过程，写出每一种物理过程中待测量与各直接测量量之间的函数关系。

就对测量重力加速度 g 而言，在理论上可行的实验方案有：

① 测出物体的重量 G 和质量 m，由公式 $g = G/m$，求出 g；

② 由自由落体公式 $h = gt^2/2$，只要能测出下落高度 h 和下落时间 t 就可以求出 g；

③ 测出单摆的长度 l 和周期 T，由单摆周期公式 $T = 2\pi\sqrt{l/g}$，求出 g；

④ 让滑块在倾角为 α 的气垫导轨上下滑，测出下滑加速度 a，$g = a/\sin\alpha$，求出 g。

2. 选择最佳的实验方案

根据实验结果的准确度要求（$\Delta g/g = 1\%$），针对可行的实验方案，逐一分析比较，筛选出一理论上经得起推敲、实验仪器条件具备、误差小、准确度高、成本低的最佳方案。

在上述四个方案中，方案①看似最为简单，但是，由于弹簧秤测量的准确度比较低，对重力 G 的测量，准确度难以达到 0.5%（具体分析参照"3. 选择实验装置和测量仪器"），所以方案①相对来说不可取；方案②要用到自由落体仪和频率计；方案③要用到米尺和毫秒计或秒表；方案④要用到气源、气垫导轨和电脑计数器等。如果这三种方案均能满足课题的准确度要求，显然，选用方案③进行测量最简便和经济。

总之，一个物理量的测量方法可能有很多种，最终选择的方案，必须是根据被测物的性质、形状大小以及对测量精度的要求、实验室所能提供的条件（如仪器设备、经费、环境……）进行精心分析、对比，从中认真选择一个最佳测量方案作为实验方案。

3. 选择实验装置和测量仪器

（1）选择实验装置时必须考虑各物理量的特征　以方案③为例，实验装置主要部分是摆球和摆线。摆球的特征是：质量应足够大，体积应足够小（近似为质点），以减小（或忽略）空气的阻力和气流对小球运动的影响。摆线的特征是：轻、细、受力变形小。

（2）采用误差分配方式，选择合适的测量仪器 选定测量方案后，再根据测量结果准确度的要求，把测量的总误差按照一定的原则分配到各直接被测量，从而为正确选择实验装置和测量仪器提供依据。目前，最常用的理论方法有误差等分配法、误差非均匀分配法、等精度分配法。

① 误差等分配法 就是使各个直接测量量所对应的分误差项尽可能相等（或接近），而各项误差和（即间接测量量的合成误差）要满足规定的误差限度，下面仍以方案③为例作简要说明。

在实验 30-Ⅰ用单摆测重力加速度的设计实验中，若要求得重力加速度 g 的测量结果，使其相对误差不大于 1%，应选择什么样的设备测量摆长、周期？单摆的摆长 l 和周期 T 能取什么样的值？

由于重力加速度 g 的大小与单摆的摆长 l 和周期 T 关系为

$$g = 4\pi^2 \frac{l}{T^2} \tag{5-1}$$

根据误差的方和根合成公式有

$$\frac{\Delta g}{g} = \sqrt{\left(\frac{\partial \ln g}{\partial l}\Delta l\right)^2 + \left(\frac{\partial \ln g}{\partial T}\Delta T\right)^2} \tag{5-2}$$

在设计实验考虑误差的分配时，或者在已知误差主要是系统误差而又不知其正负号时，可以用粗略估算误差范围的方式，用误差算术合成公式来作为误差的传递公式，即

$$\frac{\Delta g}{g} = \left|\frac{\partial \ln g}{\partial l}\Delta l\right| + \left|\frac{\partial \ln g}{\partial T}\Delta T\right| = \frac{\Delta l}{l} + 2\frac{\Delta T}{T} \leqslant 1\% \tag{5-3}$$

式中，$\Delta l/l$ 和 $2\Delta T/T$ 分别是长度和时间测量的两个分误差项。

根据误差平均分配原则，有

$$\frac{\Delta l}{l} = 2\frac{\Delta T}{T}$$

则

$$\frac{\Delta g}{g} = 2\frac{\Delta l}{l} = 4\frac{\Delta T}{T} \leqslant 1\%$$

$$\frac{\Delta l}{l} \leqslant 0.5\% \qquad \frac{\Delta T}{T} \leqslant 0.25\%$$

由此可见，当摆长 l 大于 0.50m 时，$\Delta l \leqslant 0.0025$m，所以使用最小分度为毫米的米尺测量摆长就可满足要求。当周期 T 大于 2s 时，$\Delta T \leqslant 0.005$s。所以对周期的测量应选用毫秒级计时器。

② 误差非均匀分配法 将总误差按照某一给定仪器的精度进行非均匀分配。如上例中预先选用最小分度值为 1mm 的米尺测量摆长 l，由式（5-3）得到米尺的标准偏差为（最大误差）$\Delta l = 0.001/\sqrt{3} = 0.000577$m，若摆长取 1.00m，即有 $\frac{\Delta l}{l} = \frac{0.000577}{1.00} \approx 0.000577$，并代入式（5-3）得

$$\frac{\Delta T}{T} \leqslant \frac{\left(1\% - \dfrac{\Delta l}{l}\right)}{2} = 0.00471$$

$$\Delta T \leqslant 0.00471T$$

则计时器最小分值为：$\Delta T \sqrt{3} \leqslant 0.000471T \cdot \sqrt{3} = 0.00816T$

由此可见，在周期 T 大于等于 2s 的条件下，$\Delta T \leqslant 0.0163s$，则此时用普通秒表就可满足周期的测量要求。

③ 等精度分配法　即根据具体测量的准确度要求和直接测量的范围，分配给各测量仪器的误差都相同，再求出各被测量允许的标准偏差，选择测量仪器规格。

总之，选取测量仪器既要经济又要保证测量精度，过分强调成本和价格，而使测量达不到精度要求的做法显然不可取。反之，不顾仪器成本，认为所选仪器的精度越高越好，也是不可取的。通常一个间接测量量的误差大小与几个直接测量量的误差有关，一味地提高某一直接测量量的准确度，而其他直接测量量的准确度上不去，这实际上是一种浪费。同时，仪器精度越高，对仪器操作和环境条件等的要求也越高，如使用不当，反而达不到预想结果。

4. 确定测量条件和实验参数

测量结果的准确度不仅与所选仪器有关，还与测量条件和实验参量有关。例如单摆实验必须满足摆角 $\theta < 5°$ 的条件，否则会带来较大的系统误差。合适的测量条件与参数可以弥补仪器精度的不足。如在方案③中，若实验室没有电脑计时器，也可用电子秒表代替（电子秒表的启动和制动误差 0.1s 左右），只要改变实验参数（即采用多周期测量法），就可满足测量准确度的要求，例如，如果取周期 $T = 2s$，连续测量 20 个周期，则相对误差为 $\dfrac{0.1}{2 \times 20} = 0.25\%$，符合测量要求。

5. 选择测量方法

合理、巧妙的测量方法对提高准确度有重要作用。在物理实验中，常用的基本测量方法有比较法、放大法、模拟法、补偿法、置换法、替代法和共轭法等，应根据实验的具体情况，挑选出最佳方法。例如在用天平测量质量和桥臂测量电阻时，针对不对称臂引起的误差，就得用置换法（即采用变换位置的方法）；再如电表改装与校正实验中采用比较法测量表头电阻，提高实验准确度。

6. 实验地点与环境的选择

在选择测量方法和仪器的同时，还要考虑测量的地点和环境因素可能对测量结果产生的影响。如重力加速度在不同的地点可能有不同的取值。在做与电磁场有关的实验时要考虑周围是否有电磁干扰（如电焊车间、电磁点火的发动机、高压输电线、电台的发射天线等），是否当时正处于太阳黑子的激烈活动期，以及地磁场是否对测量产生影响。在做静电实验时，要考虑环境的湿度，一般在空气湿度较大的季节不宜做静电实验。在做热学实验时，要考虑环境的温度、大气的压力等因素对测量的影响。在做一些稳定度要求较高的实验（如全息照相）时，应考虑周围的振动源（如工厂、公路、铁路、机场等）对实验结果的影响。在进行与光度测量有关的实验时，应考虑暗室内的背景光。另外，还要考虑测量仪器对环境条件的要求。

在进行实验设计时应考虑采取什么措施，如远离干扰源、避开干扰发生的高峰期、增设屏蔽和减震装置、采取补偿或引用修正值等，以消除或减少环境对实验的影响。

7. 安排操作程序

操作程序主要包括以下内容：

① 根据物理思想或模型规定的条件，调整装置和仪器，使其尽可能接近理论要求；

② 合理安排实验步骤，使之简洁易操作；

③ 指出应观察的现象和要记录的数据，提出最佳数据处理方法；

④ 明确操作难点，写出注意事项。

8. 正确操作、检查实验结果

按实验步骤，反复操作，对操作中存在的问题，要对症分析，予以改正。进行正确的数据处理，如发现结果意外，要找出原因。如结果误差太大，超出要求，就要逐项分析，弄清误差主要来源于哪一个测量环节，并对其加以修正。总之，任何一个实验都不是一经设计就尽善尽美的，一定要经过反复地探索、检查、修正才能趋于完善。

9. 写出设计性实验报告

实验 30　测重力加速度

随着纬度、高度的不同，重力加速度也略有不同，所以准确地测定当地重力加速度的量值，无论在理论上还是在科研、生产中都具有重要意义。重力加速度的测定方法有多种，比如，用单摆测重力加速度，气垫导轨测定重力加速度等。

实验 30-Ⅰ　用单摆测重力加速度

【实验目的】

① 设计一个单摆装置，合理选择测量仪器，测量重力加速度。

② 自拟实验步骤研究单摆摆长和摆角对周期的影响。

③ 测量结果要求为 4 位有效数字，并将测量值与当地地区的公认值进行比较，其相对误差不大于 1%。

【预习思考题】

① 单摆的主要特性是什么？

② 在实验中，选择摆长、摆角、摆球时应注意什么？

【实验原理】

单摆实验（图 5-1）是物理学中一个基础性实验。它的主要特性是完成每次全摆动的时间相同，即使其振幅减小、摆球运动速度变慢也是一样。这就是伽利略、牛顿等对单摆研究得到的"等时性原理"。

实际生活中，摆钟就是直接应用等时性原理，实现精确计时的装置。即使今日电子时代，计时更为精确的石英钟也应用简谐振动这一原理。

单摆的振动周期公式近似为

$$T = 2\pi\sqrt{\frac{L}{g}} \tag{5-4}$$

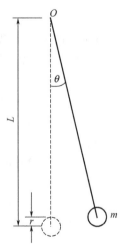

图 5-1　单摆

式(5-4)中重力加速度 g 是一个重要的物理量。

【设计要求】

① 设计一种用单摆测量重力加速度的实验方案。

② 选择适当的实验方法，减少系统误差对测量值的影响。

③ 选择实验设备，简述实验原理。

④ 拟定实验步骤及注意事项。

⑤ 列出数据表格，算出实验结果，并与本地重力加速度的公认值（由实验室提供）比较，计算和分析实验误差（标准误差）。

【可选择的实验设备】

支架（包括摆幅测量标尺），米尺，游标卡尺，千分尺，天平，秒表，小球，不可伸缩的细线。

【思考题】

① 测量单摆周期时计时位置对测量的结果有什么影响？

② 在单摆实验中，每次测量的全振动个数是不是越大越好？在实验中是依据什么来作出选择测量全振动的次数？

③ 在实际环境下摆球质量和形状、悬线的质量和弹性系数、空气阻力对测量有无影响？

④ 如果要用单摆验证机械能守恒还需要什么设备？

实验 30-Ⅱ　气轨上测重力加速度

【实验目的】

① 学习在气轨上测量当地的重力加速度。

② 学会消除由于空气的黏滞阻力产生的误差。

【预习思考题】

① 重力加速度的基本概念。

② 气垫导轨的使用方法。

【实验原理】

当滑块在气轨上运动时，会受到空气的黏滞阻力作用。在速度不太大时，黏滞阻力 f 与速度 v 成正比，即

$$f = -Rv \tag{5-5}$$

式中，R 为比例系数，负号表示阻力的方向与速度的方向相反。

比例系数 R 可以通过实验求出。先将导轨调节到水平状态，滑块在水平方向运动时，该方向的合力只有黏滞阻力。根据牛顿第二定律有

$$-Rv = ma = m\frac{\mathrm{d}v}{\mathrm{d}t} = m\frac{\mathrm{d}v}{\mathrm{d}x} \times \frac{\mathrm{d}x}{\mathrm{d}t} = mv\frac{\mathrm{d}v}{\mathrm{d}x}$$

$$\Rightarrow \quad R\,\mathrm{d}x = -m\,\mathrm{d}v \tag{5-6}$$

设光电门Ⅰ的位置在 x_1，滑块通过此处的速度是 v_1；光电门Ⅱ的位置在 x_2，滑块通过该处的速度为 v_2。对式(5-6) 两边积分得

$$\int_{x_1}^{x_2} R\,\mathrm{d}x = -\int_{v_1}^{v_2} m\,\mathrm{d}v \tag{5-7}$$

求解式(5-7) 得

$$R = \frac{v_1 - v_2}{x_2 - x_1}m \tag{5-8}$$

由式(5-8) 可知，只要测出光电门Ⅰ和光电门Ⅱ的位置 x_1、x_2，滑块经过两光电门的速度 v_1 和 v_2 以及滑块的质量 m，就可以得出比例系数 R。

【设计要求】

① 设计一种用气垫导轨测量重力加速度的实验方案。

② 实验过程中要尽量消除由空气黏滞阻力所造成的系统误差。

③ 简述实验原理。

④ 拟定实验步骤及注意事项。

⑤ 列出数据表格，算出实验结果，并与本地重力加速度的公认值（由实验室提供）比较，计算和分析实验误差（标准误差）。

【可选择的实验设备】

气垫导轨，数字计时器，物理天平，滑块，挡光片，砝码盘及砝码。

【思考题】

① 两光电门之间的位置 x_1、x_2 是否越大越好？

② 实验误差的来源除受到空气的黏滞阻力作用外还有哪些方面？

【创新实践】超失重现象演示及加速度测量装置（专利号：201410623049.2）

物理教学中，超重与失重现象的讲授是一难点，究其原因，是缺少直观可信的超重失重现象演示实验，大都还是停留在手提挂有重物的弹簧秤，在竖直方向上做上下加速或减速运动来演示，要观察运动中的弹簧秤示数变化，这原本就是难题，基于此而创新设计的超失重现象演示及加速度测量装置如图5-2所示。

本装置的创新思路：一是将摄像头7与数字测力器4正对安装在同一运动圆柱仓6内侧壁上，无论运动圆柱仓6的运动状态如何，摄像头7与数字测力器4相对静止，摄像头7实时拍摄记录数字测力器4的示数，让学生在外接的显示屏上或在移动视频通讯群中，观察到清晰、稳定的实验演示现象；二是调节底座下的调平螺柱10，使底座支撑着的引导圆筒竖直，并调节对称旋装在运动圆柱仓6侧壁上的三根调平棒3，确保运动圆柱仓6是竖直悬挂在引导圆筒中；三是改变驱动组件5中重锤的质量，使运动圆柱仓6在引导圆筒内做不同的加速运动；四是引导圆筒壁上的调平操作槽8，使引导圆筒组件2中的空气与外界连通。

运动圆柱仓6置于引导圆筒组件2的引导圆筒中，三根调平棒3分别从引导圆筒壁上的调平操作槽8穿过，对称旋装在运动圆柱仓6侧壁上，驱动组件5中的轻

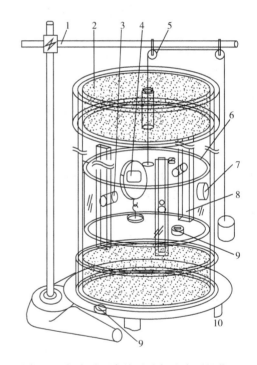

图 5-2　超失重现象演示及加速度测量装置

细线跨越固定在支架1横梁上的两滑轮，一头接重锤，一头穿过引导圆筒组件2的顶盖系在运动圆柱仓6的上端面中央，数字测力器4与摄像头7正对安装在运动圆柱仓6内侧壁上，运动圆柱仓6内底面和支撑引导圆筒组件2的底座面上各安装一个水准仪9，底座下面对称安装三只调平螺柱10。

本装置的重点是用相对于数字测力器4静止的摄像头7实时拍摄，记录运动中的数字测力器4的示数，用数字测力器4的实时示数准确地演示物体在竖直方向上不同的运动状况下

所测得的重力。

超失重现象演示及加速度测量装置（专利号 201410623049.2）的详细说明，请登录国家知识产权局专利检索及分析查询网 http://pass-system.cnipa.gov.cn/查阅。

实验 31　传感器原理的简单研究和实践

传感器技术在科学研究、工农业生产中被广泛应用，世界各国都十分重视这一领域的发展。相信不久的将来，传感器技术将会出现一个飞跃，达到与其重要地位相称的新水平。

对传感器原理的简单研究和实践能使学生对传感器有一个初步的感性认识，为后续专业课程的学习奠定基础，同时也有利于引导学生将物理知识应用到生活实践中去，培养他们的实践创新能力。

【实验目的】

① 了解光声控、红外感应、热电偶等传感器的工作原理。

② 学习简单场景控制电路的设计及实际电路的安装。

【预习思考题】

上网查资料，了解实验原理中列举的几种传感器的工作原理，并解释在人们生活中已经使用的许多传感器工作实例。

【实验原理】

传感器的种类繁多，通常按照传感器的使用可分为位移传感器、压力传感器、振动传感器、温度传感器等。本实验涉及的传感器主要有：

① 红外线传感器；

② 热释电型红外传感器；

③ 温度传感器；

④ 交流接触器。

【设计要求】

确定研究问题的前提下，进行电路设计，画出各设计电路的电路图，简单说明实验原理，明确实验依据。

① 学生根据不同的场景选择适当的传感器开关，并利用该开关模拟实例连接电路。供选择的开关有：人体感应延迟开关，声光控节能开关，温控开关（温度调节仪、交流接触器、热电偶）。

场景一：当电脑长时间工作时，设定温度达到 50℃时，电扇自动开始工作。

场景二：建筑工地为防止晚上有人偷盗建筑材料，需安装报警器。当有人偷偷进入时，报警器自动开始报警。

场景三：晚上楼梯里一片漆黑。希望在楼梯间里安装灯，来到楼下时，灯能自动开启。

② 自选其中的一个场景，选择合适的器材，连接成回路，使各元件能正常工作。

③ 根据场景的要求，进行测试。

说明：温控开关由温度调节仪、交流接触器、热电偶组成。在连接电路前，先用万用表测量出热电偶两极之间的电压 U_1；然后将热电偶插入热水中，测量出它两极之间的电压 U_2。比较 U_1、U_2，体会热电偶传感器的原理。

另外为安全起见，电路中还应接有漏电开关。

【可选择的实验设备】

人体感应延迟开关，白炽灯，热电偶，温度调节仪，交流接触器，蜂鸣器，风扇，漏电断路器，开关，导线若干等。

【思考题】

查资料，撰写一篇关于传感器的小论文。

【参考电路图】

当电脑长时间工作时，设定温度达到50℃时，电扇自动开始工作。图5-3所示参考电路包括热电偶、交流接触器等。

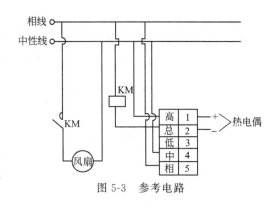

图 5-3　参考电路

实验 32　简单电路连接训练与测试

电流通过的路径称为电路，主要由电源、负载和中间环节组成。包含电能的产生、输、配、送和电能的转换等，这些在日常生活中随处可见。所以对基本电路的连接与测试，是工科类学生必须掌握的一项基本技能。

【实验目的】

① 加深学生对串联、并联电路特点、规律的理解和应用。

② 提高学生使用万用表进行多种电学量测量的技能。

③ 加强学生基本技能的训练，培养学生的探究能力和创新意识，提高理论联系实际的能力。

【预习思考题】

家用电器都采用什么样的电路连接方式？其原因是什么？

【实验原理】

根据电路的欧姆定律和电阻的串联、并联连接的特点，本着"先少后多、由易到难"的指导思想，对学生进行基本技能训练，培养学生的探究能力。实验分为三个层次，第一层次是最简单的串联、并联电路的连接，同时练习使用万用表测量各用电器上的电压。第二层次是自行设计供电方案并进行实践，确保给定的用电器能正常工作。第三层次为实践活动，例如异地控制楼梯灯电路。

【设计要求】

确定研究问题的前提下，进行电路设计，画出各设计电路的电路图，简单说明实验原理，明确实验依据。

1. 简单串联电路的连接（基本实验）

① 把学生电源、开关、滑动变阻器、导线，6V（一只）灯泡连接成回路，使该白炽灯能正常工作。

② 用万用表测量灯泡两端的电压，判断白炽灯是否正常工作。

2. 简单混联电路的连接（学生设计实验）

（1）实验器材　6V 白炽灯 3 只，12V 白炽灯 2 只，滑动变阻器若干，导线若干，开关，学生电源，万用表。

（2）实验要求　将给定的 5 只白炽灯混联成一个回路，使每个灯都能正常工作，而且彼此之间相互不影响；并用万用表测量出各个灯两端的工作电压，同时改变滑动变阻器，观察灯泡两端电压的变化情况。

3. 楼道灯异地控制设计（学生自选实验）

器材：单刀双掷开关两个，白炽灯一盏，塑料皮导线若干米，断路保护器一只。

（1）认识单刀双掷开关 打开单刀双掷开关盖，弄清三个接线柱（或三个螺钉）与掷刀的连通关系：其中一个接线柱通过转轴与掷刀 A 相通，还有两个分别与独立触头相连通。

图 5-4 为单刀双掷开关的示意图。图中 1 表示通过转轴与掷刀 A 相通的接线柱，2、3表示与独立触头相通的接线柱；图中虚线表示 1 与 2 相通。若转轴转动一次，则变成 1 与 3相通。

（2）楼梯灯电路设计 在老师帮助指导下设计实验。有时为了方便，需要在两地控制一盏灯，例如楼梯上使用的照明灯，要求在楼上、楼下都能控制其亮灭，它需要多用一根连线，其接线方法见图 5-5。

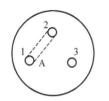

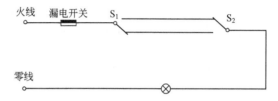

图 5-4 单刀双掷开关　　　　　　　　图 5-5 简单异地控制电路

（3）按照电路安装技术和整齐美观及安全的要求进行安装。

【可选择的实验设备】

电路布线板一块，白炽灯若干只（6V 三只、12V 两只、220V 一只），学生电源一台，漏电断路器一只，滑动变阻器一只，普通开关两只，双向开关两个（带固定外盒），万用表一只，导线若干。

【思考题】

某次物理知识竞赛有四个小组参加，请设计一个抢答器电路，要求不论哪一个组按开关，电铃都能发出声音，而且通过指示灯告诉主持人是第几组按的开关，画出设计的电路图。

【注意事项】

① 注意用电器的适用电源种类及额定电压。

② 连接电路过程中首先保证用电安全，其次保证功能的实现，再要考虑用电器的布局合理、美观，节约成本等因素。

实验 33　望远镜的组装

望远镜是人们用来观察远处物体的一种助视仪器。人眼在观察远处物体或微小物体时，受分辨能力的限制，往往不能清晰分辨物体的细节，为此人们发明了放大镜、望远镜、显微镜等光学仪器，以增大物体对人眼的张角。了解并掌握望远镜的构造原理和方法，有助于理解透镜成像规律，也有助于加强对光学仪器的调整和使用训练。

【实验目的】

① 测量给定透镜的焦距。

② 设计开普勒望远镜的光路图。

③ 根据放大率的要求，设计、组装一台望远镜。

【预习思考题】

① 开普勒望远镜与伽利略望远镜的区别是什么？

② 如何进行透镜焦距的测量？

【实验原理】

1. 用望远镜观察无穷远处物体

实验室最为常见的望远镜是开普勒望远镜，由两块焦距不同的凸透镜组成。物镜 L_W，焦距较长，为 f_W；目镜 L_M，焦距较短，为 f_M。观察无穷远处的物体时，物成像于物镜的焦平面上。要使得目镜的像成在无穷远处，目镜的物焦平面必须要与物镜的像焦平面重叠。由理论得其张角放大率

$$M = \frac{\tan\varphi}{\tan\psi} \approx \frac{f_W}{f_M} \tag{5-9}$$

式中，φ 为像对人眼的张角；ψ 为物对人眼的张角。

2. 用望远镜观察近处物体

目镜的物焦平面与物镜的像焦平面不在同一平面，两焦平面之间存在一个不为零的小量 Δ，称为光学间隔。由图 5-6 可以求得以下关系式。

像对人眼的张角

$$\varphi \approx \tan\varphi = \frac{A'B'}{O'B'} = \frac{h_2}{u_2} \tag{5-10}$$

物 AB 与物镜的像 $A'B'$ 关系为

$$\frac{h_1}{u_1} = \frac{h_2}{v_1}$$

所以物对人眼的张角

$$\psi \approx \tan\psi = \frac{AB}{O'B} = \frac{h_1}{u_1 + v_1 + u_2} = \frac{h_2 u_1}{v_1(u_1 + v_1 + u_2)} \tag{5-11}$$

最终望远镜成的像必须在物的位置上，才能直接放大，即 $v_2 = u_1 + v_1 + u_2$。

由式(5-10) 和式(5-11) 得望远镜的放大率为

$$M = \frac{\tan\varphi}{\tan\psi} = \frac{v_1 v_2}{u_1 u_2} = \frac{f_W}{f_M} \times \frac{u_1 + l + f_M}{u_1 - f_W}$$

式中，l 为望远镜镜筒长度，$l = v_1 + u_2$。

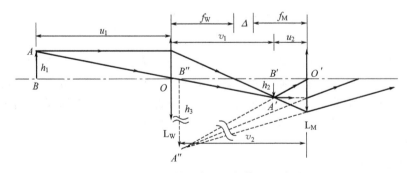

图 5-6 望远镜观察近处物体的光路图

【设计要求】

① 从三块透镜中选择合适的透镜作为物镜、目镜（说明选择的理由），组装两个不同放大率望远镜。

② 自拟实验方案和步骤，并测量其观察近物时的放大率。

【可选择的实验设备】

光具座，凸透镜三块，光源，光屏，平面镜，十字准线分划板等。

【思考题】

① 使用望远镜时为什么要调焦？

② 望远镜放大的原理是什么？

实验 34　用干涉法测微小量

光的干涉是物理学中经典内容，它的一些特点在现代技术中得到广泛的应用。光的干涉现象在日常生活中并不少见，如油膜、肥皂泡表面的彩色斑纹，眼镜、相机等镜片上增透膜等。科学研究中应用光的干涉原理，测量长度、折射率、波长。工业生产中应用光的干涉，检验机械加工零件的大小或表面的光洁度等。

【实验目的】

① 掌握用光的干涉法测量微小量的实验原理和方法。

② 学会对微小量测量误差的分析与处理。

【预习思考题】

① 读数显微镜的操作与使用的注意事项有哪些？

② 用光的干涉法测量微小量理论是什么？

【实验原理】

根据理论得光的等倾干涉第 K 级暗条纹下的膜厚为

$$d_K = K \frac{\lambda}{2n} \tag{5-12}$$

【设计要求】

① 自拟用光的干涉法测量微小量的实验步骤，绘制实验的光路图，推导出实验公式(5-12)，列出实验注意事项。

② 列出数据表格，计算实验结果和误差分析。

【可选择的实验设备】

读数显微镜，钠光灯，光学平板玻璃，45°玻璃片，待测微小量物件（涤纶丝、薄膜、纸张或细金属丝等）。

【思考题】

① 光源若选择汞灯，将会出现什么情况？

② 在实验中若采用透射光线进行测量，则可能会出现什么现象影响测量结果的准确度？

③ 如何才能在实验中尽可能地减小误差？

④ 如果干涉条纹没能成在读数显微镜的分划板上，测量结果怎么样？

第六章

网络仿真实验

仿真实验是通过计算机对实验环境的模拟，把实验设备、教学内容、教师指导和学生操作有机地融合为一体的一种崭新教学模式，目前，国内越来越多的高校开设了大学物理仿真实验，本章着重介绍利用美国科罗拉多大学提供的 PhET（Physics Education Technology）教学模拟实验室进行仿真实验教学和学习。

PhET 教学模拟实验室现有物理、生物、化学、地球科学与数学等仿真实验室，项目十分丰富。物理仿真实验内容包含力学、热学、电磁学、光学、量子现象与电路，其中直流电路、抛物线运动、激光、波的干涉等仿真实验比较成功。本节主要介绍两种进入 PhET 物理教学模拟实验室的方法。

方法一

① 登录 http：//phet. colorado. edu/en/simulations/category/physics，直接进入美国科罗拉多大学物理仿真实验室的页面，如图 6-1。

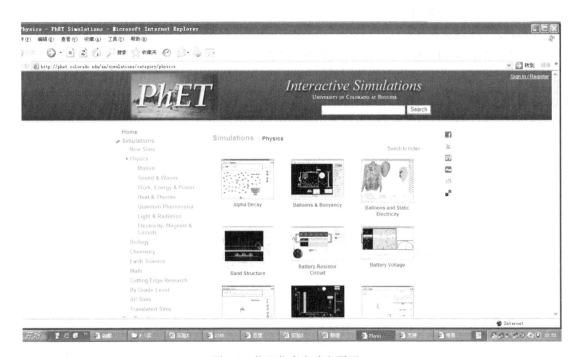

图 6-1　物理仿真实验室页面一

② 向下拖动滚动条，直至出现 English العربية 正體中文，单击 正體中文，页面如图 6-2 所示。

③ 在页面左侧的 教学 中选择物理仿真实验教学内容，或在页面中间的 教学 物理 图形中选择物理仿真实验教学内容，如需要选择"氢原子的模型"的仿真实验，则在图 6-2 的

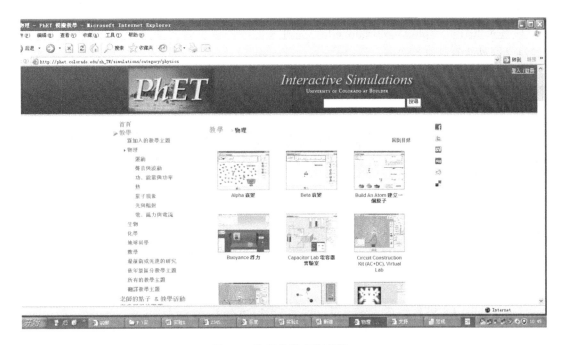

图 6-2　物理仿真实验页面二

教学>物理图形中选择相应图标并单击，即可进入"氢原子的模型"仿真实验的 **下载** **開始!** 页面，如图 6-3。

图 6-3　"氢原子的模型"下载页面

④ 点击 **開始!** ，进入实验页面。

⑤ 按实验要求进行实验。

方法二

① 登录 http：//phet. colorado. edu，先进入美国科罗拉多大学的计算机在线实时仿真实验科学网站主页，如图 6-4。

图 6-4　网站主页

② 向下拖动滚动条，直至出现 English العربية 正體中文 ，单击 正體中文 ，页面将更换为图 6-5 所示中文页面。

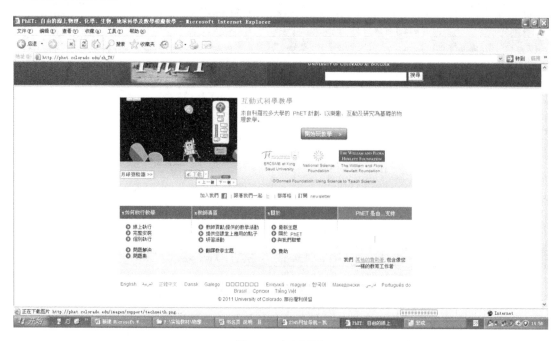

图 6-5　中文页面

③ 单击页面左上角仿真实验图示中的 `< 上一個  下一個 >` 下一个（或上一个）按键，选择所需要的实验项目，或单击 `開始玩教學... >` 按键，进入图 6-6 所示实验项目选择页面。

图 6-6　实验项目选择页面

④ 在页面左侧的 教學 中选择"物理"，进入物理仿真实验页面，如图 6-7 所示。

图 6-7　物理仿真实验页面

其余步骤与方法一中的③、④、⑤相同。

实验 35　转动惯量、角动量仿真实验研究

【实验目的】

① 探究刚体做定轴转动时其转动惯量与刚体的质量大小及质量分布关系。

② 探究刚体定轴转动的角加速度与力矩、转动惯量之间的关系。

③ 探究角动量守恒条件。

【预习思考题】

① 改变转盘的外径、内径、质量时，其转动惯量会如何改变？

② 转盘转动惯量的大小与所受力矩是否有关？

③ 转盘定轴转动时的角速度、角加速度与所受力矩有怎样关系？

④ 转盘所受合外力矩为零时，改变转盘的转动惯量，其角加速度怎样变化？

【实验原理】

（1）转动惯量定义：刚体内所有质点的质量与质点到转轴距离平方的乘积之和。

$$I = \sum \Delta m_i r_i^2 = \int r^2 \, \mathrm{d}m \tag{6-1}$$

积分遍及整个刚体。刚体的转动惯量不仅与刚体的质量大小有关，还与质量的分布以及转轴的位置有关。质量相同、形状不同的物体有不同的转动惯量；质量分布越靠近转轴，转动惯量越小，反之则越大。

（2）刚体定轴转动定律：刚体受到外力矩作用时，所获得的绕定轴转动的角加速度与合外力矩的大小成正比，与刚体绕该轴的转动惯量成反比，角加速度的转向与作用力矩的方向一致。

$$\tau = I\alpha \tag{6-2}$$

（3）角动量守恒定律：作用于刚体上的合外力矩等于零时，刚体的角动量保持不变。

$$L = L_0 \quad \text{或} \quad I\omega = I_0 \omega_0 \tag{6-3}$$

角动量守恒有两种情况：①刚体的转动惯量不变，角速度也保持不变。例如，高速旋转的转子，当不受外力矩（或外力矩很小，可忽略不计）时，能保持转动的轴线及转速不变，回转仪就是根据这一原理制成，它可用作舰船、飞机、导弹上的定向装置。②刚体的转动惯量发生变化，角速度同时发生变化，但两者的乘积保持不变。例如，跳芭蕾舞和花样溜冰时，往往先把手臂张开旋转，然后迅速将两臂靠拢身体，使自己的转动惯量迅速减小，从而使旋转加快。

【实验仪器】

电脑、美国科罗拉多大学力矩仿真实验室 PhET Simulations Torque。

【实验步骤】

（1）登录 http：//phet. colorado. edu/en/simulations/category/physics，参照 "PhET 教学模拟实验网站进入方法简介" 进入力矩仿真实验室页面。

（2）探究刚体做定轴转动时其转动惯量与刚体的质量大小及质量分布的关系

① 单击页面上方窗口中的 "转动惯量" 按钮，熟悉页面（两只瓢虫与本实验项目无关，可忽略）。页面左上方的转动平台可近似为刚体。将鼠标移至转台上，变成小手形状后，顺时针或逆时针轻拨转台，使之转动起来，此时转台右侧小窗口显示瞬时力矩的大小，待鼠标离开后，力矩显示为零，此时转台在零力矩下做匀速转动。

② 取转台外半径 $R=4$m，转台内半径 $r=0$m。调节转台质量，从 0kg 逐步调节至 0.25kg，观察转动惯量-时间图中转动惯量值和图线的变化情况，并填写表 6-1。

表 6-1　探究转盘转动惯量与转台质量之间关系

转台质量/kg	0.05	0.10	0.15	0.20	0.25
转动惯量值/$(kg \cdot m^2)$					

③ 取转台外半径 $R=4$m，转台质量 $m=0.25$kg。调节转台内半径，从 $r=0$m 逐步调节至 $r=4$m，观察转动惯量-时间图中转动惯量值和图线的变化情况，并填写表 6-2。

表 6-2　探究转盘转动惯量与转台内半径之间关系

转台内半径/m	0	1	2	3	4
转动惯量值/$(kg \cdot m^2)$					

④ 取转台内半径 $r=0$m，转台质量 $m=0.25$kg。调节转台外半径，从 $R=4$m 逐步调节至 $R=1$m，观察转动惯量-时间图中转动惯量值和图线的变化情况，并填写表 6-3。

表 6-3　探究转盘转动惯量与转台外半径之间关系

转台外半径/m	4	3	2	1
转动惯量值/$(kg \cdot m^2)$				

⑤ 根据步骤②、③、④总结刚体做定轴转动时其转动惯量与刚体的质量大小及质量分布之间的关系。

注意：刚体的转动惯量不仅与刚体的质量大小、质量的分布有关，而且与转轴的位置有关，本实验受虚拟实验室条件限制，无法进一步进行探究。

（3）探究刚体定轴转动的角加速度与力矩、转动惯量的关系

① 在"转动惯量"页面，按照步骤（2）-①中方法转动转台。

② 取转台外半径 $R=4$m，转台内半径 $r=0$m，转台质量 $m=0.20$kg。调节施加力矩，从 $\tau=-10$N·m 逐步调节至 $\tau=10$N·m，观测角加速度变化情况，并填写表 6-4。

表 6-4　探究刚体定轴转动的角加速度与力矩之间关系

施加力矩/$(N \cdot m)$	-10	-5	0	5	10
角加速度/(rad/s^2)					

③ 取 $\tau=0$N·m，转台外半径 $R=4$m，转台内半径 $r=0$m，调节转台质量，从 0kg 逐步调节至 0.25kg，观测转动惯量和角加速度变化情况，并填写表 6-5。

表 6-5　探究刚体定轴转动的角加速度与转动惯量之间关系

转台质量/kg	0.05	0.10	0.15	0.20	0.25
转动惯量值/$(kg \cdot m^2)$					
角加速度/(rad/s^2)					

④ 根据步骤②、③总结刚体定轴转动的角加速度与力矩、转动惯量之间的关系。

（4）探究角动量守恒条件

① 单击页面上侧"角动量"按钮，按照步骤（2）-①中方法转动转台，此时转台右侧小窗口显示转台转动的角速度值。

② 保持转台的角速度不变，观察转台的角动量是否发生改变。给转台施加一顺时针或逆时针力矩，观察转台的角动量是否发生改变。

③ 调节转台的外半径或内半径或质量，改变转台的转动惯量，观察转台的角速度和角动量做何改变。

④ 根据步骤②、③总结角动量守恒条件。

【注意事项】

实验过程中，如果步骤操作间隔过长，则页面右侧图表中相应图线的改变情况无法全部看到，只能看到相应值的变化情况。

【数据记录与处理】

本实验为研究性实验，按步骤记录实验数据，并写出结论。

【思考题】

如果将转台的转轴由中心移到圆周上某一点，转台的转动惯量将怎样改变？

实验 36　电容器电容仿真实验研究

电容是电学的一个基本物理量。由于电容器具有隔直流、通交流的作用，所以在电子线路中，电容器是必不可少的元器件，通常起滤波、旁路、耦合、去耦、转相等作用，即使在超大规模集成电路大行其道的今天，电容器作为一种分立式无源元件，仍然大量使用于各种电路中，可见其在电路中所起的重要作用非同一般。用作储能元件也是电容器的一个重要应用方面，同电池等储能元件相比，电容器可以瞬时充放电，并且充放电电流基本上不受限制，可以为熔焊机、闪光灯等设备提供大功率的瞬时脉冲电流。电容器还经常被用来改善电路的品质因子，如节能灯用电容器就起到这样的作用。

【实验目的】

① 探究电容器所储存电量与极板间电压之间的关系。

② 探究平行板电容器电容随极板相对面积、极板间距、极板间电介质变化的规律。

【预习思考题】

① 电容是如何定义的？

② 电场线的特点是什么？

③ 电容器的电容与两极板间的电压及电量有没有关系？决定平行板电容器电容的因素是什么？

【实验原理】

电容 C 定义。电容器电量 Q，电容器两极板间的电压 U。

$$C=\frac{Q}{U} \tag{6-4}$$

平行板电容器电容。平行板电容器极板相对面积 S，相对距离 d，两极板间的电介质介电常数 ε。

$$C=\frac{\varepsilon S}{d} \tag{6-5}$$

【实验仪器】

电脑、美国科罗拉多大学电容器实验仿真实验室 PhET Simulations Capacitor Lab。

【实验步骤】

① 登录 http：//phet. colorado. edu/en/simulations/category/physics，参照 "PhET 教学模拟实验网站进入方法简介"，进入电容器实验仿真实验室页面，单击窗口上左侧的简介（introduction）按钮，先熟悉实验室各种器材。

② 电容器实验仿真实验室中平行板电容器极板面积（plate area）$100mm^2$，分隔（separation）10mm，请在 $-1.5V$ 与 $1.5V$ 之间调整 battery（电源）电压，记下观察到的情况。

③ 探究电容器所储存电量与极板间电压之间的关系。

单击 "平板电荷"（Plate Charge）与 "电压计"（Voltmeter）左边小方框，会出现显示电容器电量的电量计与测电压的伏特计，将伏特计的两极与电容器的两极分别连接。调整电源（battery）电压三次，把三次测得的电压 V 与电量 Q 分别记录在表 6-6 中，然后算出相应电容（Capacitance），看电容有无变化，同时注意观察电容器两极上电荷多少的变化与电压升高或降低时电流流向。

表 6-6　电容器所储存电量与极板间电压之间的关系

U/V			
Q/C			
C/F			
结论			

④ 探究平行板电容器电容随极板相对面积、极板间距、极板间电介质变化的规律。

单击 "与电池分开"（disconnect）按钮，断开电量计、伏特计与电容器两极的连接。单击 "电容"（Capacitance）左边小方框，会出现显示电容的电容计。

● 改变平行板电容器极板相对面积，电容将如何变化？将数据填入表 6-7 中。

表 6-7　平行板电容器电容与极板相对面积的关系

S /mm^2	100	200	300
C/F			
结论			

● 改变平行板电容器极板相对距离，电容将如何变化？将数据填入表 6-8 中。

表 6-8　平行板电容器电容与极板相对距离的关系

d/mm	5	7.5	10
C/F			
结论			

根据表 6-7、表 6-8 算出真空的介电常数 ε_0。

● 单击电容器实验仿真实验室中窗口上左侧的 "电介质"（Dielectric）按钮，按住 "偏移"（Offset）双向箭头，将全部电介质推入两极板间，改变右侧窗口中的电介质 "介电常数" ε（Dielectric Constant），电容将如何变化？将数据填入表 6-9 中。

表 6-9 平行板电容器电容与极板间介电常数的关系

表 6-9 平行板电容器电容与极板间介电常数的关系

ε			
C/F			
结论			

根据表 6-7～表 6-9 总结平行板电容器电容与平行板电容器极板相对面积 S、相对距离 d、两极板间的电介质介电常数 ε 的关系。

【注意事项】

因为软件是英文界面，根据英文词语意思，先熟悉电容器实验仿真实验室中各部分按钮的功能。

【数据记录与处理】

本实验为研究性实验，记录实验现象及结论，并写出分析解释理由。

【思考题】

① 并联电容后，电容如何变化？若串联以后呢？

② 除本实验介绍的电容器作用之外，电容器在其他领域还有什么应用？

③ 本电容器实验仿真实验室还可以进行其他什么探究性实验？

实验 37 法拉第电磁感应定律的仿真实验研究

M. 法拉第在 1831 年发现，当穿过回路所包围面积的磁通量发生变化时，在回路上就会产生感应电动势，他在实验中总结出以下定律：回路中所产生的感应电动势大小等于穿过线圈的磁通量对时间的变化率，这一定律揭示了机械能转变为电磁能的奥秘，成为现代发电机技术的理论基础，在现代控制技术中得到广泛应用。

【实验目的】

① 熟悉电磁感应实验器材，掌握电磁感应实验的原理。

② 了解改变实验电路中感应电流大小的几种方法。

③ 用法拉第电磁感应定律解释一些相关现象。

【预习思考题】

① 电路中产生电流的条件是什么？

② 电路中电流大小与哪些因素有关？

【实验原理】

穿过回路所包围面积的磁通量发生变化时，回路中所产生的感应电动势与磁通量对时间变化率的负值成正比：

$$\varepsilon_i = -\frac{\mathrm{d}\Phi}{\mathrm{d}t} \tag{6-6}$$

【实验仪器】

电脑、美国科罗拉多大学法拉第电磁感应实验仿真实验室 PhET Simulations Faraday's Electromagnetic Lab。

【实验步骤】

① 登录 http：//phet. colorado. edu/en/simulations/category/physics ，参照"PhET 教

学模拟实验网站进入方法简介",进入法拉第电磁实验仿真实验室页面,并先熟悉实验室各种器材。

② 如果条形磁铁在线圈中,但相对线圈静止,测试装置灯泡会亮吗?或测试装置电压表的指针会偏转吗?此时有没有磁通量穿过线圈?如果条形磁铁以一定的速度靠近或离开线圈,灯泡会亮吗?总结产生电磁感应的条件。

③ 线圈匝数从 1 匝改变为 2(或 3)匝,条形磁铁以同样的速度靠近或离开线圈,灯泡的亮度会怎样变化?如果线圈匝数不变,加大条形磁铁靠近或离开线圈的速度,灯泡的亮度会怎样变化?

④ 改灯泡为电压表,线圈匝数从 1 匝改变为 2(或 3)匝,条形磁铁以同样的速度靠近或离开线圈,电压表会怎样变化?如果线圈匝数不变,加大条形磁铁靠近或离开线圈的速度,灯泡的亮度会怎样变化?

⑤ 在第 3 步与第 4 步实验过程中,在线圈匝数不变条件下,加大条形磁铁靠近或离开线圈的速度,穿过线圈的磁通量变化有没有区别?穿过线圈的磁通量对时间的变化率有没有区别?有什么区别?总结电磁感应产生的感应电动势与穿过线圈的磁通量变化的关系。

⑥ 单击法拉第电磁感应实验仿真实验室上方窗口发电机,解释发电机发电的主要原理。

【思考题】

此仿真实验室可以进行楞次定律实验研究吗?如何设计?

实验 38　波的干涉仿真实验研究

干涉现象是波动过程的基本特征之一。穿过单缝的单色光射到与之平行的双缝上,即可在双缝屏后获得来自双缝(相干光源)的两束相干光,用光屏承接后即获得干涉图样(在一定范围内出现平行等间隔明暗相间的干涉条纹,用白光做实验则可获得彩色干涉图样)。干涉条纹均匀分布的特点在长度微小量的精密测量等方面得到广泛应用。

【实验目的】

① 观察水、声、光波的传播过程和衍射现象,并认识各波形幅值表征的物理意义。

② 构建杨氏双缝干涉实验模式,并得到理想的干涉图样。

③ 探究杨氏双缝干涉条纹随双缝缝宽、双缝间距、缝在光源与屏之间的位置变化而变化的规律。

【预习思考题】

① 什么是杨氏双缝干涉实验,实验组成部分有哪些?

② 杨氏双缝干涉实验中涉及哪些主要数据?

【实验原理】

当缝与屏的间距远大于双缝间距,即 $D \gg a$ 时,用波长为 λ 的单色光照射双缝,则屏上干涉条纹的各级明纹中心位置为

$$x = \pm D \frac{k}{a} \lambda \quad k = 0, 1, 2, \cdots \tag{6-7}$$

各级暗纹中心位置为

$$x = \pm D (2k-1) \frac{\lambda}{2a} \quad k = 1, 2, 3, \cdots \tag{6-8}$$

相邻两明条纹中心或相邻两暗条纹中心间的间距均为:

$$\Delta x = \frac{D}{a}\lambda \tag{6-9}$$

【实验仪器】

电脑、美国科罗拉多大学干涉实验仿真实验室 PhET Simulations Wave Interference。

【实验步骤】

① 登录 http://phet.colorado.edu/en/simulations/category/physics，参照"PhET 教学模拟实验网站进入方法简介"，进入水波干涉（Wave Interference）实验仿真实验室页面。分别单击页面上方和右侧窗口按钮或选项，先熟悉实验室各种器材。

② 观察水（Wave）、声（Sound）、光（Light）的传播、衍射现象，单击"显示图形"（Show Graph）通过观看并认识各波形幅值表征的物理意义。

③ 单击页面上方窗口中的"光"（Light）按钮，单击"显示屏幕"（Show Screen）后再单击"强度图"（Intensity Graph），在右侧窗口中选择"1 个光"（one Light）"加入镜面"（All Mirror）"双狭缝"（Two Slits），创建杨氏双缝干涉实验模式，调节"狭缝宽度"（Slit Width）"狭缝位置"（Barrier Location）"狭缝间距"（Slit Separation），得到理想的干涉图样。

④ 在光波波长一定的条件下，自行设计实验方案和测量 Δx、D、a、λ 的数据表格，探究杨氏双缝干涉条纹随双缝缝宽、双缝间距、缝在光源与屏之间的位置变化而变化的规律。

【思考题】

① 杨氏双缝干涉实验中，双缝前的狭缝可否去掉？为什么？

② 双缝前的狭缝宽度过宽或过窄，对实验有什么影响？

③ 在 D、a 一定时，λ 越小、Δx 也越小，那么用白光进行实验，会得到什么样的干涉条纹？同级的紫光条纹与红光条纹相比，那个更靠近条纹的中心？

实验 39　光电效应仿真实验研究

【实验目的】

① 观察和描述光电效应现象。

② 探究光电效应产生的条件。

③ 探究影响光电流的大小的因素。

【预习思考题】

① 当光照射到金属板表面没有电子逸出时，增加光照强度或极板间的电压会有光电子逸出吗？

② 改变光照强度、极板间的电压，对光电流有何影响？

【实验原理】

参见"实验 27 光电效应法测普朗克常数"的【实验原理】1. 爱因斯坦光电效应方程。

【实验仪器】

电脑、美国科罗拉多大学光电效应仿真实验室 PhET Simulations Photoelectric Effect。

【实验步骤】

（1）登录 http://phet.colorado.edu/en/simulations/category/physics 参照"PhET 教学模拟实验网站进入方法简介"，进入光电效应仿真实验室页面。打开页面右侧电流-电压图、电流-光强度图、电子最大初动能-光频率图，点击开始按钮。

（2）探究光电效应产生条件

① 将目标靶选为钠。

② 将入射光波长调至700nm，改变光照强度或极板间电压，观察是否有光电子逸出。

③ 将极板间电压调至1V，光照强度调节至50%。调节入射光波长，从700nm逐步调节到100nm，观察是否有光电子逸出，并填写表6-10的①。

④ 将极板间电压调至2V，光照强度调节至100%。调节入射光波长，从700nm逐步调节到100nm，观察是否有钠电子逸出，并填写表6-10的②。

表 6-10　探究光电效应产生条件

①电压＝1V,光强度为50%:

入射光波长/nm	700	600	500	400	300	200	100
是否有钠电子逸出							

②电压＝2V,光强度为100%:

入射光波长/nm	700	600	500	400	300	200	100
是否有钠电子逸出							

⑤ 根据观察和记录结果，总结光电效应产生条件。

（3）探究影响光电流大小的因素。

① 将目标靶选为钠，入射光波长调至365nm。

② 将光照强度调至100%。调节极板间电压，从－3V逐步向正值调节至2V，观察电路中电流值变化情况，绘出电流-电压变化曲线，并填写表6-11的①。

③ 将极板间电压调至2V。调节光照强度，从0%调节逐步至100%，观察电路中电流值变化情况，绘出电流-光强度变化曲线，并填写表6-11的②。

表 6-11　探究影响光电流的大小的因素

光波长为365nm

①光强度为100%:

电压/V	－3	－2	－1	0	1	2
光电流变化情况						

②电压＝2V:

光强度/%	0	20	40	60	80	100
光电流变化情况						

④ 根据观察和记录结果，总结，当入射光频率不变时，光电流大小与哪些因素有关？

（4）将目标靶钠换成其他元素，按照步骤2、3、4，观察和描述整个实验过程，并分析结论是否相同。

【注意事项】

打开页面右侧电流-电压示意图，电流-光强度示意图、电子最大初动能-光频率示意图时，图示比例不能过小，否则观测不到明显变化图线。

【数据记录与处理】

本实验为研究性实验，记录实验现象及结论，绘制相应图线。

【思考题】

电子的最大初动能与哪些因素有关？

附　录

一、物理量及其单位

物　理　量		单　位	
名　称	符　号	名　称	符　号
长度	l,L	米	m
质量	m	千克	kg
时间	t	秒	s
电流	I	安培	A
热力学温度	T	开尔文	K
物质的量	υ,n	摩尔	mol
发光强度	I_V	坎德拉	cd
速度	υ	米每秒	m/s
加速度	a	米每二次方秒	m/s^2
角	θ	弧度	rad
角速度	ω	弧度每秒	rad/s
角加速度	β,α	弧度每二次方秒	rad/s^2
(旋)转速(度)	n	转每分	r/min
频率	f,ν	赫兹	Hz,s^{-1}
力	F	牛顿	N
摩擦因数	μ	—	—
动量	p	千克米每秒	kg・m/s
冲量	I	牛顿秒	N・s
功	W,A	焦耳	J
能量、热量	E,Q	焦耳	J
功率	P	瓦特	W
力矩	M	牛顿米	N・m
转动惯量	J,I	千克二次方米	kg/m^2
角动量	L	千克二次方米每秒	kg・m^2/s
劲度系数	k	牛顿每米	N/m
压强	p	帕斯卡	Pa
体积	V	立方米	m^3
摄氏温度	t	摄氏度	℃
摩尔质量	M_μ	千克每摩尔	kg/mol
热导率	λ	瓦每米开尔文	W/(m・K)
比热容	c	焦耳每千克开尔文	J/(kg・K)
摩尔热容	C_m,C_V,C_p	焦耳每摩尔开尔文	J/(mol・K)
绝热指数(泊松比)	$\gamma=C_p/C_V$	—	—

续表

物　理　量		单　位	
名　　称	符　号	名　　称	符　号
热机效率	η	—	—
制冷系数	e,ε	—	—
电荷	q,Q	库仑	C
电场强度	E	牛每库,伏特每米	N/C,V/m
真空电容率	ε_0	法拉每米	F/m
相对电容率	ε_r	—	—
电场强度通量	Φ_e	牛平方米每库	N·m²/C
电势能	E_p	焦耳	J
电势	V	伏特	V
电势差	U	伏特	V
电容	C	法拉	F
电阻	R	欧姆	Ω
电阻率	ρ	欧姆米	Ω·m
电动势	ε,E	伏特	V
磁感应强度	B	特斯拉	T
磁通量	Φ_m	韦伯	Wb
自感	L	亨利	H
互感	M	亨利	H

二、物　理　常　数

名　　称	符　号	量　值
重力加速度	g	9.80665m/s^2
万有引力恒量	G	$6.67 \times 10^{-11} \text{N·m}^2 \cdot \text{kg}^2$
阿伏伽德罗常数	N_A	$6.022045 \times 10^{23} / \text{mol}$
摩尔气体常数	R	8.31441J/(mol·K)
玻尔兹曼常数	k	$1.380662 \times 10^{-23} \text{J/K}$
理想气体摩尔体积	V_m	$22.41383 \times 10^{-3} \text{m}^3 / \text{mol}$
静电力恒量	k_e	$8.990 \times 10^9 \text{N·m}^2 / \text{C}^2$
真空中的介电常数	ε_0	$8.854187818 \times 10^{-12} \text{C}^2 / (\text{N·m}^2)$
真空中的磁导率	μ_0	$4\pi \times 10^{-7} \text{T·m/A}$
真空中的光速	c	$2.99792458 \times 10^8 \text{m/s}$
基本电荷	e	$1.6021892 \times 10^{-19} \text{C}$
电子伏特	eV	$1\text{eV} = 1.6021892 \times 10^{-19} \text{J}$
电子质量	m_e	$9.109534 \times 10^{-31} \text{kg} = 5.4858026 \times 10^{-4} \text{u}$
质子质量	m_p	$1.6726485 \times 10^{-27} \text{kg} = 1.007276470 \text{u}$
中子质量	m_n	$1.6749543 \times 10^{-27} \text{kg} = 1.008665012 \text{u}$
原子质量单位	u	$1.6605655 \times 10^{-27} \text{kg}$
普朗克常数	h	$6.626716 \times 10^{-34} \text{J·s}$
理德伯常数	R_∞	$1.097373177 \times 10^7 / \text{m}$
玻尔磁子	μ_B	$9.274078 \times 10^{-24} \text{J/T}$
玻尔半径	a_0	$5.2917706 \times 10^{-11} \text{m}$
经典电子半径	r_e	$2.8179380 \times 10^{-15} \text{m}$
质能关系	$E = mc^2$	$8.98755 \times 10^{16} \text{J/kg}$

参 考 文 献

[1] 王宏波，等. 大学物理实验. 北京：高等教育出版社，2014.
[2] 王红岩，等. 大学物理实验. 北京：机械工业出版社，2010.
[3] 魏计林，王青狮. 大学物理实验学. 北京. 中国铁道出版社，2002.
[4] 陈晓春，韩学孟，郑泽清. 大学物理实验. 北京：中国林业出版社，2001.
[5] 王云才，李秀燕. 大学物理实验教程. 北京：科学出版社，2003.
[6] 葛松华，唐亚明. 大学物理实验教程. 北京：电子出版社，2004.